中国大学MOOC教材

省级精品在线开放课配套教材

LUOJI SIWEI
YU
XIEZUO

逻辑思维与写作

主编 赵颖

高等教育出版社·北京

内容提要

本书是大学通识教育教材。

本书以阐述传统逻辑为主,同时兼顾逻辑思维在写作中的应用,主要内容包括导论、概念、复合命题及其推理、直言命题及其推理、关系命题及其推理、模态命题、规范命题及其推理、非演绎推理、逻辑推理、论证与论说文、谬误、写作。本书旨在培养学生的高水平逻辑思维,帮助学生用严谨的思维和科学的方法去论证事实、说明观点。

本书既可作为高等学校通识课程教材,也可供一般社会读者阅读参考。

图书在版编目(CIP)数据

逻辑思维与写作/赵颖主编.—北京:高等教育出版社,2020.1(2023.12重印)

ISBN 978-7-04-052774-2

Ⅰ.①逻… Ⅱ.①赵… Ⅲ.①逻辑思维-高等学校-教材②汉语-写作-高等学校-教材 Ⅳ.①B804.1 ②H15

中国版本图书馆 CIP 数据核字(2019)第 216849 号

策划编辑	张晶晶	责任编辑 朱争争	封面设计 张文豪	责任印制 高忠富

出版发行	高等教育出版社
社　　址	北京市西城区德外大街 4 号
邮政编码	100120
印　　刷	上海当纳利印刷有限公司
开　　本	787 mm×1092 mm　1/16
印　　张	18.75
字　　数	427 千字
购书热线	010-58581118
咨询电话	400-810-0598
网　　址	http://www.hep.edu.cn
	http://www.hep.com.cn
网上订购	http://www.hepmall.com.cn
	http://www.hepmall.com
	http://www.hepmall.cn
版　　次	2020 年 1 月第 1 版
印　　次	2023 年 12 月第 4 次印刷
定　　价	38.00 元

本书如有缺页、倒页、脱页等质量问题,请到所购图书销售部门联系调换
版权所有　侵权必究
物　料　号　52774-00

前　言

"逻辑思维与写作"课程作为陕西师范大学首批"金课"建设项目之一和省级精品在线课程，经过精心策划和严格评审，于2018年末正式在"中国大学MOOC"和"爱课程"两个在线课程平台同步推出。每期选课人数逾万，能够服务更多的社会公众，是符合课程建设初衷的。

"逻辑思维与写作"课程的目标，不仅是传授逻辑学和写作学知识，还是运用逻辑思维提高学生的写作能力，培养适应社会发展、具有独立思考能力的人才。

所谓逻辑思维能力，是指对事物进行分析、比较、综合、抽象、概括、判断、推理等各项能力，它要求通过科学的逻辑方法，准确有条理地表达信息。这里的表达包括口语表达和书面表达。我们常说，说不清，写不清，归根到底还是想不清，逻辑思维能力决定人的沟通表达能力、思考行动能力及问题解决能力等。逻辑思维能力不仅是一种能力，更是崇尚理性与独立判断的价值观。不仅是求真的途径、求善的工具，更是科学精神与人文精神的统一。

因此，我们以提高逻辑思维能力和写作能力为着眼点，构建本书的体系。在章节安排上，第一章概述逻辑思维与写作的学科体系和基本框架，第二章至第六章在逻辑知识的系统性和完整性的基础上，阐释各种命题推理及其在写作环节中的应用。第七章和第八章针对非演绎逻辑和逻辑基本规律的学习，将推理形式和实际思维训练结合。第九章介绍论证方式和论说文的写作，锻炼逻辑思维和批判性思维的重要方式就是论证方式的熟悉和论说文的写作练习，本章引入部分案例和练习题，以此促进学生的理解和应用。第十章针对各种逻辑谬误进行分析，帮助学习者在日后的工作学习中培养严谨的论证能力。第十一章针对常见文体的分析和逻辑知识的应用进行阐释，让学生在掌握基本逻辑知识和原理技巧的基础上进行写作练习。

在本书的编写过程中，笔者参阅了国内外大量文献资料，在此一并表示感谢。同时感谢高等教育出版社的诸位编辑同志，在本书体例和细节方面的真知灼见让本书呈现出更精美的品质，亦感谢多年来参与学习的校内学生和社会公众，他们在课堂内外的讨论和交流给予我坚持教学、不断钻研的信心和动力。

即便如此，囿于能力所限，错漏之处在所难免，因此极其期待对逻辑思维感兴趣的读者和诸位方家不遗余力批评指正。

赵　颖
2019年10月于陕西师范大学

目 录

第 一 章 导论　1
- 第一节　逻辑释义　1
- 第二节　逻辑学的发展历程　2
- 第三节　逻辑学的研究对象　13
- 第四节　灵感思维、形象思维与逻辑思维　18
- 第五节　批判性思维　21
- 第六节　逻辑与语言　30
- 第七节　逻辑学的性质与作用　35
- 练习题　39

第 二 章 概念　41
- 第一节　概念概述　41
- 第二节　概念的种类　47
- 第三节　概念间的关系　50
- 第四节　概念的限制与概括　54
- 第五节　定义　56
- 第六节　划分　63
- 练习题　68

第 三 章 复合命题及其推理　72
- 第一节　命题与推理概述　72
- 第二节　复合命题概述　78
- 第三节　联言命题及其推理　79
- 第四节　选言命题及其推理　81
- 第五节　假言命题及其推理　88
- 第六节　负命题及其推理　102
- 第七节　二难推理　105
- 练习题　112

第 四 章 直言命题及其推理　114
- 第一节　直言命题　114

- 第二节 直言推理 122
- 第三节 直言三段论 127
- 练习题 138

第 五 章 关系命题及其推理 140
- 第一节 关系命题 140
- 第二节 关系推理 146
- 练习题 150

第 六 章 模态命题、规范命题及其推理 152
- 第一章 模态命题 152
- 第二节 模态推理 157
- 第三节 规范命题 161
- 第四节 规范推理 163
- 练习题 165

第 七 章 非演绎推理 166
- 第一节 溯因推理 166
- 第二节 类比推理 170
- 第三节 归纳推理 176
- 第四节 求因果联系的逻辑方法 186
- 练习题 196

第 八 章 逻辑规律 200
- 第一节 同一律 200
- 第二节 矛盾律 206
- 第三节 排中律 209
- 第四节 充足理由律 211
- 练习题 212

第 九 章 论证与论说文 215
- 第一节 论证概述 215
- 第二节 论证的方法 223
- 第三节 反驳 232
- 第四节 论证的有效性分析 234
- 第五节 论说文的写作 238

- 练习题　240

第 十 章　谬误　245
- 第一节　含混谬误　246
- 第二节　相干谬误　248
- 第三节　预设谬误　253
- 练习题　258

第十一章　写作　261
- 第一节　文章的要求　262
- 第二节　文章的主旨思路　268
- 第三节　文章的谋篇布局　272
- 第四节　文章的逻辑结构　276
- 第五节　论文写作要点　280
- 练习题　285

参考文献　287

第一章 导 论

我们每天都在自觉或不自觉地使用大脑进行思维，逻辑作为思维的形式规则、思维的语法，是一门日用而不知的学问。数千年的文化积淀，一个民族的思维和性格便会不自觉地表现在其逻辑之中。如古希腊的形式逻辑和古印度的三支论式，都是思维的形式逻辑。古代中国虽然没有独立的公式或者演算推理，但以墨家为代表的学说却是一个以矛盾和统一为逻辑起点的辩证体系。这种体系的依据是中国古典文化的辩证观念，从而形成了早期的辩证逻辑形态。本章的学习，就是要理解"逻辑"这一语词在不同历史语境下表达的含义。

本章所讲的逻辑思维能力是一种综合能力，是指正确、合理思考的能力，即对事物进行观察、比较、分析、综合、抽象、概括、判断、推理的能力，是采用科学的逻辑方法，准确而有条理地表达自己思维过程的能力。本章强调的逻辑分析能力是把一件事情、一种现象分成较简单的组成部分，找出这些部分的本质属性和彼此之间的关系单独进行剖析、分辨、观察和研究的一种能力。因此要求学习者对于逻辑常项和逻辑变项做到敏感而准确的把握。

第一节 逻 辑 释 义

"逻辑"是一个外来词，它是由英文 Logic 音译过来，就像"沙发""咖啡"这类词一样。英文 Logic 又源于希腊文 λογos（逻各斯）。因此，"逻辑"这个概念的语词发展路径是：

逻辑学的研究对象

"λογos"是个多义词，原意指"理性""理念""谈话""判断""概念""定义""根据""关系""词""思想""规律性"等。赫拉克利特最早将这个概念引入哲学，在他的著作残篇中，这个词也具有上述多种含义，但他主要是用这个概念来说明万物的生灭变化具有一定的尺度，虽然它变幻无常，但人们能够把握它。在这个意义上，逻各斯是西方哲学史上最早提出的关于规律性的哲学范畴。亚里士多德用这个词表示事物的定义或公式，具有事物本质的意思。西方各门科学如"生物学""地质学"中词尾的"学"字（-logy），均起源于逻各斯这个词，"逻辑"一词也是由它引申出来的。中世纪，一些西方学者使用"逻辑"专指研究推理论证的学问。

我国近现代学者曾用"名学""辩学""理则学""论理学"来译英文 Logic。其中，西方的逻辑学传入我国，始于明朝李之藻翻译的《名理探》一书。但由于文字晦涩难懂，该书并没有在当时引起过多关注。因此，西方的逻辑学真正系统传入中国是在19世纪末20世纪初。这一时期的代表作有1896年艾约瑟（Joseph Edkins，1823—1905）的《辩学启蒙》，1905年和1908年严复的《穆勒名学》《名学浅说》。严复在翻译《穆勒名学》时，首次将"Logic"译为"逻辑"，但并没有将"逻辑"这个词定为这门学科的名称，他将逻辑学称为"名学"，这是因为中国先秦时期就有"名学"的概念。直到20世纪30年代以后，中国才逐渐通用"逻辑"这一译名。

受西方逻辑学影响，20世纪的中国逻辑学，较之前有了更强的独立性，甚至出现了一个研究形式逻辑的高潮。以金岳霖为首的清华学派对逻辑分析法进行运用和倡导，在哲学研究中注重逻辑分析。冯友兰于20世纪30年代出版的《中国哲学史》运用了逻辑分析法，其创立的"新理学"在澄清传统哲学的概念、注重论证的严密性、追求科学思想形式上的系统性等方面独树一帜。张申府、张岱年也把逻辑解析视为哲学的题中应有之义。

在现代汉语里，"逻辑"是个多义词。关于其定义一直以来众说纷纭，总体来说，逻辑研究的是理性思维，而理性思维是人们通过大脑的抽象作用对客观对象进行的规定性认知模式认识的高级阶段。其定义可以分广义和狭义两种不同的理解：

广义的逻辑是指思维规律和客观规律，也指研究思维形式、思维规律和思维的逻辑方法的科学，即逻辑学。广义逻辑研究的范围比较大，是一种传统的认识，与哲学研究有很大关系。作为学科而言，整个逻辑学科的体系非常庞大复杂，如传统的和现代的，辩证的和形式的，经典的和非经典的等。

狭义的逻辑就是指形式逻辑或抽象逻辑，即人的抽象思维的逻辑，只研究如何从前提必然推出结论。

第二节　逻辑学的发展历程

逻辑学是一门古老的科学，从它产生到如今，已有两千多年的历史。大约在公元前6世纪，古代中国、古代印度和古希腊的学者，就各自独立地建立了自己的逻辑学说。他们分别是"名辩之学""因明学"和古希腊的逻辑学。其中，古希腊的逻辑学最为系统，因而在世界逻辑学发展史上影响也最大、最深。

一、中国逻辑学发展史

中国春秋战国时期，诸侯林立，各诸侯国为强国图治而广招贤士，由此而产生了一批古代思想家。他们提出各种政治、伦理、经济学说，形成了百家争鸣的繁荣局面。争辩之风促进了对争辩方法的研究，产生了先秦名辩学说，也就是中国古代的逻辑思想。主要内容表现在惠施、公孙龙、后期墨家、荀况、韩非等人的著述中，他们对名辩逻辑的产生作出了重要贡献。其中后期墨家的著作《墨经》（亦称《墨辩》）和荀子的《正名篇》在逻辑学上的贡献最为卓著。

先秦逻辑意识集中于《墨经》之中。《墨经》取之《墨子》中的《经上》等六篇，它全面论述了"辩"的对象、范围和性质，提出了名、辞、说等基本思维方式，总结了假、或、效、譬、侔、援、推等具体论式，揭示了推理论证中的思维规律等。墨家所在的时代风云变幻，社会环境如《墨子·兼爱下》篇所云：

> 当今之时，天下之害孰为大？曰：若大国之攻小国也，大家之乱小家也，强之劫弱，众之暴寡，诈之谋愚，贵之傲贱。此天下之害也。又与为人君者之不惠也，臣者之不忠也，父者之不慈也，子者之不孝也。此又天下之害也。又与今之贱人执其兵刃毒药水火，以交相亏贼。此又天下之害也。

先秦时期，诸子百家力图通过游说辩论宣扬各自主张，企图为统治者所接受。墨家也提出"兼相爱、交相利"的政治伦理思想，并以"辩"的理论为核心建构中国历史上第一个比较完整的逻辑体系，将"辩"作为一门专门的技术加以学习和研究。在墨家看来，"辩乎言谈，博乎道术者乎，此固国家之珍，而社稷之佐也"。《小取》是墨辩思想的集大成者，关于"辩"这个概念，开篇就界定为："夫辩者将以明是非之分，审治乱之纪，明同异之处，察明实之理，处利害，决嫌疑，焉摹略万物之然，求群言之比。以名举实，以辞抒意，以说出故。以类取，以类予。有诸己，不非诸人，无诸己不求诸人。"在墨家看来，"辩"是要明确是非的区别，审查治乱的原因。通过辩说，能明其意蕴，即"以说出故"。这里所谓"名"，相当于概念；所谓"辞"，相当于命题；所谓"说"，相当于推理。这说明，在人们的思维和论证过程中，概念是用来反映事物的，命题是用来表达思想认识的，推理是用来推导事物的因果联系的。显然，这是对概念、命题、推理的本质和作用所作的精辟说明。

又如，《墨经·经说上》说："或谓之牛，或谓之非牛，是争彼也。是不俱当，不俱当，必或不当。"这就是说，"是牛"和"不是牛"这两个论断不能都成立，必有一个不能成立，这里实际上表述了矛盾律的基本思想。再如，墨家善于使用类比推理。《墨子·非攻》篇谈到，杀一人、十人、百人，谓之不义，天下君子皆知而非之，攻国是大不义而不知非，却谓之义，是不懂得义与不义的区别。这里把杀人与攻国同归于不义一类，从杀人应当非之推出攻国亦应非之的结论，这就是使用类比推理。这些都说明《墨经》中具有丰富的逻辑思想。《墨经》所提出的关于"名"的分类思想和划分原则，关于由"故""理""类"三物构成的"三物论式"在"立辞"（论证）中的推论形式关系，关于"假""或""效"等假言、选言、直言等基本命题性质和演绎推理形式，关于对当关系中的直接推理，关于词项的周延理论和对形式逻辑同一律、矛盾律、排中律的全面揭示，都已接近或达到古代希腊亚氏逻辑的水平。此外，墨家还论证了"谈辩"不是探究和认识科学真理的工具，而是要"取当求胜"。在《墨经·经上》《墨经·经说上》和《墨经·经下》中，墨家将"辩"表述为"辩，争彼也"。"辩也者，或谓之是，或谓之非，当者胜也。""谓辩无胜，必不当，说在辩。"这说明，墨家的"辩"属于是非之谓的论争，其意在"取当求胜"。这种尚直观、贵效用的实用理性的传统思维方式决定、体现了中国古代逻辑思想。墨家思想无疑是中国逻辑史上最光辉和最值得骄傲的一页。

近代也有大量学者对《墨经》进行研究，如梁启超开始对墨家的"论理学"进行研究，提出"《墨经》殆世界最古名学书之一"，其著作《墨子之论理学》第一次系统地论述了墨家逻辑学。并且在梁启超看来，"论理学为一切学问之母。以后无论做何种学问，总不要抛弃论理精神。那么，真的知识，自然日日加深了"。1917年胡适的《先秦名学史》开始了对中国逻辑学史的系统梳理。关于逻辑对于社会发展的意义，胡适有着比较中肯的意见："近代中国哲学与科学的发展曾极大地受害于没有适当的逻辑方法。"

战国时期，"礼崩乐坏"后，奇辞异说纷起。儒家思想的代表人荀子继承了孔子的"正名"思想，在对墨家、名家思想进行批判和接受的基础上，形成其"名""辞""辩说"的逻辑思想体系。《荀子》三十二篇中，《正名》篇集中反映了荀子较为完整的正名逻辑理论；此外，《修身》《不苟》《非相》《非十二子》《解蔽》等篇章也涉及名辩的逻辑问题。为解决"名实之辩"以及"乱名"在当时所造成的社会混乱，荀子提出"名"的思想，这里的"名"相当于形式逻辑中的概念。荀子根据"名"的外延和内涵关系，将"名"这个概念分类为单名、兼名、共名和别名；又根据新旧事物的不同，将"名"分为旧名与新名。由于旧名与新名关系的问题需要解决，荀子对"名"进行分析，提出对"乱名"进行纠偏的正名思想。荀子思想中的"辞"相当于形式逻辑中的命题，他根据"征知""缘天官"和"止诸至足"等标准来判断"辞"。"辞"的作用是在"名以指实"的基础上"辞以见极"。荀子的"辩说"相当于逻辑中的论证和推理，"辩"相当于论证，"说"相当于推理，即"辩异而不过，推类而不悖，听则合文，辩则尽故"。荀子是中国逻辑史上第一个较为完整地提出正名理论的思想家，他构建的"名""辞""辩说"的逻辑思想体系在中国逻辑史上具有重要影响。

此外，战国末期的公孙龙第一个从理论的高度提出了"唯乎其彼此"的正名理论和同一律原则，并精辟地揭示了种名（"白马"）与属名（"马"）在内涵、外延方面的种属差别及其包含关系，公孙龙力倡"白马非马"之说，在《公孙龙子》一书中专有《白马论》一文，对这一命题作了详细的分析和论证：

> 白马为非马者，言白所以名色，言马所以名形也；色非形，形非色也。夫言色则形不当与，言形则色不宜从，今合以为物，非也。如求白马于厩中，无有，

而有骊色之马，然不可以应有白马也。不可以应有白马，则所求之马亡矣；亡则白马竟非马。

这一论证的主要意思是：

第一，"马"这一名是只命形不命色的；"白马"这一名是既命形又命色的。但"马"之不命色并不是否定马有色，而只是强调"马"不取其确定的颜色，它实际上是包括各种颜色的。"白马"之命色，是专取其确定的白色的，可以不包括黄色、黑色等非白色。从逻辑上分析，"白马"与"马"虽然具有马形的共性，却又有"包括各种颜色"与"仅指白色"的区别，这就从内涵上区别了"白马"和"马"这两个种属概念。

第二，"求马，黄、黑马皆可致；求白马，黄、黑马不可致"。即黄马与黑马都可以视为马，但不能视为白马，因此求马与求白马是不能等同的。即"马"中是包括黄、黑马的，"白马"中不包括黄、黑马，从而在外延上揭示了"白马"与"马"这两个概念的区别。公孙龙还在《白马论》中指出，"马固有色，故有白马"，这就明确肯定了马中是包括白马的。由此表明，公孙龙从类的种属关系上，承认"白马是（包含于）马"这一常识命题，并确定"白马"与"马"的区别不是排斥和全异的关系，而是种概念和属概念的关系。

第三，根据公孙龙的分析，"非"在"白马非马"这一命题中只是当作"有异""不等同"解释，并不当作"全异""不包含于"解释。因此，"白马非马"这一命题也明确揭示了一般与个别的辩证关系。

此外，公孙龙还有"狗非犬""孤驹未尝有母""火不热""矩不方，规不可以为圆"和"飞鸟之影未尝动也"等著名的逻辑论断。

由于古代中国比较完整的名辩学体系，在概念、命题、推论、论证等思维形式及其规律方面都有相当丰富、相当系统的思想和理论，使中国自己创立的逻辑思想和理论达到了中国古代逻辑思想的高峰，与欧洲形式逻辑、印度因明逻辑并称为世界三大传统逻辑。古印度、古希腊有逻辑运算公式，中国以墨家为代表的却是一个以矛盾统一为起点的辩证体系，从而形成早期辩证逻辑思想。可惜的是，秦汉以后，由于种种原因，我国古代曾经兴起一时的逻辑学说却走向了衰落，没有获得进一步发展。

时至清朝中叶，一方面，中国开始兴起对诸子百家学说的研究，在这期间，很多学者重新整理了诸子的著作，包括墨家与名家的著作，这使墨家思想重新受到了重视。另一方面，严复引进西方逻辑，将西方的语义学与中国传统的正名理论联系起来，使正名理论有了科学的意义。之后梁启超、胡适、章太炎、章士钊等人对中国名学、印度因明学与西方逻辑学进行了比较研究。

此时，在时代冲击下，近代中国人的思维方式发生了很大的变革。中国近代一些著名的知识分子，在中西思维方式碰撞中认识到中国传统思维方式的局限，康有为、严复、章太炎、梁启超、王国维、陈独秀、胡适等学者都不同程度地对传统儒学进行批判。与此同时，面对西学的冲击，中国近代大批知识分子认识到西方科学思维方式对西方文化发展的重要价值。

严复以翻译西学著作为己任，为国人昭示科学思维的价值。王国维主张用西方思维方式之长来补中国思维方式之不足，主张引进西方的演绎、归纳、分析、综合等科学方法。胡适则在留学哥伦比亚大学期间，师从哲学家约翰·杜威。因受杜威"论理学之宗派"的启发，他用英文写成了第一部关于中国逻辑史方面的专著——《先秦名学史》（*The Development of the Logical Method in Ancient China*）。这是胡适的博士论文，是我国先秦逻辑史方面的断代之作。之后，胡适通过中西哲学思想的对比研究，撰写了两本专著——《先秦名学史》和《中国哲学史大纲》（卷上）。1921年，在《杜威先生与中国》中，胡适论述了杜威的"五步法"：第一，思想上感到疑惑；第二，疑惑的原因是什么；第三，对解决疑惑的不同方法进行假设；第四，在不同方法的假设中选择一个可能解决疑惑的方法；第五，将选择的可能解决疑惑的方法进行求证，得出可信或者不可信的结论。他将其概括为"三件事"，即一是以事实为基础；二是注重假设的提出；三是假设需要实验求证，要注重实验。此外，胡适在《清代学者的治学方法》中将方法进一步总结为十个字：大胆的假设，小心的求证。即不提出假设，就不能进行实验求证，没有充足的证据，就不能达到使人相信的程度。"我治中国思想与中国历史的各种著作，都是围绕着'方法'这一观念打转的。"①而张申府、金岳霖等学者通过宣传西方数理逻辑来改造中国传统思维方式。金岳霖运用西方思维方法尤其是逻辑学方法写成的两部哲学著作《论道》和《知识论》构成了中国特色的逻辑体系。

二、印度逻辑学发展史

中国逻辑思想的产生，有战国时期社会盛行论辩之风的背景。古印度也是如此，从宫廷到寺院，乃至民间都有论辩之风，甚至出现了"论辩研讨会"。公元7世纪玄奘游历印度，在其《大唐西域记》中记录了古印度的盛行之风。辩论一方如果"雅辞赡美、妙辩敏捷"，就会得到"驭乘宝象，导从如林"的奖赏，但如果辩论失利，"辞锋挫锐，理寡而辞繁，义乖而言顺"，就会遭到"面涂赭垩，身坌尘土，斥于旷野，弃之沟壑"的羞辱。

古代印度的逻辑学主要是"正理论"和"因明"，以婆罗门的正理论和佛教的因明为代表。在形成和发展的过程中，逻辑和认识的内容始终结合在一起。"正理论"的发展包括古正理和新正理。"因明"一词源于印度，是梵文"Hetu Vidya"的意译。因明一词最早由唐代玄奘翻译成中文。"因"指推理的依据。"明"，是佛教中对学问的分类，相当于中文的"学"，英文的"alogy"，即知识、智慧。"因明"就是古代印

---

① 胡适：《胡适口述自传》，唐德刚译，华文出版社1992年版，第105页。

度关于推理、论证的学说。它起源于古代印度的辩论术，在形成和发展的过程中，逻辑是和认识论结合起来的。

印度逻辑思想的发展历史在时间上大致可分为三个阶段：古代阶段（前600年左右至400年左右）；中世纪阶段（400年左右至1200年左右）；近代阶段（1200年左右至1850年左右）。

从形式上看，印度逻辑思想三个发展阶段中贯穿了两条线索，即从古正理发展到新正理，从古因明发展到新因明；从学派上看，印度逻辑思想在古代阶段以古正理逻辑为代表，在中世纪阶段以耆那教逻辑及佛教逻辑为代表，在近代阶段则以新正理逻辑为代表；从研究主题上看，印度逻辑在不同阶段有不同的意义，在古代阶段，逻辑在"推究学"中成长，在引入"正确的推理和论式"的概念后，被称作"正理论"；在中世纪阶段，耆那教逻辑和佛教逻辑都将目光集中于"获得真知的方法"的研究，逻辑可称作"量论"；在近代阶段，从各类逻辑手册中体现出来的关于辩证法的学问则被称为"思择论"。

古印度逻辑学的前身是以辩论为主题的推究学，它是关于问题和辩论的科学，主要探讨两个基本概念——灵魂和理由；与之相对应，推究学于公元前650年左右开始分化为哲学和逻辑两个发展方向。前者体现了灵魂本质的某些原则的断定，后者则给出了支持这些断定的理由。

公元前1世纪产生于西北印度的上座部佛教著名典籍《弥兰陀王问经》中，记载了弥兰陀王和那先比丘的一系列对话，在此从《南传弥兰王问经》中摘录一段：

弥兰陀王：卓越的那先，你愿意和我辩论吗？

那先：王啊，如果您可以像贤人一样辩论，当然可以；如果您要像王一样辩论，那就算了。

弥兰陀王：卓越的那先，请你告诉我，什么是贤人一样的辩论？

那先：贤人的辩论，可以展开、可以收拢，使人承认、信服，从而达到一致或继续争论，所有这些都经受得住而心不纷乱，王啊，这就是贤人的辩论。

这些论辩促使不同观点的思想大量涌现，不仅是各个思想派别之间，即便是在同一个思想派别内部都会出现不一样的观点。例如，婆罗门教分为六个派别：数论派、瑜伽派、胜论派、正理派、弥曼差派、吠檀多派。佛教内部也分成了十八个派别，各派通过激烈的辩论树立自己的权威。这不仅促进了思想的百花齐放，更促进了对于辩论经验的总结，逐渐提炼出充满"立破正邪""咸陈轨式"的逻辑体系。

成书于孔雀王朝的《政事论》，论述的是当时印度的社会情况和制度，但它的最后一章却讨论了逻辑问题。在那里有一张记录了三十二个专门术语的单子，国内译为"科学论辩体制"，讲的是论辩的系统程序。这三十二个专门术语是：①议题，②准备，③组成文字，④范畴，⑤含义，⑥确切的说明，⑦宣告，⑧讲述，⑨详述，⑩展开，⑪确定从陈述转向虚拟，⑫比拟类推，⑬设想推断，⑭疑惑，⑮一连串的论据，⑯反转复原，⑰来龙去脉，⑱赞同，⑲描述，⑳语源学的解释，㉑举例，㉒例外，㉓专门的术语，㉔询问，㉕回答，㉖确知，㉗预期，㉘回顾，㉙责戒、禁令，㉚取舍抉择，㉛聚集总括，㉜省略格式。该书认为按照这样一个系统程序，一个论辩者就可建立起自己的论点而驳回对方任意放纵的和不正当的论点。

"因明"一词首先出现在佛教著作《瑜伽师地论》中，书中"八因明"全部是围绕论辩而展开的，即论体性、论处所、论所依、论庄严、论言过、论堕负、论出离、论多所作法。因明论式最早是十支论式：求知的欲望、疑惑、推论式的信赖、目的、疑惑的消除，再加上正理派用的宗、因、喻、合、结五支。

正理派著作《正理经》五卷，内容是16句义的叙述，前4句义谈论辩的基础与条件，即量、所量、疑、目的；后12句义则直接讲论辩，即譬喻、宗义、论式、思择、决断、论议、诡论议、坏义、似因、曲解、倒难、堕负。这16句义的排列也很有秩序，它设想一个人及其对手之间论辩的进程和阶段，而第7句义的五支论式则成了陈那改造古因明的直接前提。

陈那发现五支论式有明显的重复成分，便进行删繁就简的工作，将因明论式确定为宗、因、喻三支，使之变得更为合理有效，因明学的面貌因之焕然一新。陈那的《因明正理门论》研究了推理和论证的方法，形成了古代印度特有的逻辑理论和体系。书中提出，新因明的主旨就是用三支论式来表示和概括一切关于证明的形式，使一切证明都围绕论题"宗"的确立而提出充足的论据"因"，认为每一个推理形式都是由"宗""因""喻"这三部分组成的，这里所谓"宗"相当于三段论的结论；所谓"因"相当于三段论的小前提；所谓"喻"相当于三段论的大前提。如：

宗：此山有火。
因：此山有烟。
喻：（固喻）凡有烟的地方皆有火，如厨房；
　　（异喻）凡无烟的地方都无火，如湖。

由此例可见，"三支论式"虽与三段论有所不同，但它们在推理形式上是基本一致的。

值得一提的是，古代印度的逻辑学，不管是早期富延蔓那、乔达摩、乌地阿达克拉所代表的正理派逻辑，还是陈那及其弟子们所创立的新因明，都是十分注重论证的逻辑学。

陈那之后，其弟子商羯罗主著有《因明入正理论》，再传弟子法称著有《释量论》《量抉择论》《正理一滴论》等因明七论，对因明之学作出重大贡献。六七世纪佛教在印度开始衰微，9世纪基本消亡，但也开始了佛教对外的大规模传播。印度因明随佛教最初传入中国有确切记载的是北朝时北魏延兴二年（472），龙树的《方便心论》及世亲的《如实论》已译成汉文，但没有产生重要影响。真正在中国产生重大影响的是7世纪唐朝高僧玄奘所做的工作，即因明的第二次传入。玄奘先后译经75部，共1335卷。其中商羯罗主的《因明入正理论》于贞观二十一年（647）译出，唐玄奘翻译的《因明正理门论本》开篇便是："为欲简持能立能破义书真实故造斯论。"所谓"能立"，便是证明，所谓"能破"，便是驳斥，二者都是论证的主要方式。陈那的《因明正理门论》于贞观二十三年（649）译出。这两部书是玄奘译出的最重要的因明著作。

"因明"和"正理"这两个词都具有浓厚的历史和思想教派特色，今天对其审视时应该着重突出它们作为思维普遍规律的逻辑学性质，"因明"和"正理"都是印度逻辑的典型代表，具有鲜明的印度文化特征，即以追求正确知识为解脱之目的的印度文化的典型特点。

但是，在历史的进程中，一方面，古代中国和古印度的逻辑学都有中断，没有进入世界逻辑学的主流；另一方面，古代中国和古印度都没有将逻辑学作为一门独立的学科分离出来进行系统化。因此，古代中国和古印度很遗憾地都无缘于逻辑学的诞生地之美称。

三、古希腊逻辑学发展史

古希腊是逻辑学的主要诞生地，西方逻辑学有相对完整的历史，后来成为世界逻辑史发展的主流。但是，在古希腊并不是一个而是一批学者对逻辑学作出了贡献。例如，德谟克里特（约前460—前370），他研究了概念的定义以及类比、假设、归纳等逻辑问题。再如苏格拉底（约前469—前399），他对演绎和归纳的意义作了实质性的探讨。而柏拉图（约前427—前347）继续研究了定义、划分以及判断的逻辑形式。

但是真正开始对逻辑学进行全面的研究，并且在历史上建立了第一个演绎逻辑系统的是柏拉图的学生亚里士多德。他著有《范畴篇》《解释篇》《前分析篇》《后分析篇》《论辩篇》和《辨谬篇》，后人把它们收集在一起，合称《工具论》。这是一部划时代的逻辑著作，其中，《范畴篇》主要研究了概念、范畴和定义问题，《解释篇》主要研究了命题及其种类和关系问题，《论辩篇》和《辨谬篇》主要研究了辩论的方法以及如何驳斥诡辩的问题，《前—后分析篇》主要研究了推理和证明问题。此外，亚里士多德在其主要哲学著作《形而上学》中，明确地提出并表述了矛盾律和排中律，同时也涉及同一律。亚里士多德的逻辑系统着重于从形式结构方面探讨思维，因此他所创立的逻辑又被称为形式逻辑。同时，亚里士多德的逻辑是以对概念（词项）的研究为基础的，所以，现在也有人将其逻辑称为"词项逻辑"。亚里士多德对逻辑学作出重大贡献，奠定了西方逻辑学的发展基础，因此他被称为"逻辑学之父"。

例如，亚里士多德建立的"S是P"这个命题形式，只使用第一格的AAA式、EAE式和E命题换位律三条公理，就推出三段论的所有24个有效式。这就证明三段论是一个自足的公理系统，更值得关注的是亚氏三段论又是一个与现代逻辑中命题逻辑、一阶谓词逻辑都不相同的、关于词项关系的、特殊的推理系统。亚里士多德创立的以三段论为核心的演绎逻辑学，是人类历史上第一个较为完整的逻辑学体系。人类历史上第一门成型的科学——几何学就是欧几里得在逻辑演绎法指导下构造的。欧几里得从少数被认为是不证自明的公理出发，按照逻辑原理，推演出一系列定理或命题。这正是演绎式科学方法的基本特征。近代之牛顿仿效欧几里得，用公理方法把前人的力学知识加以系统化，形成了一个逻辑体系。牛顿的经典著作《自然哲学的数学原理》就是由许多概念、命题、推理组成的。后来拉格朗日的力学著作、克劳胥斯的热力学著作、斯宾诺莎的哲学著作，也都是用类似方法写成的。

在此，必须指出的是，逻辑学所反映的正确推理形式及其规律对于全人类都是普遍适用的，但是作为一种思想体系又不得不受时代、地域、民族和文化思想的影响，从而产生了具有本民族传统思维方式的特征。

西方传统形式逻辑也始于论辩，亚里士多德在创建逻辑学体系时正值古希腊奴隶民主制的形成和繁荣时期。学派林立、辩风兴盛与战国类似，但重逻辑、重分析、重实证的古希腊哲人们并没有一直沉迷于论辩之中，他们的逻辑建构面对纯粹求知的欲望，展开了对自然本体的纯理性研究。亚里士多德在《前分析篇》卷首开宗明义地提出了逻辑的要旨："我们必须首先阐明我们所探讨的主题以及它所属的学科。它的主题是证明对它进行研究的是证明的学科。"这使西方逻辑从一开始便带有鲜明的抽象理性的印记。例如，"类"这个概念，在中国古代逻辑体系中只要求从某一角度看到两事物的相同之处，即可视为同类，如《墨经·经说上》所讲："有以同，类同也。"而西方传统逻辑所讲的类是指具有共同属性的类与分子、属种之间的关系。关于推理，中国古代逻辑注重论证过程以晓之于人，而西方传统逻辑中，推理是从前提到结论，从已知到未知的思维过程，在完成某个推理之前，结论是未知的。再如关于几何概念的表述，墨家几何形成"端""尺""区""中""平""因""樱""间""次"等概念，而欧几里得的《几何原本》则形成"点""线""面""长""宽""高""在……之上""在……之间"等概念，二者的区别在于经验与抽象公式的区别。这正是不同的思维方式下长久积淀而成的两种思想类型与方向。

而在亚里士多德之后，古希腊的斯多噶学派着重研究了亚里士多德逻辑学体系中所欠缺的有关假言命题、选言命题、联言命题以及由它们所组成的推理形式，并且提出了不同类型的推理规则和逻辑公式，这是传统形式逻辑的一个重大发展，由于这部分内容是建立在对命题进行研究的基础上的，所以人们把它称为"命题逻辑"。它推动了亚里士多德所创立的逻辑体系的发展和完善。

四、欧洲中世纪以后的逻辑学发展史

欧洲中世纪，为教会服务的经院哲学束缚着人们的思想，亚里士多德逻辑被歪曲，变成了论证上帝存在的工具。然而，即使在这一时期，逻辑学作为一门独立的学科仍在顽强地发展，内容也进一步地丰富起来，这时期的逻辑学家进一步研究了词项理论（包括对范畴词与非范畴词的研究、指代理论的研究等），创立了推论学说。其主要表现在：出现了一些有影响的逻辑教本，如西班牙彼得的《逻辑大全》；对一些逻辑问题进行了新的探讨，发展了斯多噶学派的命题逻辑；研究了语义悖论及其解决方法等。

然而，由于科学发展水平的限制，亚里士多德及其后继者所创立的逻辑学呈现出重视演绎逻辑、轻视甚至贬低归纳逻辑的特点，以至于被后世称为演绎主义者。这是因为在当时演绎逻辑可以在正确的前提下得出正确的结论，例如：

是人都会死，

苏格拉底是人，

所以，苏格拉底会死。

但是，同样正确的前提，在归纳逻辑那里却不一定得到正确的结论，例如：

德谟克里特会思维，

苏格拉底会思维，

柏拉图会思维，

德谟克里特、苏格拉底、柏拉图是人，

所以，是人就会思维。

17世纪，随着经验自然科学的兴起和发展，归纳逻辑的意义日益凸显。英国哲学家弗兰西斯·培根提出了归纳法，奠定了归纳逻辑的基础。培根的主要著作是《新工具》。在这部著作中，培根批评了亚里士多德的演绎逻辑，陈述了"三表法"和"排除法"。所谓"三表"，是指"存在和具有表""差异表"和"程度表"。通过这三个表，把观察到的事物现象加以整理和排列。所谓"排除"，就是从三表中把那些不相干的性质舍弃掉，进而找到事物现象间的因果联系，发现事物的一般规律。培根认为，这才是"真正的归纳法"。同时，培根把逻辑学的重要性上升到一个非常重要的阶段，他在《论读书》中说道："读史使人明智，读诗使人灵秀，数学使人周密，自然哲学使人深奥，伦理学使人庄重，逻辑修辞学使人善辩。"

1662年，法国出版了亚诺德和尼柯尔合著的《波尔·罗亚尔逻辑》，这是一本逻辑学教科书，它包括四大部分，分别讨论了概念、命题、推理和方法问题，至此，演绎、归纳和一般方法融为一体的传统逻辑便有了一个雏形。

此后，英国哲学家约翰·穆勒继承并发展了培根的归纳逻辑，在他所著的《逻辑体系：归纳和演绎》（我国近代学者严复将之译为《穆勒名学》）中系统地阐述了寻求现象间因果联系的五种方法，即契合法、差异法、契合差异并用法、共变法和剩余法，逻辑史上通称为"穆勒五法"。这就进一步丰富了传统逻辑的内容，弥补了亚里士多德及其后继者创建和发展起来的逻辑体系的不足，穆勒成为传统的归纳逻辑的集大成者。

但是，必须指出的是，比起亚里士多德及其后继者，培根和他的后继者走向另一个极端：强调归纳法的重要意义，忽视甚至贬低演绎逻辑的意义，这是由于他们认为演绎的结论早就蕴藏在前提之中，不可以带给人们新的知识，但是归纳相反，其结论超出前提的范围，所以培根才会与亚里士多德的《工具论》针锋相对，把自己的逻辑学著作叫作《新工具》，以至于被人们称为归纳主义者。

经过长时间的归纳与演绎之争，逻辑学逐步走向繁荣，同时，逻辑学者们发现，不论是演绎逻辑还是归纳逻辑都有着各自独特的价值，无所谓相互代替，于是，二者相互协调统一的新逻辑体系——现代逻辑随之诞生。

所谓现代逻辑就是数理逻辑，也叫符号逻辑。通常理解的数理逻辑包括一阶逻辑、模型论、公理集合论、递归论和证明论。广义的数理逻辑还包括高阶逻辑，包括现在统称的哲学逻辑的各种非经典逻辑，以及现代归纳逻辑。

数理逻辑的发展有两个源泉：一是作为数学，它来源于对数学基础研究的推动。早在17世纪末，德国哲学家莱布尼茨就提出用数学方法处理演绎逻辑，他希望创造一种"万能的数学"，它可以用计算代替思考，人们之间万一发生争执，只需要拿起笔来算一算就行了。他在1666年发表的《论组合术》一书中，提出建立一种表意的普遍语言及思维演算，并成功地把命题表达为符号式，因而他成为数理逻辑的开拓者和奠基人。一百多年以后，英国数学家布尔建立了第一个逻辑演算系统"逻辑代数"（即布尔代数），把莱布尼茨的思想变成了现实，成为全新的现代演绎逻辑体系即数理逻辑的早期形式。20世纪初，英国人罗素和德国人弗雷格等人在总结前人的基础上，建立起命题演算和谓词演算这两个基础演算模式，使数理逻辑进一步系统和完善起来，发展成为一门新兴的学科。1910年到1913年出版的巨著《数学原理》，就是这方面的主要成果。20世纪30年代初，歌德尔证明了两条不完全性定理，这一成果标志着数理逻辑已发展到一个新的阶段。20世纪40年代以来，数理逻辑又得到迅速发展，主要表现在两个方面：其一，集合论、证明论、递归论和模型论作为数理逻辑的主要分支学科，应运而生并发展起来；其二，在命题演算和谓词演算的基础上，从二值的外延逻辑向非二值或非外延的逻辑发展，出现了模态逻辑、时态逻辑、道义逻辑、多值逻辑、相干逻辑、模糊逻辑等。人们把二值的外延逻辑称为经典逻辑或标准逻辑，把非二值或非外延的逻辑称为非经典逻辑或非标准逻辑。

数理逻辑发展的第二个源泉是思维科学，它来源于对日常思维的命题形式和推理规则作精确化、严格化研究的推动。在数理逻辑长足发展的时候，辩证逻辑的理论和体系开始建立起来。19世纪德国古典哲学家黑格尔在批评旧逻辑中的形式主义和形而上学的基础上，用极大的精力研究了人类辩证思维的形式和规律，提出了第一个辩证逻辑的体系，虽然这个体系是建立在唯心主义基础上的，是头足倒置的，但是却包含不少合理的内容和深刻的思想。19世纪中叶以后，马克思、恩格斯和列宁对辩证逻辑有许多精辟的论述，他们运用辩证唯物主义的观点和方法来研究逻辑问题，在批判黑格尔辩证逻辑体系中的唯心主义观点的同时，吸收了其中的合理因素，为科学的辩证逻辑奠定了坚实的基础。

在数理逻辑大发展的同时，归纳逻辑也有了新的发展，其主要趋势是归纳方法与概念统计方法相结合，并且运用了数理逻辑的工具。1921 年，凯因斯构造了一个归纳概率的公理系统。20 世纪 30 年代，赖兴巴赫又构造了一个新的归纳逻辑体系。20 世纪 40 年代以后，卡尔纳普等人对概率逻辑做出了重要贡献。此外，归纳逻辑还有一个发展方向，即从科学方法论的角度来研究归纳逻辑在科学发现中的表现模式和作用，当前科学逻辑的兴起就是这方面的新趋势。

恩格斯曾经说过："每一时代的理论思维，包括我们时代的理论思维，都是一种历史的产物，在不同的时代具有非常不同的形式，并因而具有非常不同的内容。因此，关于思维的科学，和其他任何科学一样，是一种历史的科学，关于人的思维的历史发展的科学。"逻辑学从传统逻辑向现代逻辑的发展，正好说明了这一点。传统逻辑和现代逻辑属于逻辑发展的不同阶段，二者有密切联系，形式和内容又有不同。从亚里士多德逻辑到数理逻辑产生以前的逻辑，统称为传统逻辑，而数理逻辑和归纳概率逻辑等，统称为现代逻辑。

传统逻辑与现代逻辑有联系，这不仅指现代逻辑是传统逻辑的发展，也指两者对象与内容的相关。传统逻辑又与现代逻辑有区别。首先，传统逻辑与现代逻辑的研究对象不完全相同。有些内容如类比与假说，是传统逻辑的重要内容。而有些内容，比如一个公理系统的完全性与无矛盾性则是现代逻辑研究的内容。其次，传统逻辑与现代逻辑在人们的实践中所起的认识作用有些区别，传统逻辑是一般思维中的便利工具，而现代逻辑是数学研究中的有用工具，它运用一些数学方法对思维形式类型进行研究，这种研究的成果对数学、计算机科学、人工智能等科学的发展有重要意义。最后，传统逻辑和现代逻辑所使用的工具语言不同，传统逻辑的研究主要运用自然语言，因为自然语言本身具有模糊、歧义性等特点，使得传统逻辑在理论上有某些缺陷。但是自然语言同我们的日常经验比较接近，更有亲和力。而现代逻辑由于使用符号语言和数学方法，所以较传统逻辑更为精确，研究的内容也更为宽泛和深刻，甚至在现代科技特别是计算机科学中有所应用。演绎和归纳是人类两种基本的思维方式，现如今，人文科学偏向演绎，自然科学偏向归纳。可以说，在不同历史和文化背景下产生的传统逻辑与现代逻辑，既有相互区别的一面，也有相互联系与互补的一面。

第三节　逻辑学的研究对象

一、作为思维科学的逻辑学

逻辑学属于思维科学。逻辑学的研究对象主要是思维的形式结构及其规律的简单的逻辑方法。人之所以为人，是因为人会思维，会制造和使用工具，正如笛卡儿所说:"我思故我在。"那么,什么是思维?

广义的思维,是一个与存在相对应的概念,是对客观事物概括的、间接的反映。逻辑学专门研究的思维是狭义的思维,是与感性相对应的一个概念,专指人的理性认识。辩证唯物主义的认识论告诉我们,人的认识分为两个阶段。第一个阶段是感性认识阶段。第二个阶段是理性认识阶段,在感性认识的基础上形成概念,进而构成判断和推理,这个阶段也就是思维阶段,思维有着不同于感性认识的特点。

首先,思维具有间接性。思维和感知不同,它是建立在过去的知识经验上的对客观事物的反映,因此具有间接性。例如,看到地上湿,推断刚才可能下过雨。正是由于思维的间接性,人们才可能超越感知提供的信息,认识那些没有直接作用于人的感官的事物的属性,从而揭示事物的本质和规律,实现推理。

其次,思维具有概括性。思维在大量的感性材料的基础上,把一类事物的共同特征和规律抽离出来加以认识,它使人的认识活动摆脱了对具体事物的局限性和对事物的直接依赖性,扩大了人们认识的范围和深度。概括性的水平反映着思维的水平,它也是人们形成概念的前提,是思维活动得以进行的基础。

最后,思维和语言密不可分。思维和语言是紧密联系在一起的,人借助语言进行思维是人的思维与动物思维最本质的区别,人类思维的高度发展与人类语言的高度发展是分不开的。

二、思维的形式结构

思维内容就是指思维所反映的特定的对象及其属性。思维形式就是指思维内容的反映方式(即概念、命题和推理等),思维的逻辑形式就是不同内容的命题和推理自身所具有的共同的形式结构。

思维是人脑的机能,它看不见,听不到,也摸不着。思维必须借助于语言这个物质外壳才具有直接的现实性,也才能成为一门学科的研究对象。逻辑学是通过研究语言的形式结构来实现对思维形式结构的研究的,它对思维形式结构的认定必须借助于对相关语言形式的分析。

(1) 所有的商品都是劳动产品。
(2) 所有的树都是植物。
(3) 所有的球迷都是体育爱好者。

上述各句都是命题,它们分别陈述三类不同的对象具有的不同的属性,内容各不相同。但它们却有共同的形式结构:

$$所有 S 都是 P$$

其中"S"和"P"是可变的部分,可以用任何具体的词项去代换它们;"所有……都是……"是不变的部分，是这类命题所共同具有的，是"S"和"P"所表示的各不相同的具体思维内容间共同的联系方式。

（1）如果嫌疑犯甲是案犯，那么嫌疑犯甲有作案时间。
（2）如果天上下雨，那么地上就会湿。
（3）如果工作做不完，那么就要加班。

这三个命题也各有不同的内容，但也有共同的形式结构：
$$\text{如果 } p，\text{那么 } q$$
其中，"p"和"q"是可变的部分，可以用任何具体命题去代换它们；"如果……那么……"是不变的部分，是这一类命题所共同具有的，是"p"和"q"所表示的各不相同的具体思维内容间共同的联系方式。

（1）所有违法行为都是要受法律追究的，
　　　所有侵权行为都是违法行为，
　　―――――――――――――――――――――
　　所以，所有侵权行为都是要受法律追究的。

（2）所有的学生都要学习逻辑，
　　　张华是学生，
　　―――――――――――――――――
　　所以，张华要学习逻辑。

以上两例是推理，它们的具体内容不同，但也有共同的形式结构，它们都由三个命题组成，其中包含三个不同的词项。它们所具有的形式结构可表示为：

所有的 M 都是 P
所有的 S 都是 M
―――――――――――
所以，所有的 S 都是 P

其中，"M""P""S"是可变的部分，可以用任何具体的词项去代换它；其余的部分则是不变的部分，是这一类推理所共同具有的，是"M""P""S"所表示的具体内容间的共同联系方式。

（1）如果工作做不完，那么就要加班，
　　　人事科工作没有做完，
　　―――――――――――――――――
　　所以，人事科要加班。

（2）如果嫌疑犯甲是案犯，那么嫌疑犯甲有作案时间，
　　　嫌疑犯甲是案犯，
　　―――――――――――――――――――――――――
　　所以，嫌疑犯甲有作案时间。

以上两例也是推理，它们的具体内容也不相同，但有着共同的形式结构：

$$\frac{\text{如果 p，那么 q}}{\text{所以，q}}$$
$$p$$

其中，"p"和"q"是可变的部分，可以用任何具体的命题去代换它；其余的部分则是不变的部分，是这一类推理所共同具有的，是"p"和"q"所表示的具体内容间的共同联系方式。

从上面所举的例子可知，具体来说，思维的形式结构就是指由词项构成的各种不同内容的命题自身所具有的共同结构，以及由命题构成的各种不同内容的推理自身所具有的共同结构。思维的形式结构由逻辑常项和变项组成。

逻辑常项是指逻辑形式中不变的部分，即在同一种逻辑形式中都存在的部分，它有着固定的意义，是区分不同种类的思维形式结构的唯一依据。

逻辑变项是指逻辑形式中可变的部分，即在逻辑形式中可以表示任一具体内容的部分，变项不论代入何种具体内容，都不会改变其逻辑形式。例如，在"所有 S 都是 P"这一逻辑形式中，"所有……都是……"不能任意改变，是逻辑常项；"S"和"P"是逻辑变项。

显然，思维的形式结构是思维具体内容的一种抽象。因此，思维的形式结构自身具有特殊的规律性，人们如果要通过思维获得正确认识，必须遵循这方面的规律。

逻辑对思维形式结构的考察，是从它所表现的思维的真假关系方面来进行的。思维形式结构本身无所谓真假，但其中的变项代入具体内容后，便形成了有真有假的具体思想。同一思维形式结构在不同的变项代入后，成为有不同内容的具体思想。这些具体思想事实上是真是假，即是否符合客观事物情况，逻辑学并不能解决。逻辑学关心的是，当变项代入具体内容时，基于思维形式结构的不同，其真假情况所表现出的规律性。有一类思维形式结构在任意代入下都表达真实的思想内容，这类思维形式结构称为逻辑规律。

如前所述，逻辑形式结构是思维形式组成要素的联系方式，是各种具体思维形式中最一般、最共同的东西。而逻辑规律是思维的具体内容在联系方式上的必然性、强制性，是我们进行推理时必须遵守的。

三、演绎和归纳

如前所述，逻辑形式规律是思维的具体内容在联系方式上的必然性，具有强制性，是我们在进行推理时必须遵守的。逻辑学就是提供一种方法，使我们能够判定什么样的推理论证是有效的，什么样的是无效的。而推理的有效性表现为推理的前提与结论之间的逻辑关联。这样的逻辑关联有两种方式，即演绎与归纳。

例如，逻辑学在研究推理时，把推理分为两大类：一类是必然性推理，即演绎推理；另一类是或然性推理，包括归纳推理和类比推理。逻辑学研究推理的中心任务是保证演绎推理形式的有效性，提高归纳推理和类比推理结论的可靠性。

首先是关于演绎推理的有效性。在一个演绎推理中，推理的有效性表现为由前提的真可以必然地推导出结论真，那么前提和结论的逻辑关联就是演绎的，这种前提和结论之间的必然联系保证了推理前提真时结论必然真，决不会出现前提真而结论假的情况。当所有的前提为真时，其结论必然为真，这样的演绎推理形式就是有效的，否则，便是无效的。我们看下面几组推理：

（1）所有金属都是导体，
　　　所有塑料都是金属，
　　　─────────────
　　　所以，所有的塑料都是导体。

（2）所有金属都是导体，
　　　所有人体都是导体，
　　　─────────────
　　　所以，所有人体都是金属。

（3）所有金属都是导体，
　　　所有铁都是金属，
　　　─────────────
　　　所以，所有铁都是导体。

第（1）组推理前提虚假，形式有效，结论为假。第（2）组推理前提真实，但是形式无效，结论为假。第（3）组推理前提真实，形式有效，结论为真。我们可以看出，一个推理要保证得到一个真实的结论，需要满足两个条件：一是前提真实，二是形式有效。

其次是关于归纳推理和类比推理的可靠性。在归纳推理和类比推理中，前提与结论的联系是或然的，即使前提真，结论也未必真。例如：

我在文学院看到有爱好体育的学生，
　在政治经济学院看到有爱好体育的学生，
　在教育科学学院看到有爱好体育的学生，
　在我所到过的学院都看到有爱好体育的学生，
─────────────────────────
所以，这个学校所有学院都有爱好体育的学生。

显然，这个推理所有前提都真时，结论有可能是真的，但是否一定为真却不确定，如果"我所到过的学院"的外延小于"这个学校的所有学院"，这相当于从部分推论全体，它的结论超出了前提，由前提真不能保证结论一定真。

因此，逻辑学在研究归纳推理和类比推理时，主要是解决如何提高其结论的可靠性的问题。

第四节　灵感思维、形象思维与逻辑思维

思维是在表象或概念的基础上进行的认识客观事物、现象或事件的一种行为活动。人们通常所说的"想""思考""考虑""思索"，用科学术语概括，就是"思维"。钱学森认为人类的思维有三种：形象思维、抽象思维和灵感思维。就形象思维和抽象思维而言，这两种思维既可在显意识状态下进行，也可在潜意识状态下进行，非灵感思维是在显意识状态下进行的思维，而灵感思维是在潜意识状态下进行的思维。

一、灵感思维

灵感思维是在形象思维和抽象思维基础上产生的一种顿悟思维。文学创作者都有这个体会，即在创造形象或思考理论时，有时冥思苦索，就是想不清楚问题或无法塑造满意的人物形象和情节；但突然灵感一来，"思如潮涌"或"茅塞顿开"，就会设计某个艺术人物、艺术情境。这种思维所产生的思想是顿悟的，所以也称"顿悟思维"。钱学森说："灵感思维实际上是潜思维，是潜在意识的表现。"

灵感思维是一种突发性的创造活动。公元前9世纪，古希腊诗人荷马在《伊利亚特》开头就向诗神祈求，希望能赐予他神圣的灵感。19世纪文学家果戈理向灵感之神大声呼求："噢，不要离开我吧！同我一起生活在地上，即使每天两个钟头也好……"苏联教育家、作家马卡连柯用13年的工夫，搜集积累了大量创作材料，却难以下笔。高尔基一席话，却使他顿开茅塞，开始写作《教育诗》。同样的，苏联作家帕乌斯托夫斯基在其著作《金蔷薇》一中，对灵感作出这样的描述：

> 灵感来时，正如绚丽的夏日的清晨来临，它驱散静夜的轻雾，向我们吹来清凉的微风。灵感，恰似初恋，人在那个时候预感到神奇的邂逅、难以言说的迷人的眸子、娇笑和半吞半吐的隐情，心灵强烈地跳动着。在这个时候，我们的内心世界像一种魅人的乐器般微妙、精确，对一切，甚至对生活的最隐秘的、最细微的声音都能共鸣。[①]

需要注意的是，灵感思维离不开已经有的经验和知识，这种思维一定是在形象思维和抽象思维的基础上加工产生的，只不过不是在显意识中进行，而是在潜意识中激发出了自己脑中原有的知识。所谓"超越"，其实是形象思维和抽象思维在潜意识中

[①] 帕乌斯托夫斯基：《金蔷薇》，戴骢译，上海译文出版社2010年版。

的综合运用,并得到最充分的发挥。

席佩兰是清朝诗人袁枚的女弟子,极有才学,待字闺中时便立誓非诗人不嫁,凡上门求亲者,要经过三考,一是要送上诗稿,二是要面试,三是要联句。同乡文人孙原湘上门提亲,诗稿被选中,面试也顺利,在联句时恰逢窗外积雪消融,席佩兰家门口有一对雪堆成的狮子也正在慢慢融化,席佩兰脱口而出:"雪消狮子瘦。"孙原湘绞尽脑汁也联不上下句,最后只好满面羞愧而回,急出一场病。到了正月十五,母亲扶孙原湘赏月,并和他逗趣说:"今天是元宵佳节,你看月亮多圆呀,月亮里的桂花树长得那么茂盛,树下的兔子长得多肥啊!"母亲话刚说完,孙原湘惊喜地狂呼:"有了!有了!那位小姐出的是'雪消狮子瘦',下句不正是'月满兔儿肥'吗?我早出来赏月也就不会受这场苦了。"孙原湘的病好以后,与席佩兰结为夫妇,他们成为清代著名的诗坛伉俪。孙原湘得这一思维结果,没有灵感的诱发和联想是无法完成的,可见灵感思维的作用是抽象思维和形象思维所不能取代的。

二、形象思维

形象思维是直观地对客观事物、现象或事件进行思考,它是在感觉、知觉、表象基础上进行的思维活动。这种思维主要是靠右脑进行。形象思维的认识过程是对客观世界的反映和加工的过程,外界的刺激物作用于感觉器官,就会在大脑的皮质内引起相应的反应。对某物的个别属性的反应,就是感觉,具体的感觉可能是味觉,或嗅觉,或听觉,或视觉等。感觉的信息是具体的、个别的。如果客观事物属性刺激感觉器官,使客观刺激物作为整体反映于大脑中,这就形成知觉。经过感知的客观事物的属性、形状以及客观事件的动态情景在大脑中再现的完整形象,就是表象。在表象基础上通过类比、归纳、分析、综合、联想、想象等方式进行的思维活动,就是形象思维。人类"表征"客观世界的能力,实际上就是形象思维的能力,所以"心理思维"实质上就是形象思维。

形象思维的认识方式是感知、体验,是人脑直接感知客观世界的感性认识,所以也称"感性思维"或"直观思维"。思维过程的联想支点或支柱是具体事物或情景在大脑中的再现。这种思维不是在词语或抽象概念的基础上进行的,所以也可说它是"非语言思维"或"非抽象思维"。

毛泽东在1965年7月21日写给陈毅的信中肯定了形象思维之于文学创作的重要意义:

> 诗要用形象思维,不能如散文那样直说,所以比、兴两法是不能不用的。赋也可以用,如杜甫之《北征》,可谓"敷陈其事而直言之也",然其中亦有比、兴。"比者,以彼物比此物也","兴者,先言他物以引起所咏之词也"。韩愈以文为诗;有些人说他完全不知诗,则未免太过,如《山石》《衡岳》《八月十五酬张

功曹》之类，还是可以的。据此可以知为诗之不易。宋人多数不懂诗是要用形象思维的，一反唐人规律，所以味同嚼蜡。以上随便谈来，都是一些古典。要作今诗，则要用形象思维方法，反映阶级斗争与生产斗争。①

形象思维有的比较简单，只反映同类事物中一般的属性，只能作有限的分析、综合；有的在类比、归纳、分析、综合的基础上有一定的有限的联想；有的比较复杂，在接触大量事物的基础上，对表象进行高度的类比、归纳、分析、综合，乃至发挥充分的联想、想象并产生出新的思想。

下面分析形象思维与逻辑思维的关系。一方面，形象思维早于逻辑思维。无论从人类思维历史的发展过程来看，还是从人类个体的思维发展过程考察，人们总是先进行形象思维，逻辑思维只是当人类进化到了较高阶段才能够产生。另一方面，形象思维与逻辑思维交互作用，构成复杂的思维运动。逻辑思维是形象思维的基础。只有理性地理解生活，才能通过形象思维创造出生动感人的艺术形象。当然，形象思维在一定条件下也可以反转来反作用于逻辑思维。因此，钱学森认为：

> 科学工作是源于形象思维，终于逻辑思维。形象思维是源于艺术，所以科学工作先是艺术，后才是科学。相反，艺术工作必须对事物有个科学的认识，然后才是艺术创作。②

三、逻辑思维

逻辑思维是在词语和词语所表达的概念的基础上进行分析、综合、判断、推理等的一种思维。逻辑思维也称抽象思维，在认识过程中它借助于概念、判断、推理等思维形式以获得合乎逻辑的结论，理性地去揭示事物的本质和内在规律，是人类认识世界非常重要的手段。逻辑学与思维科学的研究对象虽然都是思维，但是，它们所研究的具体对象或范围是不同的。思维科学的研究对象是全部思维，而逻辑学的研究对象只是逻辑（抽象）思维；因此，逻辑学只是思维科学中的一部分。思维活动主要是靠左脑进行。与直感的形象思维不同，抽象思维是在感性思维的基础上概括地间接地反映客观事物，反映事物之间的内在联系和规律性。人们在进行逻辑思维时，总是利用自己所掌握的语言和跟语言相联系的逻辑来进行思维，所以逻辑思维中词语是不可缺少的，只有词语才能使事物在认识过程中脱离感觉、知觉、表象，上升为抽象的理性概念。例如，在客观世界中存在着松树、桃树、柳树、柏树等等，而要有"树"这个概念，就得有"树"这个词。概念反映了客观事物的本质特征，有了概念，才能反映

---

① 中共中央文献研究室：《毛泽东文集》第 8 卷，人民出版社 1999 年版，第 421—422 页。
② 涂元季：《钱学森书信》第 2 卷，国防工业出版社 2007 年版，第 371—372 页。

客观事物的内在联系与规律性。概念是逻辑思维的出发点,一个完整的逻辑思维过程,实际上是人脑内部的概念联结起来组成判断、再进行推理、分析、综合的过程。逻辑思维的认识方式是理性的,所以也称"理性思维"。逻辑思维离不开语言,所以也称"语言思维"。

英国科学家李约瑟从20世纪40年代起开始系统研究中国古代的技术发明。在1944年的一次演讲中,他谈到"古代之中国哲学颇合科学之理解,而后世继续发扬之技术上发明与创获亦予举世文化以深切有力之影响",但"问题之症结乃为现代实验科学与科学之理论体系,何以发生于西方而不于中国也"。这就是著名的"李约瑟问题"(Needham Question)。

> 科学发生的问题——为什么在公元前一世纪到公元十五世纪期间,在应用人类的自然知识于人类的实际需要方面,中国文明远比西方更有成效得多……近代科学却在欧洲,而没有在中国文明(或印度文明)中产生?[①]

这个问题放在今天的社会发展和科学研究中,依然发人深省。

第五节 批判性思维

一、批判性思维的含义

逻辑学研究思维的形式结构,但是形式化的适用范围是有限的,并非所有的理论都可以形式化。于是产生了以论证为中心的非形式逻辑和批判性思维。

> 爱因斯坦是当代著名的物理学家。有一天,爱因斯坦问他的学生:"有两个人同时从烟囱里爬出来,一个人很干净,另一个人满脸煤灰,你认为哪一个人会立即去洗澡?"学生毫不犹豫地说:"肯定是那个满脸煤灰的人!""是这样吗?请仔细想想后再回答。"爱因斯坦不置可否,又似乎在提醒些什么。"啊,我明白了,"学生说,"那位干净的人会马上去洗澡,因为他看到对方脏,立刻想到自己也脏,所以他马上去洗澡。"这位学生对自己的回答很有把握,可爱因斯坦却又否定了他的想法。"不对!你的两次回答都不对,尽管从表面上看,你的每个回答都有逻辑性,第一种情形是认为只有脏的人才会洗澡,但忽略了应从什么角度去观察,所以错误;第二种情形是考虑到观察者的角度以及各自内心的心理,但

---

① 李约瑟、徐汝庄:《东西方的科学与社会》,《自然杂志》1990年第12期。

却忽略了最重要的也是最关键的一点，那就是两个人同时从烟囱里爬出来，怎么会一个很脏，而另一个却很干净呢？这显然是不可能的呀！"学生这才明白，错误的原因是自己分析和推理问题只停留在表面，没有先对问题的本身进行判断，而事实上导师给出的却是一个不成立的问题。

难怪爱因斯坦对此这样下结论："如果你所讨论的命题不合逻辑，那么，不管你运用了多么合乎规则的逻辑，你还是找不到正确的答案！"

因此不人云亦云，不盲从，不随大流是进行批判性思维的前提。通俗地说，批判性思维是对怎么想、怎么做进行决定的思维能力。

批判性思维包括情感特质和认知技能。情感特质也称为批判性思维人格倾向，主要包括求真、开放、分析性、系统性、自信度和好奇心等维度。认知技能又称批判性思维技能，主要包括解释、分析、评价、推理、说明和自我调整等六种技能。

"解释"是指用来阐明和表示各种不同事物情况的意义或重要性的认知技能。它包括：如何不带偏见地去识别或描述一个问题，如何把握一个人在其表达式中的意图，怎样把文本中的主要观点和次要观点区别开来，怎样构建研究对象的尝试性分类组织或组织方法，如何用你自己的话来解释别人的观点，如何澄清符号、表格或图形的意义，如何识别作者的目的、主题或观点，等等。

"分析"即是指用来识别陈述、问题、概念、描述或企图表示观点、判断等表达形式之间的有目的推论性关系的认知技能。这种技能包括检查观点、识别论证和分析论证等。

"评价"一方面是指评估陈述或其他表示的可信度。这种陈述或表示是用来说明或描述人的觉知、经验、情景、判断、信念或观点的。另一方面指评价陈述、描述、问题或其他表达形式有目的推论关系的逻辑强度。

"推理"包括：识别出合理结论的必需要素；相关信息的判断；从各种表示形式中引出结果。"推理"包括质证、推测可能性和得出结论三类子认知技能。

这四种技能，可以帮助人们解释所思所想以及如何达到判断的思维过程。但观点的改善还需要说明和自我调整这两种技能。"说明"是陈述某人推理的结果，并根据这个结果所依赖的论据、概念、方法等考虑来证明那个推理，包括陈述结果、证明程序和提出论证。"自我调整"是自觉地监控自己的认知活动以及用于这些认知活动中的要素和引出的结果，特别是监控用质疑、证实、确认或纠正自己的推理或结果的观点来分析和评价自己的推理性评价中所应用的技能，包括自我检查和纠正。

非形式逻辑不排斥形式逻辑，批判性思维也不会排斥形式逻辑，批判性思维是以形式逻辑为逻辑基础的。例如，我们对周边的信息进行评价时，第一步便是分析这个信息到底是什么以及它是怎么给出的，支持这个信息的理由或证据是什么。逻辑，尤其是包括非形式逻辑在内的"广义逻辑"是批判性思维的理论基础。

批判性思维和逻辑有本质的联系。首先，从批判性思维的本质看，逻辑元素是其基本成分。批判性思维涉及的核心问题是我们应该信什么和做什么，而对该问题的答案是由"理由"或"证据"决定的。论证的优劣由一系列"理智标准"来衡量，其中包括逻辑标准。形式逻辑和非形式逻辑都与论证的评价相关。

（一）批判性思维与形式逻辑

批判性思维是 20 世纪 70 年代在北美及西欧新兴的一门逻辑课程。由于当时逻辑学研究者们开始怀疑，传统的形式逻辑并不能作为分析和评估人在日常讨论中的论辩的适合工具。此后，逻辑学学者们开始考虑建立一个新的逻辑研究方向，即批判性思维研究。批判性思维的研究把逻辑研究的目标转向了如何有效地发挥逻辑在人们日常工作和生活中的作用，更加侧重于研究如何有效地提高人们的日常推理和论证的逻辑思维能力。

批判性思维运动适应了逻辑的"非形式转向"，适应了人们对于逻辑的"去符号化"追求。然而，"去符号化"并不代表着"非符号化"，批判性思维的研究依旧要以符号为基础，遵循形式逻辑的法则。形式逻辑在培养和训练批判性思维能力方面依旧发挥着重要的作用。

例如，形式逻辑研究的是推理过程中前提和结论之间的关系，由前提、结论和推理形式组成。推理形式由逻辑常项和逻辑变项组成，常项代表了推理的结构要素，变项代表了推理的内容要素，一个推理是有效的，当且仅当它的形式有效并且前提真实。形式逻辑离不开形式相关的方法，正因为如此，形式逻辑的教学与研究可以有效地提高人们的理性思维能力。

（二）批判性思维与非形式逻辑

非形式逻辑是批判性思维的逻辑基础。非形式逻辑不仅包含形式逻辑的基础，还包含日常生活中的论证分析、解释、评价以及建构的非形式标准。也就是说非形式逻辑不仅包含逻辑的形式要素，还包含逻辑内容方面的非形式要素。

一方面，受教育者是一个有自由意志、人格尊严的自主个体，他们的心智与个性是其在社会性交互作用活动中能动地生成的，任何外在事物的意义必须经过主观理解才能变成受教育者自己的经验。那种任由机械灌输和传递的教育方式，都把受教育者当作物，而不是有自由意志、独特而丰富的内心世界，以及独立判断能力的人。另一方面，我们生活在日新月异的信息社会里，信息是首要资源，然而，随着信息的海量增长，如果没有了独立的批判性思维，我们就可能被信息的汪洋大海淹没，被各种似是而非的解决方案所迷惑，被他人别有用心的谎言所误导。

从现代批判性思维研究的鼻祖约翰·杜威开始，批判性思维就是对我们的观念或假说作合理考察的思维方式。杜威强调，没有对科学假说进行主动、持续和细致的理性反思，我们就不能表示接受或者反对它，而是要延迟判断。延迟判断是一种谨慎状态，既非肯定也非否定，而是先不慌忙作决定，重心是合理的理由和论证。杜威的观点一直被延续到现在，它是批判性思维的前提性原则。

杜威认为反省性思维是"思维的最好方式",不仅要细致地思考各种信念和被假设的知识形式,而且要理解支持它的理由以及它进一步指向的结论,他进而指出:"思维就是探究、调查、深思、探索和钻研,以求发现新事物或对已知事物有新的理解。总之,思维就是疑问。"杜威的思想奠定了美国批判性思维发展的基础,对美国乃至全球教育理念都产生了巨大的影响。二战后,面对美国社会的转型,教育学家开始对美国的教育模式进行反思,批判性思维作为通识教育的重要组成部分,成为了突破口。教育学家认为通识教育对提高学生综合素质至关重要,希望通过批判性思维的培养,纠正学生消极而低效的思维习惯,培养学生批判性地观察、阅读、倾听、演讲和写作的能力,使学生能够适应未来社会的发展潮流。1941 年,爱德华·格拉泽在《批判性思维发展的实验研究》中明确使用"批判性思维"一词,他认为批判性思维包括三个方面:质询态度;有效推理、抽象、概括的知识和应用以上态度和知识的技能。他以此为理论基础,设计了一套完整的批判性思维评价测验工具,对大学生的批判性思维进行测量。

目前社会上有一种错误的观点,认为能提出与常识、与他人不同的看法就是批判性思维,至于这些辩论是否要遵从逻辑,则很少被谈论。这其实隐含着一个巨大的危险,那就是逻辑的离席。逻辑是内核,没有逻辑作为基础,就容易掉入各种陷阱而不自知。我们把自己思考的结果拿出来供他人讨论,就是为了让他人评判逻辑是否严密,是否存在偏颇和不全面之处。所以,批判性思维是以逻辑为基础的,不是独立于逻辑的新的思维方式。

二、批判性思维的培养方法

(一) 依靠知识的积累

批判性思维的这种"善断"是如何炼成的呢?它当然不可能是灵感来潮时的突然领悟。作为一种理性活动,它与知识联系在一起。一般认为,获得批判性思维能力的一个基本前提,就是要了解形式逻辑的论证理论。论证是"说理"的别名,而说理又是批判性思维的标志性特征,于是批判性思维就与论证结下了不解之缘。它以论证为起点,主要工作都是围绕论证展开的。因此,掌握论证的理论知识,是培养批判性思维的首要环节。

论证也叫证明,它与推理相关联。推理是从一个或几个已知的命题出发,推出一个新命题的思维过程。这一过程强调的是前提与结论之间的逻辑关系,它并不关心前提的真假,假的前提也可以成为推理的出发点。推理的这种宽松条件有时会受到限制。当需要确定某一命题或断言是真的以便让人接受的时候,人们借助于推理来达到这一目的,但此时的推理要求从已知为真的前提出发,而不能从明显为假的前提出发,否则论证就没有说服力。因此,所谓论证就是引用一个或一些真实的命题,借助推理形式来确定另一个命题真实性的思维过程。

（二）论证方式的识别

基础教育阶段，我们学习过论证结构是由论点、论据、论证方式组成的。但是，人文社科特别是日常交流中的论证经常是很不纯粹的，除了自然语言的不精确，还会与修辞难分难舍，甚至掺杂情感的因素，很多时候还会省略前提或颠倒前提与结论的顺序等。也就是说，人文社科与日常交流中的论证，不像数学论证那样一目了然，而是带有很大的隐蔽性、模糊性，需鉴别才能发现。

网络上曾流传一篇名叫《人到中年不交五友》的类似心灵鸡汤的短文，被很多网友转载和点赞。所谓"五友"即五种类型的朋友，包括"富豪""显贵""成功者""名士"和"风流才子"。鉴于五段文字结构相同，现只摘录第一段分析如下：

> 不与富豪交，我不穷。本来，自己的小日子过得还不错，房子不大够住，钞票不多够花；可是如果硬要和豪富大款交往，一看人家那豪宅花园、名车游艇，立即就会觉得自己太穷了。
>
> 其实，自己的家境并无任何变化，只是因交友"不慎"，一下子就把自己变成"穷人"了。

这段平铺直叙的话，是在论证"人到中年不交五友"的子论题——不交富豪朋友。之所以这样说，当然是因为它包含了论证的基本要素：论题、论据和论证方式。论题（即论点）是明摆的——不与富豪交；论据也很清楚——如果我与富豪交，我就会变穷。这里的关键是论证方式即推理形式。经过整理，可以认为该论证采用了如下的推理：

$$\frac{\text{如果我与富豪交，}\quad\text{我就会变穷；}}{\text{我不想变穷；所以，我不与富豪交。}}$$

上这个推理中的小前提"我不想变穷"作为一个理所当然的事实被省略了。一旦把它恢复出来，很容易看出这是充分条件假言推理的否定后件式，是一个有效的演绎推理。也就是说，该论证的推理形式或论证方式是演绎的，因而属演绎论证。值得注意的是，该论证的目的是要确定"不与富豪交"的真实性，可论证过程讲的却是如果"与富豪交"会怎样。这显然是从反面着手进行的论证。这种通过确定与论题相矛盾的命题的虚假性，来间接确定论题的真实性的方法，称为反证法。

再如"不要让孩子输在起跑线上"这个风靡一时的口号在基础教育阶段深入人心，乍一看挺有道理——起跑就输了，最后的结果可想而知。然而，从批判性思维的角度看，这个口号的问题在于，它是基于以下前提推导出来的：人生是一场百米短跑（只有短跑才强调起跑）。这显然是一个错误的假设。事实上，人们更倾向于把人生比作一场马拉松似的长跑。但是，由于这个虚假的前提被省略了，人们因此辨不清这个口号的真伪，从而导致盲目附和。

又如，营养专家论证说："应该节食。面对美味大吃大喝，虽然可以享一时口腹之快，却容易造成身体过胖，由此带来各种疾病，如高血压、高血脂、高血糖等，严重影响人的寿命和生活质量。"从逻辑上看，"应该节食"这一结论是如何从给定的前提推导出来的呢？经仔细分析发现，该推理省略了如下前提：健康长寿比享用美食更重要。显然，要挖出这个隐含的价值观假设并非易事，没有一番思考的功夫是做不到的。

每个人都认为自己有独立思考的能力，批判性思维不仅仅在于对我们周遭事物、观点的反思，更值得沿袭的是对自身的反思。如曾子所言："吾日三省吾身：为人谋而不忠乎？与朋友交而不信乎？传不习乎？"从中不难看出批判性思维方式的优点，即它是经过分析推理、提问思考的方式去筛选和消化信息，从而使人获得更结构化、更纯粹、更可靠的知识。

三、常见的思维方法

（一）头脑风暴

头脑风暴，又称脑力激荡法，由美国 BBDO 广告公司奥斯朋 1937 年所倡导，是最为人所熟悉的创意思维策略。该方法强调集体思考，着重互相激发思考，鼓励参加者于指定时间内，构想出大量的意念，并从中引发新颖的构思。脑力激荡法虽然主要以团体方式进行，但个人在思考问题和探索解决方法时，也可运用此法激发思考。该法的基本原理是：只专心提出构想而不加以评价；不局限思考的空间，鼓励想出的主意越多越好。

（二）逆向头脑风暴法

逆向头脑风暴法，又称质疑头脑风暴法，是由热点公司发明的，这是一种小组评价的方法，其主要用途是借以发现某种观念的缺陷，并预期如果实施这种观念会出现什么不良后果。

逆向头脑风暴法和头脑风暴法类似，唯一不同的是在逆向头脑风暴法中允许提出批评。头脑风暴法是用来刺激人们创造新观念、新思想，而逆向头脑风暴法则是以批判的眼光揭示某种观念的潜在问题。事实上，后者的基本点就是通过提问以发现创意的缺点。这种方法的基本步骤是：

第一阶段，要求参加者对每一个提出的设想都要提出质疑，并进行全面评论。评论的重点，是研究有碍设想实现的所有限制性因素。在质疑过程中，可能产生一些可行的新设想。这些新设想，包括对已提出的设想无法实现的原因的论证，存在的限制因素，以及排除限制因素的建议。其结构通常是："××设想是不可行的，因为……，如要使其可行，必须……"

第二阶段，对每一组或每一个设想编制一个评论意见一览表，以及可行设想一览表。逆向头脑风暴法应遵守的原则与头脑风暴法一样，只是禁止对已有的设想提出肯定意见，而鼓励提出批评和新的可行设想。在进行逆向头脑风暴法时，主持者应首先简明介绍所讨论问题的内容，扼要介绍各种系统化的设想和方案，以便把参加者的注意力集中于对所论问题进行的全面评价上。质疑过程一直进行到没有问题可以质疑为止。质疑中抽出的所有评价意见和可行设想，应专门记录下来。

第三个阶段，对质疑过程中抽出的评价意见进行评估，以便形成一个对解决所讨论问题实际可行的最终设想一览表。对于评价意见的评估，与质疑所讨论的设想一样重要。因为在质疑阶段，重点是研究有碍设想实施的所有限制因素，而这些限制因素即使在设想产生阶段也是放在重要地位予以考虑的。

（三）曼陀罗思考法

曼陀罗思考法起源于佛教，由日本学者今泉浩晃博士改造而得，是一种有助于扩散性思维的思考策略，利用一幅类似于九宫格的图，将主题写在中央，然后把由主题所引发的各种想法或联想写在其余的八个圈内（图1.1）。这种方法的优点是由事物之核心出发，向八个方向去思考，挖掘八种不同的角度。

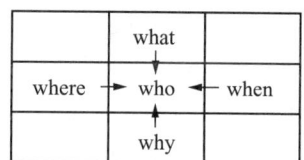

图 1.1 曼陀罗思考法示意图

曼陀罗思考法可以配合"六何法"（what、why、who、where、when、how）进行思考。

如图1.1所示，五个单词摆在九宫格的十字当中，中心点摆的是who，右边是when，左边是where，下边是why，上边是what。因此横轴上是where→who→when，是空间—人—时间的安排；纵轴是what→who→why，是一种问的安排，问做什么，问主体是谁，问为什么这么做。这种方法既适用于具体问题的思考，又可以帮助我们拓宽思路、进行发散性思维，是非常好的思考辅助工具。

（四）金字塔原理

金字塔原理是麦肯锡公司的芭芭拉·明托提出的，是一种从上到下的表达或说理方式。首先，金字塔原理是一种重点突出、逻辑清晰、层次分明、简单易懂的思考方式、沟通方式、规范动作。其次，金字塔原理的基本结构是结论先行，以上统下，归类分组，逻辑递进；先重要后次要，先总结后具体，先框架后细节，先结论后原因，先结果后过程，先论点后论据。金字塔原理的具体做法是自上而下表达，自下而上思考，纵向总结概括，横向归类分组，序言讲故事，标题提炼思想精华。

在这种方法中，标准自上而下的金字塔的思维表达结构有两个特点。

纵向上：上一层必须是下一层思想的总结和概况。

横向上：每一层的思想比较是在一个逻辑范畴，同时也是相互独立和完全覆盖的。

需要注意以下几点：

第一，善于理解逻辑和因果关系。

第二，善于分组归类。

第三，有了金字塔顶端的论点，听者很容易找到方向，将后续的表达按照前面的思路去理解，它就像一开始给了我们一盏明灯指路一样。提高了听者的理解效率和沟通效率。

我们大脑所有的思维过程，包括思考、记忆、解决问题等都是通过在头脑中将杂乱的信息进行分组归类，再进行逻辑概况的过程。所以，金字塔的表达方式是一种顺其自然、很有利于大脑快速理解和记忆的表达方式。

（五）思维导图法

思维导图法由英国心理学家托尼·博赞提出，它又叫心智导图，是表达发散性思维的有效图形思维工具，它简单却又很有效，是一种实用性的思维工具。思维导图运用图文并重的技巧，把各级主题的关系用相互隶属与相关的层级图表现出来，把主题关键词与图像、颜色等建立记忆链接。思维导图充分运用左右大脑的机能，利用记忆、阅读、思维的规律，协助人们在科学与艺术、逻辑与想象之间平衡发展，从而开启人类大脑的无限潜能。思维导图因此具有人类思维的强大功能。

思维导图在写作中被大量应用，我们看一个公文的思维导图表达：

国务院关于 2016 年度国家科学技术奖励的决定

国发〔2017〕2 号

各省、自治区、直辖市人民政府，国务院各部委、各直属机构：

为全面贯彻党的十八大和十八届三中、四中、五中、六中全会精神，大力实施科教兴国战略、人才强国战略和创新驱动发展战略，国务院决定，对为我国科学技术进步、经济社会发展、国防现代化建设作出突出贡献的科学技术人员和组织给予奖励。

根据《国家科学技术奖励条例》的规定，经国家科学技术奖励评审委员会评审、国家科学技术奖励委员会审定和科技部审核，国务院批准并报请国家主席习近平签署，授予赵忠贤院士、屠呦呦研究员国家最高科学技术奖；国务院批准，授予"大亚湾反应堆中微子实验发现的中微子振荡新模式"国家自然科学奖一等奖,授予"亚洲季风变迁与全球气候的联系"等41项成果国家自然科学奖二等奖,授予"高温/超高温涂层材料技术与装备"等3项成果国家技术发明奖一等奖,授予"良种牛羊高效克隆技术"等63项成果国家技术发明奖二等奖,授予"第四代移动通信系统(TD-LTE)关键技术与应用"等2项成果国家科学技术进步奖特等奖,授予"嫦娥三号工程"等20项成果国家科学技术进步奖一等奖,授予"多抗稳产棉花新品种中棉所49的选育技术及应用"等149项成果国家科学技术进步奖二等奖,授予凯瑟琳娜·科瑟·赫英郝斯教授等5名外国专家和国际玉米小麦改良中心中华人民共和国国际科学技术合作奖。

全国科学技术工作者要向赵忠贤院士、屠呦呦研究员及全体获奖者学习,继续发扬求真务实、勇于创新的科学精神和服务国家、造福人民的优良传统,深入实施创新驱动发展战略,坚定不移走中国特色自主创新道路,为加快建设创新型国家、建设世界科技强国,实现"两个一百年"奋斗目标和中华民族伟大复兴的中国梦作出新的更大贡献。

国务院
2017年1月2日

(此件公开发布)

这篇奖励决定,用思维导图表示后,可以清楚地看到公文的基本结构(图1.2):

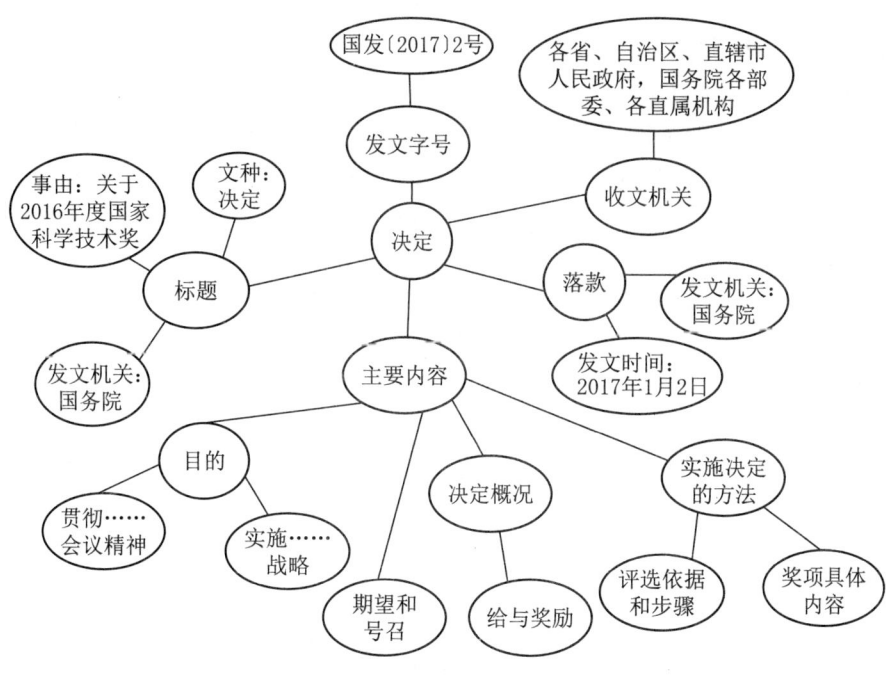

图 1.2 公文思维导图

(六) 三角思维法

三角思维法是一种高效思维框架，该方法的提出和直言命题的三段论相关，经大数据研究，在某一阶段，影响事物发展的主要因素基本不会超过三个，那么可以提取出该问题的关键词，然后将关键词进行逻辑关联，最后将具有逻辑层次感的内容表达出来。这就是三角思维的发展应用。其特点就是组织表达思维的"短""平""快"，应用于需要短时间内迅速作答的场景。

例如，如何看待本科生毕业论文质量不高的状况？

用三角法的思路，我们可以从中提炼 3 个关键词："本科生""毕业论文""质量不高"，两两组合，可得

"毕业论文"与"质量不高"；

"本科生"与"毕业论文"；

"本科生"与"质量不高"。

我们可以从这三种组合中设计几个思路：

1. 本科毕业论文是成果的检验，为什么还会出现目前质量不高的状况，本科毕业论文与人才培养质量是什么关系？

2. 本科生为什么写不出合格的毕业论文？他们的其他成绩，如 GPA 分数怎么样？是不是毕业论文的要求太高了？

3. 目前本科生的培养质量怎么样？和历史上的本科生质量、国际同类院校培养的本科生比较，质量怎么样？

三角法是从已知的关键词中进行联想，非常符合思维缜密度的特点。此外，还有在三角形的基础上升级而来的双向三角法，其复杂度略高于前者，主要说明两者可以相互影响对方的逻辑。其具体方法是，首先提取出该问题的关键词，然后将三个关键词进行逻辑关联，如关键词 A、B、C，关联后是 AB、AC、BC、BA、CA、CB 六个联系表达结果。

第六节 逻辑与语言

一、逻辑形式与语言形式

思维对世界的反映是借助于语言来实现的，语言是表达思想的物质载体，具有符号性、指谓性与交际性的特征。思维的形式结构通过语言的合乎语言规则的构造得到体现。从口语表达到语词的使用，再到语句的构建，产生语法规则，具备逻辑。人类

的思维凭借语言的演化，逐步命名、定义，进而表达我们生存的世界。

爱因斯坦认为科学产生的必要条件之一是演绎逻辑，提出主谓结构的语言是产生演绎逻辑的必要条件，因为逻辑命题也是主谓结构。汉语不同于印欧语的语法原理在于，句子结构以话题——说明为主，主谓结构只是其中一个特例；各层语法单位"词——短语——句子"同构；句子成分的主要功能是起对比作用。这些语法原理规定了中国推理方式以同构、对比推理为主。

在西方的语言学中，语言学主要包括语音学、词汇学、语法学三方面内容；而在中国传统语言学中，则主要包括文字学、音韵学、训诂学；近代的有些学者则认为应当把语形学、语义学、语用学等归入符号学中。这些不同的区分有其共通之处，如语音学与音韵学类似，文字学与语形学类似，训诂学既与语法学类似，又接近于语义学和语用学，此外，宏观上的语言学还涵盖了修辞学。

逻辑与语言之间的联系十分密切，无论是思维的产生，还是思维活动的实现以及思维成果的表达，都离不开语言。"在言辞方面，脱离了真理，就没有，而且也永远不能有真正的艺术。"①

从西方哲学史层面看，语言是抽象的，并总是和逻各斯、理性密切相关的，亚里士多德的名言"人是逻各斯的动物"，就是说人是语言的动物。拉丁字母是语音中心主义的，字母与音素、能指和所指之间建立了相对同一的关系，这种能指和所指距离的缩小被称为"所指间距性的缩小"，即德里达的"逻各斯中心主义"，强调了语音向思想的贴近、文字向语言的贴近。而汉字读音之间却存在一种言此意彼的疏离感或距离感，其所指间距性的扩大有利于打破字母的"逻各斯中心主义"模式。

马克思说："语言是思想的直接现实。"事实正是如此，人们在运用概念、命题进行推理的思维活动时，是一刻也离不开语言的。思维是人脑的机能，它看不见，听不到，也摸不着。思维必须借助于语言这个物质外壳才具有直接的现实性，也才能成为一门学科的研究对象。我们在日常生活中会说"你不懂我"。可是作为要求被动的主体，有没有真正地把自己的想法用语言阐释出来？夫妻之间、亲子之间，可怕的是"我不说，你来猜"。没有言词、语句、句群，也就没有概念、命题和推理。人类思维的高度发展与人类语言的高度发展是分不开的。没有无任何语言表达的赤裸裸的思维，也没有无任何思维内容的语言。

更进一层谈到语言和思维的关系，援引瑞士语言学家费尔迪南·德·索绪尔的观点：语言是一种充满差异的符号系统。即符号是形式与意义的结合。形式，即能指，与声音相关。意义，即所指，与思维相关。语言和思维的关系，是逻辑学、语言学等学科十分关注的问题。

作为一门学科的逻辑学则是通过研究语言的形式结构来实现对思维形式结构的研究的，它对思维形式结构的认定必须借助于对相关语言形式的分析。而所谓"思维形

---

① 柏拉图：《柏拉图文艺对话集》，朱光潜译，人民文学出版社2008年版，第114页。

式",实际上也只是语言形式的进一步抽象,逻辑中所说的蕴含式,只是自然语言中条件语句的抽象产物。人们将条件语句中前件、后件之间的别的因素予以排除,只剩下一种真值的关系,这就成了逻辑上的蕴含式,用公式表示就是"p→q"。

英国文学家萧伯纳在一个晚上,独自坐在一旁想着自己的心事。一位美国富翁非常好奇,他走过来说:"萧伯纳先生,我愿意出一块钱来打听你在想什么?"萧伯纳抬头看了一眼这个富翁,略加思索后说:"我想要的东西不值一块钱。"富翁更加好奇地问:"那么,你究竟在想什么呢?"萧伯纳笑了笑,回答说:"我在想你啊!"

我们可以将萧伯纳的思维过程用逻辑语言整理如下:
> 我想的东西不值一块钱,
> 这位富翁是我想的东西,
> ——————————————
> 所以,这位富翁不值一块钱。

这个推理过程有三个概念:我想的东西、不值一块钱、这位富翁,也就是有三个命题。由已知的两个命题推出了一个新的命题。

语言学为逻辑学提供语言素材,逻辑学为语言学提供分析方法。相互影响之下,产生了两个交叉学科,一是逻辑语言学,它不仅使用现代逻辑的方法去分析语句的表层结构,而且去分析语句的深层结构,甚至在语言学的生成语义学派看来,这种深层结构就是逻辑结构,继而将语言学与逻辑学直接联系起来,逻辑语言学的主体部分是语言学。二是语言逻辑学,主要研究自然语言中的推理关系,不仅有蕴含推理,而且有预设推理、隐含推理等,语言逻辑学的主体是逻辑。

思维形式是思维在抽象掉具体内容之后所具有的共同结构。对于形式逻辑而言,更多的关注在于这种推理的形式是否有效。因为逻辑形式与语言形式之间也是有区别的。逻辑形式是不同的思维内容所具有的共同结构,语言形式是某种语言的具体表达方式。二者不是等同的,主要区别有两点:

第一,同样一种逻辑形式,可以用不同的语言形式来表达。例如,"有些 S 是 P"可以用"有些游客是中国人","并非所有游客都不是中国人"等不同的语言形式来表达;

第二,同样一个语言形式,在不同的场合却都能表达不同的逻辑形式。例如,同样一个词语"白头翁",在有些场合下指一种鸟的名称,在另一个场合下指老年男性,语句也是一样。我们观察下面两个语句:

1. 学生:老师你教的都是没用的东西。
老师:我不许你这样说自己。

2. 中国乒乓球很厉害，谁也打不过。
中国足球很厉害，谁也打不过。

这两段话中"没用的东西"和"谁也打不过"在不同的语句中表达不同的内容。

逻辑与语言分属于不同的学科，但是，自亚里士多德为逻辑和语法奠定基础以来，这两门学科便紧密地联系在一起。直至19世纪末，以弗雷格《概念文字》为标志的数理逻辑，基于数学的目的对逻辑采用人工符号语言和形式化的处理，于是逻辑便走上一条与自然语言相背离的道路，但是逻辑和语言的关系并未中断。20世纪，一批语言学家对于增进人类对自然语言的逻辑理解纷纷进行有益尝试，例如，弗雷格分析澄清了自然语言的模糊性，使语句的逻辑结构更加明晰；罗素侧重于语言表达时的指称问题；卡尔纳普用逻辑来分析科学概念和澄清哲学问题；蒯因通过逻辑分析澄清语言的本体论承诺理论；蒙太格语法将内涵逻辑引入语义学。

20世纪，逻辑学和语言学被公认为可以通力合作、携手并进，并最终做出无可争议的进步的两个领域，毫不夸张地说，当代语言学的进步在极大程度上就建立在逻辑学科取得巨大发展的基础之上。

二、自然语言与人工语言

语言是形成、储存和传递信息的表意符号系统，它是人们进行交际的主要工具。语言可以分为自然语言和人工语言。

自然语言是在社会长期发展中形成的、各个民族日常使用的语言，如汉语、英语、日语、德语等都是自然语言。自然语言十分丰富，并且具有极强的表达力。人类各种知识的记载、保存和传播主要是借助自然语言实现的。但是，自然语言有其缺陷，它带有一定程度的多义性和模糊性，从而使得自然语言有时是不精确的，人们难以把握其确切的含义。综上，它有如下两个特点：

第一，自然语言是人们在长期社会实践中约定俗成的，语词或语句表达的意思常常多样而模糊。

第二，自然语言通常有歧义，同一语词、语句在不同语境下可以表达不同的意思，自然语言的这些特性，可能导致日常交际中的误会，也会给做研究带来一些不便。例如：

有人向楚怀王敬献了一种长生不老药，传达官捧着药走向楚王，一位侍卫随口问道："可以吃吗？"传达官回答道："可以吃。"侍卫一把抢过药来吞下肚去，楚王大怒，命将其处死，侍卫申辩道："我吃那药时明明问过传达官'可以吃吗'，他说'可以吃'，我才吃的，因此，罪不在我而在传达官。况且，别人献的是不死之药，我吃了药而被处死，这药岂不是成了送死之药？大王处死我这个无罪之人，只能证明献药人欺骗了您。"楚王只好赦免了他。

人工语言是为了达到某种目的而在自然语言的基础上人工构造成的表意符号系统，又称为符号语言。在人工语言中，用特制的符号表达它所陈述的思想内容，用公式表达对象间的某种关系。人工语言具有单义性，它虽没有自然语言那样丰富，也没有自然语言那么强的表达力，然而它避免了自然语言的多义性和模糊性，具有精确性、简洁性和直观性等优点。

同样一个命题或推理，其形式可以用自然语言表达，也可以用人工语言表达。例如：

$$\frac{\text{如果今天不下雨，那么我就去上街；}}{\text{今天不下雨；}}$$
$$\text{所以，我今天去上街。}$$

这样推理的形式可以表达为：

$$\frac{\text{如果 } p\text{，那么 } q}{p}$$
$$\text{所以，} q$$

也可以表达为：

$$[(p \to q) \wedge p] \to q$$

前者是用自然语言表达的，后者是用人工语言表达的。

三、命题逻辑与谓词逻辑

命题逻辑是现代逻辑较简单、较基本的组成部分，它不考虑把命题分析成个体词、谓词和量词等非命题成分的组合，只研究由命题和命题联结词构成的复合命题，特别是研究命题联结词的逻辑性质和推理规律。命题逻辑分为经典命题逻辑和非经典命题逻辑，后者如构造逻辑、模态逻辑等逻辑系统中的命题逻辑部分。历史上最早研究命题逻辑的是古希腊斯多噶学派的哲学家。现代对命题逻辑的研究始于19世纪中叶的G.布尔。G.弗雷格则于1879年建立了第一个经典命题逻辑的演算系统。

研究命题逻辑需要使用公式表示复合命题的形式，并反映复合命题的逻辑特征，组成这种公式的一组符号和规定怎样由符号构成公式的一组规则，合在一起便构成一个人工符号语言。当把符号和公式看作没有意义的具体对象，只研究公式之间的关系时，这种研究称为语法的；当对符号和公式予以解释，如把一部分符号解释为命题联结词，把某些符号解释成取真假二值为值的变元，并在这种解释下研究公式的意义时，便称这种研究为语义的。命题逻辑在描述和研究符号语言即对象语言时，还要使用另一种语言，即元语言。元语言通常由某种自然语言加上若干专门符号构成。关于整个命题逻辑系统的性质和系统特征的研究，称为元逻辑的研究。由元逻辑研究得到的关于整个逻辑系统的定理称为元定理。

形式逻辑的最根本部分，也是最基本的逻辑系统或理论。在谓词逻辑中，除研究命题形式、命题联结词的逻辑性质和规律外，还把命题分析成个体词、谓词和量词等非命题成分，研究由这些非命题成分组成的命题形式的逻辑性质和规律。谓词逻辑把命题逻辑作为子系统，但为了研究方便，同时也由于它具有某些重要的特殊性质，命题逻辑通常又作为一个独立的系统先研究，而在谓词逻辑部分则集中研究由非命题成分组成的命题形式和量词的逻辑性质与规律。只包含个体谓词和个体量词的谓词逻辑称为一阶谓词逻辑，简称一阶逻辑，又称狭义谓词逻辑。此外，还包含高阶量词和高阶谓词的称为高阶逻辑。谓词逻辑也分为经典的谓词逻辑和非经典的谓词逻辑，后者包括作为子系统的非经典的命题逻辑。经典的一阶谓词逻辑是谓词逻辑的基本部分。第一个完整的谓词逻辑系统是 G.弗雷格在 1879 年建立的。K.哥德尔等人系统地研究了谓词逻辑的元逻辑问题，证明了重要的定理。

第七节　逻辑学的性质与作用

本书的主题是"逻辑思维与写作"，主要是希望通过搭建逻辑学基础知识和基础写作之间的关系，来提高思维水平、写作能力。

一、逻辑学的性质

很多逻辑学专著中都已大量讲述逻辑学的基本性质，基本可以总结为以下几点：

一是工具性，逻辑学的研究对象是思维的逻辑形式，思维的逻辑形式是从思维内容中抽象出来的，因此我们可以说逻辑学是一门具有较高抽象性的学科，在这一点上，它和语法很相似。因此，有人把逻辑称作"思维的语法"。同时，从逻辑学的研究对象可知，这门学科提供给人们的是认识事物、表达论证思想时必须运用的一种思维工具，所以，它是一门工具性质的学科。亚里士多德讲述逻辑学知识的著作被命名为《工具论》，培根将他的逻辑学著作称作《新工具》，都是极好的例证。

二是基础性，作为一门给人们提供思维工具的学科，逻辑学本身并不能直接提供任何具体的科学知识，但任何科学知识都需要借助思维形式结构来承载具体的思维内容，所以逻辑学的基本理论在其他学科里被当作一些普遍适用的原则和方法。从这个意义上说，逻辑学是各门学科建立的基础，联合国教科文组织在 1974 年就指出"基础学科包括数学、逻辑学、天文学、天体物理学、地理科学和空间科学、物理学、化学、生命科学"，其中，逻辑学作为第二大基础学科名列其中。

三是全人类性，逻辑学所研究的思维形式结构是通过对各种不同民族语言的分析而抽象出来的，它是全人类所共有的，它渗透在社会生活的方方面面。任何一个民族、任何一个阶级的任何一个个人，要进行思维活动，要表述论证思想、交流信息，都要运用共同的思维结构形式，都要遵守共同的思维规律，否则，思维活动无法进行，思想交流无法实现。这就是说，逻辑学这一工具是具有全人类性的，它不以任何民族、阶级、阶层、政党、集团的意志为转移，它所提供的知识是全人类进行思维的一种共同的、必要的工具，它的规范作用对所有的人一视同仁。

二、逻辑学对人们思维能力的作用

如前所述，逻辑学作为人们进行思维所必须运用的思维工具，是任何学科都离不开的。这样的学科特点使其承担着双重任务，即不仅要广泛传播逻辑学知识，还要通过严格的逻辑训练提高学习者的思维水平，从而进一步提高思维素质与思维能力，为其他学科的学习和实践活动打下坚实的基础。因此，逻辑学对提高人们的思维能力具有重要作用：

第一，学习逻辑学可以帮助人们获取新知识。人们在认识客观事物的过程中，想要获得对客观事物的正确认识，除了必须参加一定的实践活动，并以辩证唯物主义世界观为指导外，具有一定的逻辑知识也是必不可少的。学习逻辑学，可以帮助人们根据来源于实践并经过实践检验过的真实知识，通过正确的推理，推出新知识，这是认识世界所不可缺乏的逻辑环节，是获取正确知识的必要条件。

例如，门捷列夫提出"化学元素周期表"以后，人们根据元素的原子量和原子价的对比关系，又推出许多当时尚未出现的新元素，如在钾和钠之间推算出还存在一个"类硼"元素，后来果然在试验中发现了它。再比如，居里夫人是从沥青矿中提炼出铀，她发现提炼铀之后的沥青矿石仍然有放射线射出，由此她得助于逻辑推断：有放射线就有放射元素，没有放射线就没有放射元素。既然沥青矿石中有放射线，所以里面一定有除了铀之外的其他放射性元素。经过反复实验，她果然发现了新元素——镭，在这个过程中，她利用的就是演绎推理。其实其他学科也是如此，虽然很多人没有学习专门的逻辑学知识，但人们都在自觉或不自觉地使用逻辑学的方法。

第二，学习逻辑学可以帮助人们准确、严密地表述和论证思想，有助于提高逻辑思维能力。任何一个正常的人都具有进行逻辑思维的能力，但水平有很大差异。一个人的逻辑思维能力越强，对知识的理解就越透，掌握得越牢固，运用得越灵活。因此，培养和提高人们的逻辑思维能力，是提高我们整个民族科学文化水平的一个重要方针。学习逻辑学可以使人们由自发地上升为自觉地运用逻辑形式进行思维活动，这对防止和纠正错误具有很重要的意义。

第三，学习逻辑学有助于人们正确地表达思想，反驳谬论，揭露诡辩。人们在学习和工作中，为了坚持真理、捍卫真理，不仅需要论证正确的东西，也需要揭露和批判错误的东西，同各种谬误和诡辩作斗争。谬误各种各样，其中不少是和逻辑直接、间接有关的,是由于违反逻辑规律、规则而产生的。所谓诡辩,是指有意识地违反逻辑规律、规则,利用逻辑错误,颠倒黑白、混淆是非。例如,《哥达纲领》是一篇逻辑混乱的纲领,其中"劳动所得应当不折不扣和按着平等的原则属于社会一切成员"是自相矛盾的。马克思反驳道:劳动所得应当不折不扣和按着平等的原则属于社会一切成员,也属于不劳动的成员吗?那么,不折不扣的劳动产品又在哪里呢?只属于社会中劳动的成员吗?那么,它怎么能按着平等的原则属于社会一切成员?

时至今日,身处飞速发展的新时代的我们,思想力、科学的理性精神并没有与经济的高速增长而同步发展。我们应该具备独立思考的能力,而不是盲目地对所谓权威进行崇拜与依附,将思想自由拱手让出。

学习逻辑是为了让我们拥有独立的思维、有力的思维、可以看清世界的思维,而不单单是为了推理。

我们看下面一个案例,同一件事有三种表述方式,请思考这三种表达方式的观点与立场。

1. 张三过马路时看手机,被骑车横穿马路的李四撞到了。张三骂李四过马路不看路,李四不服气就还骂,于是两个人在马路上打起来了。

2. 张三过马路被骑车横穿马路的李四撞到了,张三骂李四过马路不看路,因为李四回骂,于是两个人在马路上打起来了。

3. 张三过马路时看手机,被骑车的李四撞到了。李四被骂过马路不看路,气愤得回骂,于是两个人在马路上打起来了。

三、逻辑学在写作中的作用

关于写作,鲁迅先生说:"文章应该怎样做,我说不出来。"文章千古事,得失寸心知。好文章的标准是什么呢?

思想的深刻得以承载人类文明,语言的字字珠玑让人动容,而"我手写我口,古岂能拘牵"的挥洒自如更让人向往。文章水准的高下依靠个人的知识积累、人生阅历、格局视野和个性禀赋等。当然,专门的学习和培训也是有一定辅助作用的,我们的课程学习的就是通过逻辑思维提高写作水平。

朱光潜把文学作品分为"偶成"和"赋得"两种。文学创作需要有思路,思如泉涌、兴会淋漓当然是好事,古人赋诗,标题常有"偶成",以为诗兴大发而作。但是没有思路时,李白讽刺杜甫说"借问近来太瘦生,总为从来作诗苦"。文章抽丝剥茧,从乱麻中找头绪,这种"赋得"式的创作多需要训练。没有基本的"赋得"式训练,只靠灵感大发,最后只怕是要"伤仲永"的。因此,每一篇文章都有相应的内容和形式,而形式包括结构形式和语言形式。

结构形式对于写作来说是一项立骨架的环节,文章的结构因为精心设计过而具有了美感。霍克斯说:"事物的真正本质不在于事物本身,而在于我们在各种事物之间构造,然后又在它们之间感觉到的那种关系。"写作也同样遵循这样的规律,不同的要素按照一定的关系结合起来,就产生了一定的结构形式,在这种结构形式的生成过程中,美感孕育其中。

文章结构如同一座建筑,段落、句子是构成这座建筑的部件,要想把这座建筑做得精美玲珑,就要精心设计段落、句子之间的关系,精密细致地构建每一个部件。当这些部件之间在轻重、因果、互补关系上完美结合时,文章就成了一座具有审美性的建筑。

英国小说家斯特福特说过:"最好的字句在最好的层次。"文章的布局犹如兵家布阵。《孙子兵法》里提到过一种常山蛇阵,"击首则尾应,击尾则首应,击腹则首尾俱应"。好的文章应该是脉络清晰、轻重有别、层次分明的。

关于语言形式逻辑与语言表达的关系,著名语言学家吕叔湘、朱德熙在《语法修辞讲话》中说:"把我们的意思正确地表达出来,第一件事情是要讲逻辑,一般人所说的'这句话不通',多半不是语法上有毛病,而是逻辑上有问题。"

语言学家王力曾指出:"语法,我们在中学里学的不少,但是,在语言实践中,有时不免写出一些病句来,这是不擅用逻辑思维的缘故。"言论的逻辑力量,来自严密的逻辑推理。"写不明白,说不明白,归根到底就是想不明白。"

一篇好的文章有一个经过严密思考和推理的过程,《文心雕龙》里面有"事昭而理辨,气盛而辞断"之说。从审题、立论、谋篇、布局到结尾,在整个行文的过程中,每个地方都会用到逻辑思维。

写作主体应具备的逻辑思维是舍弃了具体的感性形象,运用概念、命题、推理,分析与综合、归纳与演绎等为基本方法的一种思维形式。它是评论性、实用性文章写作主要使用的思维形式。

虽然写作是思维的产物,但是和一般的文学创作相比,论说文写作是一项更高端的思维活动,它对创作者逻辑思维能力的要求比其他任何方面的要求都高,而且需要更高的这方面的能力,才能够把道理讲清楚,从而达到以理服人的效果。因此,论说文的写作能力是写作水平的高端体现。写作,尤其是综合性写作的基础是逻辑。

第一,从概念的角度,看文体把握是否得当。报告和建议的写法不一样。通知和公示的写法不一样。

第二,看文章涉及的概念有没有争议。第二章我们会学习到关于概念的知识,对概念的种差限定越多,漏洞越少,如果所有种差都被毫无遗漏地举出,这个概念就是没有争议的。

例如,贫困这个概念,是指经济或精神上的贫苦穷困。同时它还是一种社会结构现象,还是更关乎基本的公民权利、能力的贫困,从而出现"不是单纯由低收入造成的,很大程度上是因为基本能力缺失造成的贫困"。因此,我们在讨论贫困这个问题时,要考虑从哪个角度去定义"贫困"。

第三，看材料的选取是否得当。文章本来的意味就是决定材料的标准。例如，月亮在天文学中是月球，是地球的卫星，并且是太阳系中的第五大卫星。但它在文学作品中有着不同的意蕴，可以是"春江潮水连海平，海上明月共潮生"，可以是"明月松间照，清泉石上流"，可以是"当时明月在，曾照彩云归"，也可以是"云散月明谁点缀？天容海色本澄清"。写作者需要根据不同的意蕴，选取不同的题材。

第四，看文章讲述或者推理的方法是否可信，章节、段落之间是否有逻辑推演关系。议论文是对命题的证明。证明的方法有两个，一是直接摆出命题，使用各种逻辑方法加以证明。还有一种是先陈述相关材料或者事实，然后让读者根据这些材料和事实得出作者希望给出的命题。这种方式较少会引起反对者的反驳。越是封闭的时代，第二种证明的方法越会被频繁地使用。

《劝学》这篇议论文中，作者荀子首先就提出自己论述的观点："学不可以已"，说学习是不可停止的，之后他就围绕这个中心论点进行论述。而在《过秦论》中，贾谊把秦国兴衰的过程叙述一遍，将秦始皇的暴虐无道深刻地揭露出来，从而指出强大的秦王朝迅速衰败的原因是"仁义不失而攻守之势异也"，即不施行仁义，攻和守的形势就不同了，这里的论点在文章最后才出现。

此外，演绎和归纳也是写作中常见的方法。韩愈《师说》一文使用了对比论证和演绎推理这两种推理形式，证明"古之学者必有师。师者，所以传道授业解惑也"这个论点。

归纳推理作为从一般到个别的推理，归纳证明时应注意两点，一是有没有反例，二是现象与推出的命题之间是否有因果关系。如"寒门难出贵子""中年男人不如狗"等论述。

总之，逻辑关心的是真值和推理，也就是说，关心的是决定在什么条件下一个命题是真的，以及在什么条件下一个命题何以从另一个命题推导出来。这就要求前提真实，形式有效。前提真实由不同学科的知识基础决定，而形式有效的逻辑必然涉及语义分析，也就是说涉及判定自然语言的句子中表达了或者包含了什么命题。联系逻辑和写作来看，语义分析是逻辑学的基础性工作之一。在此大学术背景下，借助逻辑学基本原理进行语法分析的必要性被越来越多地体现出来。

练 习 题

1. 请联系生活实际，举例比较形象思维、灵感思维和逻辑思维的异同。
2. 试分析古代逻辑学的学科发展史。
3. 试分析下列语句中"逻辑"一词的含义，指出其是广义的"逻辑"还是狭义的"逻辑"。

（1）写文章要讲逻辑，就是要注意整篇文章的布局，开头部分、主体部分、结尾部分要有一种内在的联系，不要互相冲突。

（2）我佩服列宁演说中那种不可战胜的逻辑力量，这种逻辑力量紧紧地抓住听众，一步一步地感染听众，然后把听众俘虏得一个不剩。

（3）"人不为己，天诛地灭"，这是极端个人主义者的逻辑。

（4）帝国主义的逻辑和人民的逻辑是这样的不同。捣乱、失败、再捣乱、再失败，直至灭亡，这就是帝国主义和世界上一切反动派对待人民事业的逻辑，他们是决不会违背这个逻辑的。

（5）在以往的全部哲学中还仍旧独立存在的，就只有关于思维及其规律的学说——逻辑和辩证法。

（6）只有更多地深入实际、深入生活，创作出的作品才能真实地反映现实生活的逻辑。

（7）这样，对于已经从自然界和历史中被驱逐出去的哲学来说，要是还留下什么的话，那就只是留下一个纯粹思想的领域：关于思维过程本身的规律的学说，即逻辑和辩证法。

（8）在有些人看来，贪官奸，清官要更奸——于是他们就想做个很坏的好人，这真是个奇怪的逻辑。

（9）虚构、夸张是文学创作的必要手段，但它们都不曾离开现实生活的逻辑，其目的在于更概括、更真实、更典型地表现事物的本质。

（10）只论立场，不论是非：人人都会犯的十二个逻辑错误。

第二章 概 念

人类的思维通过概念、判断和推理等形式抽象地反映对象世界。概念是反映事物特有属性的思维形式。清晰准确的概念是进行有效思维的基础。

所谓"不积跬步，无以至千里；不积小流，无以成江海"，概念的学习是整个逻辑学习的基础。准确无歧义的概念不仅是我们进一步学习命题和推理的基础，更是人类日常沟通的基础。对于一篇规范的文章而言，概念尤其是核心概念的界定和使用是否准确并且前后一致，是非常重要的。

第一节 概 念 概 述

当我们讨论某个问题，或者就某个主题写一篇文章时，首先要确定的是对所讨论问题涉及的概念要有一致的看法。如果对于概念的理解都不一致，那么后面的问题就没法讨论了，讨论下去也是没有意义的，因为双方谈的是不同的东西。写作也一样，首先应该明确的是文体的概念，我要写一篇什么样的文章，这篇文章所要阐释的概念有没有争议，能不能保证文章从始至终讨论的是同一个概念，这些问题必须在动笔之前得到解决。

概念及其特征（上）

一、概念的含义

概念是反映对象本质属性或特有属性的思维形式。

概念所反映的对象是一切能被思考的事物。客观世界存在着许许多多、形形色色的事物，如日月星辰、山川河流、商品货币、阶级国家、感觉表象等，这些事物一旦纳入人们的思考领域，就成了思维的对象。

事物与其属性是不可分离的，属性都是属于一定事物的属性，事物都是具有某些属性的事物。属性是指事物的性质特点以及事物与事物之间的关系，包括性质和关系。事物都具有一定的性质，如形象、颜色、气味、动作、好坏、美丑、善恶等，任一事物都要与其他事物发生一定的关系，如大于、小于、等于、战胜、在……之前等。

事物的属性包括本质属性和非本质属性。本质属性就是决定一事物之所以成为该事物并区别于它事物的属性，例如，"哺乳动物"这个概念，本质属性是胎生，而不是恒温、有皮毛、形体大小等。概念就是舍去对象的非本质属性,抽象地反应本质属性。

有人号称发现了个青铜器,上面清楚地标着年份"公元前六十八年造"。这个青铜器一定是假的,因为"公元"这个概念十六世纪才出现。

概念的形成需要经过陈述、对比、抽象、概括几个阶段,最后才能给对象命名。必须指出的是,由于人对事物的认识是一个不断深化的过程,因此,认识过程中形成的概念所反映出来的对象,其本质属性也是不断深化的。例如人们对于"人"这个概念的形成就反映了这样的道理。古代先贤总想把人和其他动物从本质上区别开来,古希腊哲学家柏拉图曾为人类下过这样的定义:人就是两足而无羽毛的动物。于是,第欧根尼提了一只拔光羽毛的鸡,挂在雅典学院的墙上。后来,柏拉图的后继者将人这个定义修正为"人是有宽平指甲的,无羽毛的两足动物"。无独有偶,中国的古代哲学家荀况与柏拉图的观点有惊人的相似之处,他认为"人之所以为人者,非特以二足而无毛也,以其有辨也"。十八世纪法国戏剧家博马舍曾在一个剧本里说,人是"四季有性欲的动物"。然而神志正常的人,有谁会将四季交配的鸽子、鹦鹉之流视作同类呢?《格列佛游记》的作者乔纳森·斯威夫特则将人定义为"人是能够进行理性思维的动物"。但是有哲学家认为有一些非人类的动物也具备理性,如果这种断定为真,那么这个定义依然有问题。这个定义的种差是"理性",但是我们对于"理性"的定义依然千差万别。即便我们今天这样定义人:"人是会制造和利用工具的动物",而大自然的一只食蚁兽也会折断一根草棒儿,将其伸入蚁穴来"垂钓"蚂蚁。这种低等的动物的确为自己的生存而制造并利用了工具,那么,食蚁兽是人吗?

人类对事物的本质认识得越深刻,形成的概念就会越准确。概念的特征是内涵和外延,它一旦被语词表达出来,这个语词就具有了实在的意义。因此,如果一个语词具有实在的、确实的意义,那么这一语词就表达概念。而所谓实在意义,即结合具体的语境能分析出该语词所表达的概念的内涵和外延。

二、概念与语词

概念及其特征(下)

语词,即狭义上的语言表达式,它是短语和词的合称。在写作过程中,我们要做到"概念明确"或者"用词准确",没有任何东西能够完全取代语词在写作中的作用。

概念和语词既有联系又有区别。二者的联系是非常密切的:概念是语词的思想内容,语词是概念的表达形式。概念的形成和存在必须依赖于语词,不依赖语词的赤裸裸的概念是不存在的。而二者的区别也是很大的。

第一,概念是思维形式,语词是语言形式,反映客观事物的是概念,语词只是用来表达概念,只是一个符号。

第二,任何概念都必须通过语词来表达,但不是所有语词都表达概念。反映一定事物、具有实在意义的实词一般表达概念,如山、水、虫、鸟等表达概念。而不反映一定事物，没有什么实在意义的虚词，如的、地、得、吗等，一般不表达概念。具体地说，名词、动词、形容词、数词、量词、代词（包括人称代词和指示代词）表达概念，副词、介词、连词、助词、叹词一般不表达概念。

第三，同一个概念可以用不同的语词来表达。例如，水泥又叫水门汀、士敏土，维生素又叫维他命等；土豆又叫洋芋、洋山芋、山药蛋、马铃薯；玉米又叫苞谷、棒子、玉蜀黍等。

汪精卫去世时，时人作文说道："一九四四年，汪精卫在严酷的冬天，一命呜呼。"其感情色彩通过表达死亡的语词"一命呜呼"被鲜明地表达出来。而恩格斯《在马克思墓前的讲话》中写道："3月14日，当代最伟大的思想家停止思想了，让他一个人留在房里还不到两分钟，等我们再进去的时候，便发现他在安乐椅上睡着了。"用表达死亡的语词"睡着了"，把自己沉痛的心情、庄严郑重的态度委婉含蓄地表达出来。

在鲁迅先生的小说《孔乙己》中，孔乙己是个与众不同的人物，他满口之乎者也却穷困潦倒。他明明偷了人家的东西，却死要面子，不肯承认是"偷"，却说："你怎么这样凭空污人清白……窃书不能算偷，窃书！……读书人的事，能算偷吗？"他的回答引得众人哄笑。如果我们将概念"窃书"和"偷书"进行分析，可知它们是不同语词但反映的是同一概念。

2004年，日本厚生劳动省决定在日常文件中将"痴呆症"改称为"认知症"，比如将"老年痴呆症患者"改称为"老年认知症患者"。因为"痴呆"一词含有轻蔑之意，容易被理解为"什么都不懂"，让病人感到不快并从心里厌恶这一用语。同一个概念，在语词表达上把"痴呆症"改为"认知症"，目的是要消除"痴呆"一词带来的上述消极影响。

但是对于写作者而言，更重要的任务是根据语境选择合适的语词表达概念。在现代汉语中，很多近义词是要分析使用的语境的。例如，"请领导讲话"和"请领导发言"，"讲话"和"发言"是近义词，但是前者更为庄重，多用在正式有准备的场合，而后者相对自由，类似"漫谈"，形式上也自由一些。

利用相同的逻辑结构和不同的语言符号，千百年来的写作者们创作出很多文字精品。这就是为什么中国的格律诗词，虽然格律、词牌有限，却能填写出瑰丽辉煌的篇什。

第四，同一个语词可以表达不同的概念。例如"青"这个语词，和"铜"组合为"青铜"时，表达的是"黄"的概念，"青铜"就是黄铜；和"砖"组合为"青砖"时，表达的是"灰"的概念，"青砖"就是灰砖；和"草"组合为"青草"时，表达的是"绿"的概念，"青草"就是绿色的草；和"天"组合为"青天"时，表达的是"蓝"的概念，"青天"就是"蓝天"；和"衣"组合为"青衣"时，表达的是"黑"的概念，"青衣"就是京剧舞台上穿黑衣的女人。在个别情况下，同一个语词甚至还可以表达相反的概念。例如，"沽"这个语词可以作买讲，也可以作卖讲，"沽酒"

第二章 概　念

"沽名钓誉"中的"沽"就作买讲，"待价而沽"的"沽"就作卖讲。

我们再看一个三段论：

辩证法是马克思主义的精髓，

黑格尔的方法是辩证法，

所以，黑格尔的方法是马克思主义的精髓。

"辩证法"在大小前提中各出现了一次，但表达的却是不同的概念，前者特指"马克思主义辩证法"，后者是"一般意义上的辩证法"，表达的不是同一个概念。

再如鲁迅先生在《答曹聚仁先生信》中曾这样写道：

譬如"妈的"一句话罢，乡下是有许多意义的，有时骂人，有时佩服，有时赞叹，因为他说不出别样的话来。先驱者的任务是在给他们许多话，可以发表更明确的意思，同时也可以明白更精确的意义。如果也照样地写作"这妈的天气真妈的，妈的再这样，什么都要妈的了"。那与大众语有什么益处呢？①

鲁迅先生这段话中"妈的"就是一个语词表达了不同的概念。再如，有这样一段诗坛佳话：汪伦仰慕李白诗名，写信请李白来做客。他在邀请信里利用"同一个词语可以用不同的概念来表达"的现象，和李白开了一个善意的玩笑："先生好游乎？此地有十里桃花，先生好饮乎？此地有万家酒店。"这里，明明是十里桃花潭，他偏偏写成"十里桃花"；明明是有一家姓万的人开的酒店，他却写作"万家酒店"。李白被骗去了，才知道所谓"桃花者，潭水名也，并无桃花。万家者，店主人姓万也，并无万家酒店。"由于主人盛情款待，李白倒也尽兴而去，临走时还写了一首绝句赠给汪伦："李白乘舟将欲行，忽闻岸上踏歌声。桃花潭水深千尺，不及汪伦送我情。"

正是由于概念和语词的关系，在具体的写作过程中才要求语词恰如其分地反映概念，要准确地根据语境使用语词。概念是语词符号所负载的一种社会群体观念。人类的历史大约起始于几百万年到1 400万年前，但语言的产生则不过3万年的历史。社会群体观念是客观存在的，而选用何种语词符号作载体，则是由社会约定俗成的。就语词使用者而言，词义是同一语言区的人们经过一代代的语言实践而形成的群体意识。因此内涵是客观的，表达形式上语词则具有相对确定性、稳定性，可独立于具体话语语境之外。因此，使用语词进行写作的人必须尊重词义的客观性、确定性和稳定性。

这里要指出一种写作中遇到的情况，就是"模糊语词"的使用。虽然"模糊语词"往往被视为贬义词，好像与写作，尤其是对概念的表述要求高度准确的公文写作无缘。但事实上，公文写作中也离不开模糊语词。换言之，"模糊"与"准确"并不相悖。

---

① 鲁迅：《鲁迅全集》，人民文学出版社1981年版，第127页。

例如这样一句话:"本年度商场销售额环比平均增幅均为20%左右。""20%左右"既可能未到20%,也可能超过20%。20%本身是精确的数量概念,明确肯定,但是加上"左右",外延就不明确、不肯定了,也就变成了模糊语词。公文中之所以大量存在模糊语词,正是因为客观世界不仅仅具有精确性特征,还具有模糊性特征。现实工作和生活中,存在大量模糊现象,例如,在经济领域中生产力水平的高低、产品的优劣,常常是模糊的、相对的。

三、概念的内涵、外延及其在写作中的应用

任何概念都有内涵和外延两个基本逻辑特征,明确一个概念就是要明确概念的内涵和外延。

概念的内涵是指反映在概念中的对象的本质属性。它回答的是关于"what"(是什么)的问题。概念的外延是指具有概念所反映的特有属性或本质属性的对象。它回答的是关于"how"(有哪些)的问题。例如,概念"人"的外延就是它所指称的生物学意义上的具体的人,如李白、莫言、海明威等。而"人"的内涵是有语言、能思维、能制作和使用生产工具。再比如,概念"商品"的外延是用来交换的具有不同使用价值的所有劳动产品,如脸盆、肥皂、布匹、服装等。而"商品"的内涵是为交换而生产的劳动产品。

同时,任何概念都是内涵和外延的统一。概念的内涵规定了概念的外延,概念的外延也影响着概念的内涵。一个概念的内涵越多,即一个概念所反映的事物的特性越多,那么,这个概念的外延就越少,即这个概念所指的事物的数量就越少;反之,如果一个概念的内涵越少,那么,这个概念的外延就越多。

确定核心概念是保证文章说服力和思维流畅性的关键。这一点体现在日常事务文书写作过程中也是如此。面对庞杂的材料,在审读时如果缺乏对核心概念的把握,缺乏对材料核心观点的正确阐述,就难以保证文章的立意准确。文章的核心概念,通常就是在全文的思路中起统领作用的一两个词语概念。从概念的角度而言,就是要把这个核心概念的内涵和外延描述清楚。确定这个概念,最重要也是最常见的方式就是下定义,《李特-布朗英文写作手册》中也谈到过这个方法:"一定要给重要的抽象术语下定义,通常在论点陈述句中或就在论点陈述句的下一句下定义。"

具体写作过程中,应该将核心概念从众多可能意义中剥离出来,赋予它在写作文本语境下的意义,从而确定论说文的中心,这也是保证文章新颖和深刻之所在。

我们用内涵和外延的关系解读文学作品也是很有意思的,比如鲁迅《祝福》里"死掉的一家人,还能见面吗"这句话里的语词"一家人"是哪一家人?是祥林嫂自小长大的娘家,还是她初婚时的"卫家人",抑或是二婚改嫁后的"阿毛"的爹?对概念"一家人"的内涵作不同的解读,人物形象便立体化了。

概念的内涵和外延必须明确,否则再具体的工作都会出现歧义,例如,某市的全

第二章 概　　念

年工作总结中有这样一句话："全市召开政府信息公开工作会议或专题会议65次，举办各类培训班39次，接受培训人员1 534人次。"这句话中的"全市"内涵不清楚，读者阅读时，不知道这个概念是市政府层面的工作，还是市政府、县区政府和乡镇政府三个层级。但是从文章反映的数量看，市一级层面开展这些工作显然是不可能的，显然是把全市三级政府层面的信息公开会议和培训都放在一起总结，这就是主管为了彰显政绩，而混淆概念的内涵。

美国法学家伯顿曾引用福勒尔举过的一个例子：

在某个城市有这样一条法规，"任何人都不得在城市公园里睡觉"。在第一个案件中，一位绅士被发现在午夜时，直立于公园的长椅上——他的下巴搭在胸前，闭着眼睛，同时鼾声可闻。在第二个案件中，一个蓬头垢面的流浪汉被发现在午夜时躺在同一条椅子上——头下枕着枕头，身上盖着一张像毯子一样的报纸。但是，该流浪汉患有失眠症。根据上述规则，他们两个人皆被逮捕并送交法院。谁将被判罪？这取决于"睡觉"的含义。他们两个都在睡觉吗？如果不是，他们两个谁会被认为是在睡觉呢？

必须指出的是，概念的外延是一个类。这是由于客观事物彼此相同或相异，每一个别事物都分别属于一定的类。在逻辑学中把同一类的对象叫作"类"，把从属于"类"中的每个对象叫作"分子"，把一个"类"中包含的小类叫作"子类"。例如，"人"这个类中，"男人""女人"是子类，"刘翔""布什"是分子，类可以由几个或许许多多分子组成，也可以由一个分子组成，甚至可以不包括任何分子。例如"《共产党宣言》的作者"有两个分子，"自然数"有许许多多的分子，"中华人民共和国的首都"有一个分子，还有一种是在客观事物中不存在任何对应的事物，其外延为空，这就是空类。如"鬼""永动机"等。

例题：

墙角放着半桶水，被甲、乙和丙三人看到了，甲说："这是一个半空的桶。"乙说："这是一个半满的桶。"丙说："半满的桶＝半空的桶，等式成立，两边各乘以2，就会得出：一个全满的桶＝一个全半空的桶，因此，空桶和满桶一样。"

思考：丙错在哪里了？

丙犯的是概念模糊的错误。具体来讲，从"半空的桶、半满的桶"这两个概念的内涵看，都是指半桶水，是一致的；从外延而言，它们只指墙角的半桶水，除此之外没有其他全空和全满的桶；从内涵而言，半空的桶（不是全空的一半）和半满的桶（不是全满的一半）的内涵是一样的，因此，甲、乙二人所指的是一个桶，都正确，而丙的说法是错误的，他没有准确把握"半空的桶"和"半满的桶"的内涵和外延。

我们来看一些写作过程中出现的概念使用错误的例子：比如"议案"与"提案"混淆，"代表提案"错用为"代表议案"。议案是人大的专门术语之一，由人大代表或法定机关按照法定程序提出；而"提案"一般由政协委员提出，二者是不同机关的术语，不能混用。

再来看两个例子：

1.（某招聘会公告）22岁以下的应届毕业生可免费入场。

分析：在我国，凡高中、本科、研究生三类学生中都有应届毕业生，公告中并未说明是哪类应届毕业生，对应届毕业生的概念并未加以限制。这是对象上的概念表述不清晰的问题。

2.某市规划设计院对全镇社区建设和产业园区布局进行规划，今后一个时期，除配合金北新城建设外，还将建设下属三大社区、服务对应四大产业园区。

分析："今后一个时期"是一个模糊的时间概念，并未规定一个确切的时间单位，是五年、十年计划，还是当年的年度计划，前后文中也并未予以说明。用不确定的时间概念，是公文写作中常见的逻辑错误。同样，还有"在一定范围内""在一定时间内"等类似表述。

第二节　概念的种类

根据不同的标准，概念可以分成不同的种类。普通逻辑根据概念内涵与外延的一般特征，把概念分成若干种类。研究概念的种类及其特征，有助于我们搞清楚概念的内涵和外延，有助于我们准确地使用概念。

一、集合概念和非集合概念

根据概念所反映的对象是合为同一种事物个体组成的群体，可以把概念分为集合概念和非集合概念。

客观事物中，存在着两种不同的联系：一是类与分子的联系，二是群体与个体的联系。事物的类是由分子组成的，属于这个类的每一个分子都必定具有该类的属性；事物的群体是由同样的许多个体构成的，作为群体的个体并不具有该群体的属性，因此，事物的类与事物的群体是不相同的。

集合概念就是以事物的群体为反映对象的概念。如森林、丛书、舰队、群岛等。非集合概念就是不以事物的群体为反映对象的概念。如树、书、军舰、岛屿等。

了解集合概念与非集合概念的区别，对于准确地使用概念是很有帮助的。

（1）在实际思维中，一个普通名词既可能表达集合概念，也可能表达非集合概念，有时容易把二者混淆。例如，"鲁迅的作品不是一天能读完的，《祝福》是鲁迅的作品；所以，《祝福》不是一天能读完的"，在这个推理中就混淆了这两类不同的概念。

"鲁迅的作品"在第一句话中表达集合概念，在第二句话中表达非集合概念。将二者等同，就导致了错误的结论。

集合词项和非集合词项的判定要依据一定的语境。

（2）集合概念所反映的事物的属性，是从整体上反映一个集体的共性，集合概念所反映的属性只适合于集合体，而不适合于该集合体的个体。如"中国人勤劳勇敢"这个集合概念反映的属性是"中国人"这个整体，而不是每一个"中国人"都"勤劳勇敢"。

另一方面，非集合概念所反映的属性，既可以适用于它所反映的类，也适用于该类中的分子。例如，"狗是动物，这是一只狗，所以，这是动物"。

（3）集合概念不具有传递性，在三段论中不能做中项。例如：

群众是真正的英雄，

我是一个群众，

所以，我是真正的英雄。

在后面直言命题中学习概念的"周延性"后，我们会发现，这个三段论中的"群众"是不周延的，也就是外延没有被全部断定，不能充当中项。

例题：

鲁迅的文章《论辩的魂灵》在讽刺顽固派的诡辩时说道：

你说甲生疮，甲是中国人，就是说中国人生疮了。既然中国人生疮，你是中国人，就是你也生疮了。你既然生疮了，你就和甲一样。而你只说是甲生疮，不说你自己，你的话还有什么价值？

思考：请分析这段话中，"中国人"这个概念什么时候是集合概念，什么时候是非集合概念？

二、单独概念和普遍概念

根据概念所反映的对象数量的不同，概念可分为单独概念、普遍概念和空概念。

单独概念是指反映某一个事物的概念，它的外延仅有一个单独的对象。如"黄河""西安""世界上最高的山峰""中华人民共和国文化旅游部"……这些概念的外延只是由一个单独的对象构成，因而都是单独概念。

普遍概念是指反映某一类事物的概念，它的外延不是由一个单独的分子构成，而是由两个乃至许许多多的分子组成的类。如"学校""国家""细胞"……

从概念外延反映的数量上看，还有一种特殊的概念，叫空概念。空概念反映的对象是一个空类，也就是实际不存在的概念。如"天堂""地狱"等。

从语言角度看，用专有名词和摹状词表达单独概念。其中摹状词是指通过对某一个别事物某方面特征的描述而指称该事物的语词。例如，"我国人口最多的城市"，"文学院个子最高的男生"；用普通名词、形容词、动词表达普遍概念。

三、正概念和负概念

根据概念所反映的事物具有某种属性还是不具有某种属性，概念可分为正概念和负概念。

在思维中反映对象具有某种属性的概念就叫作正概念（或叫肯定概念）。如正义战争、红色、金属、正常死亡等。

在思维中反映对象不具有某种属性的概念叫作负概念（或叫否定概念）。如非正义战争、非红色、非金属、非正常死亡等。

从语言角度看，表达负概念的语词往往带有"非""不""无"等字样，但带有"非""不""无"字样的并不都是负概念，如"非洲""无锡""不列颠"等，这要看是否把这些词当作否定词来使用。

负概念总是相对于某个特定的范围而言的，这个特定的范围，逻辑上称之为论域，论域实际上是指一个负概念与其相对应的正概念所指称的对象组成的类。例如，非红色的论域就是非红色和红色组成的类——颜色。"未成年人"的论域就是未成年人与成年人组成的类——人。由此也可以说，一个负概念的论域恰好是这一负概念同与其相对应的正概念的外延之和，明确负概念的论域十分重要，因为只有弄清其论域，才能明确负概念的内涵与外延，才能避免诡辩。

上述概念的各种分类，是从不同角度来划分的，目的在于了解概念各个方面的特征，一个概念不只是属于某种划分中的一个种类，而是可以分别属于几种不同划分中的一个种类。

四、实体概念与属性概念

根据所反映的对象是否为具体事物，概念可分为实体概念与属性概念。

实体概念是反映具体事物的概念。例如，"学校""故宫"等都是实体概念，可以用名词或者名词词组表示。

属性概念是反映事物属性的概念。它包括事物本身的性质和事物之间的关系。

实际运用中，不可以将二者混淆，例如，"武松的性格是个强者"这一提法有误，"强者"是实体概念，不可以搭配表示属性概念的"武松的性格"。

再如，"犯贪污罪都是官居高位的人"这一提法有误，在于"贪污罪"是属性概念，"官居高位的人"是实体概念。

第二章 概　　念

第三节　概念间的关系

普通逻辑讲的概念的关系仅仅是其概念外延间的关系。根据两个概念的外延有无重合部分或重合部分的多少，概念间的关系可分为全同关系、真包含于关系、真包含关系、交叉关系和全异关系，下面依次说明，并用欧拉图表示它。

欧拉（Leonhard Euler，1707—1783），瑞士数学家、逻辑学家。他使用圆圈表示概念的外延，后来这种用图表表示概念外延关系的方法被称为欧拉图。

一、全同关系

全同关系是指两个概念的外延完全重合的关系。即假设"S""P"两个概念中，"S"全部外延都是"P"概念的外延；"P"概念的全部外延都是"S"的外延，则这两个概念之间的关系就是全同关系。具有全同关系的两个概念是从不同方面反映同一类对象的。例如：

　　　　S：等角三角形　　P：等边三角形
　　　　S：北京　　　　　P：中华人民共和国的首都
　　　　S：莫言　　　　　P：《红高粱家族》的作者

上列各行概念之间的关系，就是全同关系，它们的外延是完全重合的。就"等角三角形"和"等边三角形"这两个概念来说，所有的等角三角形都是等边三角形，所有的等边三角形都是等角三角形，它们从"等角"和"等边"这两个不同的方面反映了同一类对象，外延是完全重合的。

概念的全同关系可用图 2.1 表示，图中 S、P 表示两个概念。

使用具有全同关系的概念，有助于我们从不同的方面加深对对象的认识，并能把概念使用得更确切，语言表达得更生动。需要指出的是，具有全同关系的两个概念，尽管外延一样，但是内涵是不同的。例如，"北京"反映的是地名的属性，"中华人民共和国的首都"反映的是行政的属性。如果内涵和外延都一样，那就是同样一个概念了。

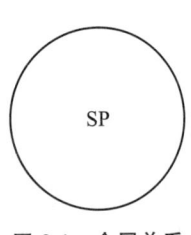

图 2.1　全同关系

二、真包含于关系

真包含于关系是指一个概念的全部外延与另一个概念的部分外延重合的关系。假

50

设"S""P"两个概念中,"S"概念的外延小,"P"概念的外延大,而且"S"概念的全部外延包含在"P"概念的外延之内,则 S 与 P 之间就具有真包含于关系。例如:

S:大学生　　　　P:学生
S:建筑工人　　　P:工人
S:学生　　　　　P:人

概念间的真包含于关系可用图 2.2 表示,图中 S 表示外延小的概念,P 表示外延大的概念,而且所有的 S 都包含在 P 中。

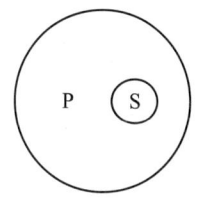

图 2.2　真包含于关系

法律的修改指有权力的国家机关通过改变现行规范性法律文件的某些内容或形式,使其适应新的需要或呈现新的面貌的活动。我国 1978 年《宪法》将 1975 年《宪法》第九条"国家保护公民的劳动收入"改为"国家保护公民的合法收入"。这就消除了原句表达上的漏洞。例如,银行存款利息、继承的财产、抚恤金等,从外延上看,不真包含于"劳动"收入,但却是合法收入,因此也应属于保护范围。

三、真包含关系

真包含关系是指一个概念的部分外延与另一个概念的全部外延重合的关系。假设"S""P"两个概念中,"S"概念的外延大,"P"概念的外延小,并且"S"概念的部分外延与"P"概念的全部外延重合,即"S"概念的外延包含了"P"概念的全部外延,则"S"与"P"之间的关系就是真包含关系。例如:

S:学生　　　　　P:陕西学生
S:规律　　　　　P:经济规律
S:人　　　　　　P:学生

概念间的真包含于关系可用图 2.3 表示,图中 S 表示外延大的概念,P 表示外延小的概念,而且 P 包含在 S 中。

在传统的逻辑中,真包含关系与真包含于关系统称为属种关系。其中,外延大的概念叫作属概念,外延小的概念叫作种概念。这种区分不是绝对的,而是相对的。例如,"学生"对于"人"来说是种概念,但相对于"大学生"来说又是"属概念"。再比如,

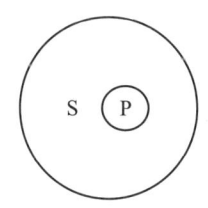

图 2.3　真包含关系

社会主义国家对于"国家"来说是种概念,对于"中华人民共和国"来说是属概念。

从概念的外延关系来看,概念的属种关系是一个类与它的子类之间的关系;从概念所反映的对象来看,具有属种关系的两个概念所反映的对象是一般与特殊的关系。而类与子类的关系、一般与特殊的关系都不同于事物整体和部分的关系,因为每一个子类都具有类的属性,每一个特殊也都具有一般的属性,而事物整体的属性却不必然

为部分所具有，所以，不能把事物的整体和部分的关系与属种关系相混同。

例题：
某展览会的门票上备注有："本次展览不得携带任何动物入场。"
思考：请问错在哪里，怎么修改比较合适？

四、交叉关系

交叉关系是指一个概念的部分外延与另一个概念的部分外延相重合的关系。假设"S""P"两个概念中，"S"概念只有部分外延与"P"概念的外延重合，而"P"概念也只有一部分外延与"S"概念的外延重合，则"S""P"这两个概念之间的关系就是交叉关系。例如：

　　S：共青团员　　　　P：大学生
　　S：工人　　　　　　P：妇女
　　S：医生　　　　　　P：科学家

概念的交叉关系可用图 2.4 表示，图中 S、P 两个概念的外延有一部分相同，也各有一部分不相同。

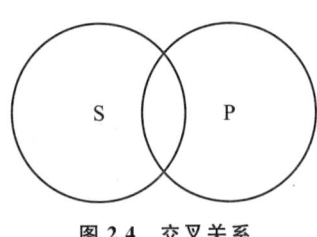

图 2.4　交叉关系

某机关通知写道："今天下午三点召开全局党员干部大会，希望全体党员和干部届时参加。"这句话中"党员"和"干部"两个概念在外延上是交叉的，重合部分为"党员干部"。通知把二者并列，导致概念不清。

五、全异关系

全异关系是指两个概念的外延没有任何一部分重合的关系。假设"S""P"两个概念中，"S"概念的全部外延不与"P"概念的外延重合，"P"概念的全部外延也不与"S"概念的外延重合，则"S""P"两个概念之间的关系就是全异关系。例如：

　　S：学生　　　　　　P：生菜
　　S：正义战争　　　　P：非正义战争
　　S：社会主义国家　　P：资本主义国家

概念间的全异关系可以用图 2.5 表示，图中 S、P 表示两个概念，它们的外延都各不相同，毫无共同之处。

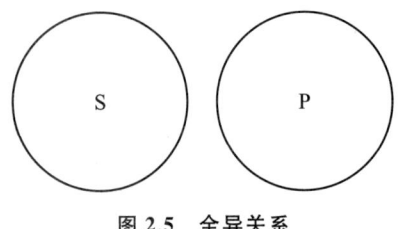

图 2.5　全异关系

具有全异关系的两个概念，有的是属于同一论域的，如"正义战争"与"非正义战争"、"社会主义国家"与"资本主义国家"

等，有的不是属于同一论域的，如"学生"与"生菜"等。

就同一论域来说，概念的全异关系又可以分为两种：矛盾关系和反对关系。

（一）矛盾关系

S：正义战争　　　　P：非正义战争

S：无产阶级　　　　P：非无产阶级

S：白色　　　　　　P：非白色

（二）反对关系

S：无产阶级　　　　P：资产阶级

S：白色　　　　　　P：黑色

矛盾关系和反对关系都属于全异关系，它们的区别在于：

(1) 具有矛盾关系的两个种概念的外延之和等于它们的属概念的外延（图2.6）。

具有反对关系的两个种概念的外延之和小于它们的属概念的外延（图2.7）。

(2) 从语言形式上看一般是：

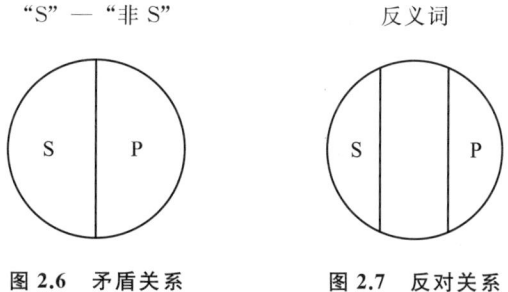

图 2.6　矛盾关系　　　　图 2.7　反对关系

例如"导体""非导体"不是矛盾关系，而是反对关系，因为还有"半导体"的存在。又如"唯物主义哲学"和"唯心主义哲学"、"重工业"和"轻工业"，它们不是反对关系，而是矛盾关系。

一般来说，正词项与负词项之间具有矛盾关系。"非合法行为"是"合法行为"的负词项，"非生物"则是"生物"的负词项，它们都是矛盾关系。

综上所述，我们把概念间的关系总结如下（图2.8）：

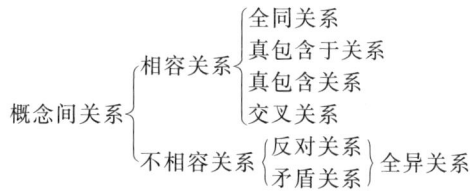

图 2.8　概念间的关系

关于概念间关系在写作中的运用，我们看这样几组例子：

第一组："父亲"和"爸爸"是全同关系，但是表达的场合不同，我们可以视为等义词。

第二组："实施""实行"和"执行"也是全同关系，但是内涵不同，我们可以视为近义词。

第三组："党员"和"干部"是交叉关系，表示这两个概念部分重合的关系。

第四组："上级"和"上一级"这两个概念外延上有属种关系。

第四节　概念的限制与概括

一、内涵与外延的反变关系

如前所述，具有属种关系的两个概念，内涵和外延之间具有反变关系。即一个概念的外延越大，内涵越小；反之，外延越小，内涵越大。

我们看这样三个概念："学生""大学生""陕西籍的大学生"，其中"学生"这个概念内涵最少，外延最大；"大学生"这个概念内涵较少，外延较大；而"陕西籍的大学生"这个概念的内涵最多，外延最小。

反变关系是研究概念限制和概括的逻辑根据。

二、概念的限制

概念的限制是通过增加概念内涵以缩小概念的外延，由一个外延较大的概念过渡到一个外延较小的概念。例如，"工人"限制为"建筑工人"。

需要注意的是仅仅增加了附加词语并不一定是概念的限制。例如，"中国共产党"限制为"伟大、光荣、正确的中国共产党"。而有时概念的限制不是通过增加限制词，例如，"动物"限制为"人"。同时，限制只适用于普遍概念，不适用于单独概念。

概念的限制作用是有助于人们对事物的认识从一般过渡到特殊，从而使认识越来越具体。例如，国务院发布的《国内航空运输旅客身体损害赔偿暂行规定》包含概念限制："前款所称国内航空旅客运输，是指根据航空旅客运输合同，运输的始发地、约定经停地和目的地都在中华人民共和国领域内的航空旅客运输。"这里，对"国内航空旅客运输"作了严格的限制，使这一概念表意更加严密准确。

在写作的过程中，通过对概念的限制，还可以完成讨论对象的界定。例如，茅于轼针对社会上对于富人"为富不仁"的指责，谈过这样一段话：

替富人说话，为穷人办事，我这里所说的富人不包括贪污盗窃、以权谋私、追求不义之财的那些人，而是指诚实致富，特别是兴办企业致富的企业家和创业者。我愿意为这样的富人说话，并不是和富人有什么特殊感情，而是考虑全社会的利益。中国穷了几千年，原因之一就是仇富。光为穷人说话是不够的。他们需要的是踏踏实实地做事。要帮助他们的孩子能够上学，有病时有钱看病，搞生产时有钱买化肥农具，或能进城打工，碰到被个别老板欺侮时有人帮他们维权。这些事一部分有政府在做，但是远远不够，需要民间参与，而且是自我牺牲式的参与，不计报酬，不计名利，一心为穷人着想。可是这样的人还远远不够。

这段话中，在辩驳"为富不仁"的观点时，首先定义并限制了"富人"的外延，于是讨论的题目就不再是"仇富"，而是如何看待对社会产生危害的"仇富"现象。

在具体的写作中，运用限制法明确概念有两种形式：一是在被限制的概念前面直接加上一个或几个限制词；二是在被限制的概念之后通过一定的强调词，缩小概念的外延，从而达到明确概念的目的。例如，"我们的领导干部，尤其是党的领导干部要以身作则"这句话，就是在被限制的概念之后，通过"尤其是"一词的强调，由"领导干部"这一外延较大的属概念限制为"党的领导干部"这一外延较小的种概念的。

三、概念的概括

概念的概括是通过减少概念的内涵以扩大概念的外延，由一个外延较小的概念过渡到一个外延较大的概念。例如，"中国民族资产阶级"概括为"民族资产阶级"，"民族资产阶级"再概括为"资产阶级"。

再如"楚王失弓"的故事：

楚共王出游丢了弓，他的手下人要去把弓找回来，楚共王说："不必去了，楚王丢失弓，捡到的仍是楚人，何必去找？"孔子听到这件事，就说，可惜楚王的胸襟还不够广阔，说人丢失弓，人捡到弓就行了，何必加个"楚"字呢？

这个故事里，从"楚共王"概括为"楚人"，"楚人"又概括为"人"。

同样需要注意的是仅仅减少了附加词语但并不是概括的情况。例如，"雄伟壮丽的天安门广场"概括为"天安门广场"。而有时概念的概括并不是通过减少词语，例如，"人"概括为"动物"。

概念的概括作用是有助于人们对事物的认识从特殊过渡到一般，把认识提高到应有的高度。

第二章　概　念

四、限制和概括的规则

在对概念进行限制或概括时，必须注意如下三点：

第一，概括或限制得到的概念与原概念之间必须具有属种关系。由于概括是要得到一个概念的属概念，限制则是要得到其种概念，如果所得到的概念与原概念之间不具有属种关系，那么一定是错误的概括或限制。

例如，把"圆桌"概括为"圆形"就是错误的，因为"圆桌"指称的是桌子，是形状为圆的桌子，显然桌子是实体。而"圆形"指称的是一种形状，形状是属性。实体与属性是完全不同的对象，因此概念"圆桌"与"圆形"之间不具有属种关系，把"圆桌"概括为"桌子"才是正确的。

第二，概括和限制可以连续进行，但并不可以无限进行。例如，这样一个连续进行的限制：

作品——文学作品——小说——魔幻现实主义小说——《百年孤独》

限制最后得到的概念"《百年孤独》"是一个单独概念，它指称的就是一个单独的个体，不存在一个比它指称范围还小的概念，因此不能够对它进行限制，这意味着单独概念不能限制。

第三，哲学范畴是不能概括的概念。

哲学范畴如"属性""存在"等，它们指称的是最普遍的东西，一般来说，没有比它们指称范围还要广的概念。

第五节　定　义

一、定义的结构

定义是明确概念内涵的逻辑方法。例如：

(1) 商品就是用来交换的劳动产品。
(2)《墨经》是中国战国后期墨家的著作。指今本《墨子》中的《经上》《经下》，《经说上》《经说下》，《大取》《小取》6篇；《墨经》也称《墨辩》，主要是讨论认识论、逻辑和自然科学的问题。

一个完整的定义是由三部分组成的，即被定义项、定义项和定义联项。

被定义项是其内涵有待明确的概念。如（1）中的"商品"和（2）中的"墨经"。被定义项既可以是关于事物本身的概念，也可以是反映事物的性质和关系的概念，通常用 D_s 来表示。

定义项是用来明确被定义项内涵的概念。如（1）中的"用来交换的劳动产品"和（2）中的"中国战国时期后期墨家的著作。指今本《墨子》中的《经上》《经下》，《经说上》《经说下》，《大取》《小取》6篇；《墨经》也称《墨辩》，主要是讨论认识论、逻辑和自然科学的问题"。定义项既可以是表达事物、性质、关系的词语或符号，也可以是一个语句，通常用 D_p 来表示。

定义联项是联结被定义项和定义项的语词。在一般情形下，其左方是被定义项，右方是定义项，但有时为了突出被定义项的特点，也会把定义项放在前面，而把被定义项放在后面。定义联项通常由"是""就是""即""称为""是指"等语词来表达。

定义的公式是：

$$D_s 就是 D_p$$

定义的作用体现在方方面面。例如，在理论研究过程中，每个理论都是用语言来描述的，它必须有自己的理论概念，通过对理论概念的定义揭示该理论研究对象的本质属性，从而确定理论的研究范围，奠定理论研究的基础。再比如在日常认识活动中，人们不可能认识所有对象，而往往是通过定义所描述的概念来明确其所指。还有，在思维过程中，定义是巩固人们认识成果的重要方式，它有助于人们学习知识，检查自己对概念的使用是否正确。

在写作过程中，无论是对方针、政策的贯彻执行，还是对规章制度的起草、制定，其中一个最基本的写作要求就是对一些至关重要或易于混淆的概念加以明确。否则，就可能产生不同的理解，失去文件的指导意义，不利于贯彻执行。明确概念的方法有很多，其中最常用的一种方法就是给概念下定义。例如，2012年颁布的《党政机关公文处理工作条例》第三条就是通过定义法揭示了"党政机关公文"这一概念的含义："党政机关公文是党政机关实施领导、履行职能、处理公务的具有特定效力和规范体式的文书，是传达贯彻党和国家方针政策，公布法规和规章，指导、布置和商洽工作，请示和答复问题，报告、通报和交流情况等的重要工具。"这就使之与其他的公务文书区别开来，概念内涵显得十分明确。

但是，对于文学创作而言，文学作品的价值绝对不是建立在一些艰涩难懂的抽象概念的解读基础上的，因此一般不用对文学作品涉及的概念作出清晰准确的定义。

二、定义的种类及下定义的方法

定义是对以往认识成果的总结，又是对新知识行为的规范。定义通常分为两大类，即真实定义和语词定义。真实定义直接揭示概念所反映的对象的特有属性，即概念的内涵。语词定义则是通过揭示表达概念的语词的含义来间接明确概念的内涵。但是，从这个角度而言，定义只能解释事物的某方面特征，不可能解释全部、丰富的内容，因此，概念总是不完全的。

(一) 真实定义

真实定义也称为本质定义，它是明确概念所反映对象的特有属性的定义。

基本的真实定义方法是属加种差定义，即定义项由被定义项的邻近属概念和种差构成，可用公式表示为：

被定义项＝种差＋邻近属概念

属加种差定义方法的具体步骤为：

第一，找到被定义项邻近的属概念。

第二，找到种差，即可以将被定义项所反映的对象与包含在同一属中其他种事物区别开来的特有属性或本质规定。

第三，用种差限制邻近属概念以构成定义项。

第四，用适当的定义联项将被定义项和定义项联结，形成一个完整的定义。如我们给"法律"下定义时，首先要找到其邻近属概念"规范"；其次找到其与同属于"规范"的道德、宗教以及风俗习惯等种概念的区别——种差，即"由统治阶级制定或认可的，由国家强制力保证实施的，具有普遍约束力的"；然后用"种差＋邻近属概念"构成定义项，即"由统治阶级制定或认可的，由国家强制力保证实施的，具有普遍约束力的规范"；最后，用适当的定义联项将被定义项和定义项联结，形成对"法律"的完整定义，即"法律是统治阶级制定或认可的，由国家强制力保证实施的，具有普遍约束力的规范"。

使用属加种差的方法下定义，需要考虑几个问题：

第一，为什么是邻近属概念？

必须是邻近属概念，属概念要根据下定义的目的确定，不是所有概念都有属概念，因此不是所有的定义都可以用属加种差的方法。例如，前面讲过一些哲学范畴，如物质、意识等没有属概念，自然不能使用这种方法。

换言之，所有概念都有邻近属概念吗？当然，这个问题不是源自文学本身，而是源自哲学和美学，其源头应追溯到英国哲学家路德维希·维特根斯坦的早期作品《逻辑哲学论》。维特根斯坦认为世上事物有两种，一种是"可说"的，一种是"不可说"的，譬如，他认为关于人生、理想这类"不实在"的事物，即使你巧舌如簧，也难说得清楚明了。

第二，选择什么样的邻近属概念？

一个概念的属概念往往是多层次的，用属加种差的定义方法给概念下定义时，要求先找出被定义项的邻近属概念，但"邻近属概念"是相对而言的，究竟应该选择哪一个作为属概念，要根据下定义时解决问题的实际需要而定。例如，"人"这一概念的属概念有"生物""动物""脊椎动物""哺乳动物""灵长目动物"等，而"人是能够制造和使用生产工具的动物"这一定义则是以"动物"作为邻近的属概念，其原因在于定义的目的是把人和其他动物区别开来。

第三，定义好的概念就完成了下定义的全部工作吗？

定义不是僵化的，它会根据时代的发展进行调整。例如，我国现行《刑法》第二百三十七条规定，"以暴力、胁迫或者其他方法强制猥亵妇女或者侮辱妇女的，处五年以下有期徒刑或者拘役；聚众或者在公共场所当众犯前款罪的，处五年以上有期徒刑。"修正案（九）草案第十二条对上述规定作出修改，将妇女改为"他人"，意味着男性也将被认可为猥亵罪的对象，可以适用此条款进行保护。

由于事物的特有属性或本质属性是多方面的，基于研究的不同需要，人们可以从不同的角度揭示事物的特有属性，因而就可以找出不同的种差。例如，给予不同学科视角，对于同一个概念可以进行不同种差的定义。下面是不同学科对"腐败"这一概念的界定：

政治学：腐败是指公职人员利用公共权力以谋取私利的行为。确切地说，腐败是公职人员滥用公职权力谋取私利的行为。

经济学：腐败是一种设租和寻租行为。政府对企业的行政管制势必抑制市场竞争，扩大供求差额。企业为寻求租金而向官员行贿，从租金中获利的官员，又力求保持原有租金制度和设立新的租金制度。这种周而复始的设租和寻租行为就是腐败。

社会学：腐败实际上是一种消极的越轨行为。所谓越轨行为就是指偏离或违反社会行为规范的行为。它兼具好坏两重性，凡是违反落后的反动的社会规范的越轨行为，都是有利于社会公共生活或社会进步的积极的越轨行为，凡是违反合理性和合法性社会规范的越轨行为，都是妨碍社会公共生活或社会进步的消极的越轨行为。唯有这种消极的越轨行为才是腐败。因此，腐败是违反合理性和合法性社会规范且妨碍社会公共生活或社会进步的行为。

法学：腐败是一种违反法律规范有危害性的作为或不作为。

正是由于种差的多样性，使得用属加种差方法作出的定义也是多种多样的，主要的表现形态有：

1. 发生定义

种差是被定义项所反映的对象产生或形成情况的定义即为发生定义。例如：

结婚是男女双方依照法律规定的条件和程序，缔结夫妻关系的行为。

圆是一个点在平面上以等距离绕一定点运动而形成的一条封闭曲线。

2. 性质定义

种差是被定义项所反映的对象的性质的定义即为性质定义。前面所举的例子大多为此种定义。例如：

人是能够生产和使用工具的动物。

3. 功用定义

种差是被定义项所反映的对象的功能作用的定义即为功用定义。例如：

笔是用来写字和画画的工具。

4. 关系定义

种差是被定义项所反映的对象与另一对象之间的关系，或者它与另一对象对第三者的关系的定义即为关系定义。例如：

零是和任何数相加仍等于任何数的数。

必须指出，属加种差的定义方法虽然是常用的给概念下定义的方法，但它也有一定的局限性，因为凡是可以定义的概念都应有其属概念，而有些概念没有属概念，对于最大类概念就不能用这种方法下定义。这是因为最大类概念由于其外延最广，没有比它外延更广的属概念可言，因此也就不能通过属加种差的方法给其下定义。例如，哲学范畴就没有属概念，因此不能对它们下定义。

此外，用属加种差方法给概念下定义时，可以把定义项中众所周知、显而易见的属概念省略。例如，我们前面所定义的"笔"，也可以表示为"笔是用来写字和画画的"。

（二）语词定义

语词定义是明确语词确切含义的定义，并不揭示概念的内涵。语词定义可分为说明的语词定义和规定的语词定义两种。

说明的语词定义是对某个语词的已有的、得到社会承认的意义作出解释、说明的定义，词典中对词的解释基本上是说明的语词定义。例如：

1."乌托邦"原为古希腊语。"乌"是没有，"托邦"是地方，"乌托邦"是指没有的地方，也就是一种空想、虚构。

2."偏方"就是民间流传的药方。

这两个例子里面，定义只是对被定义项作出简单明了的说明，没有解释它们的内涵。

规定的语词定义是人们通过约定对某个原有的或新出现的词赋予特定意义的定义。例如：

1. "三资企业"是指在我国境内依据中国法律成立的中外合资企业、中外合作企业和外资企业。
2. "两学一做"就是学党章党规、学系列讲话，做合格党员。

这两个例子里面，定义只是对被定义项"三资企业""两学一做"进行明确的规定，也只是从语词到语词，没有解释它们的内涵。

另外，规定的语词定义所定义的词在一个时期可以看作一种约定，经过一定时期的使用后往往变成了新的通用语。如"粉丝""喜大普奔""skr"等。

说明的语词定义因其是否符合该语词的既定意义而有真假之分，而规定的语词定义则只有规定是否合理的问题，没有真假之分。

三、定义的规则

给概念下一个正确的定义，不仅需要掌握概念所反映对象的相关知识以及下定义的一般方法，而且必须遵守下定义的有关规则。下定义须遵守的规则主要有：

（一）定义概念的外延和被定义概念的外延必须完全相等

正确的定义项，解释被定义项概念所反映的本质属性，所以，定义项和被定义项所表示的对象必须完全相同，如果定义违反这条规则，就会出现"定义过宽"或"定义过窄"的逻辑错误。所谓定义过宽，是指定义项的外延大于被定义项的外延，即把本来并不属于被定义项所反映的对象纳入了定义项之中。而定义过窄则是指定义项的外延小于被定义项的外延，即把本应属于被定义项所反映的对象排除在定义项的外延之外。

我们把"鸟"定义为"有羽毛、可以飞翔的温血动物"。这里，定义项"有羽毛、可以飞翔的温血动物"的外延小于被定义项"鸟"的外延，因为，不会飞的鸵鸟也是鸟。可见这个定义犯了"定义过窄"的逻辑错误。

（二）定义项中不得直接或间接地包含被定义项

定义项中不得直接或间接地包含被定义项，是因为被定义项本身是有待明确的概念，如果定义项中直接或间接包含了被定义项，也就意味着包含了本身尚不明确的概念，从而也就达不到通过定义明确概念的目的。

违反定义的这一规则就会犯两种逻辑错误：如果定义项与被定义项只是在语言形式上有所不同，从而在定义项中直接包含被定义项，即为"同语反复"的逻辑错误；如果定义项中间接地包含了被定义项，就是"循环定义"的逻辑错误。

例如，我们把"圆"定义为"圆就是圆形的曲线"就犯了"同语反复"的错误，因为它的定义项中直接包含了被定义项。

再如，我们把"生命"定义为"生命是有机体的新陈代谢"就犯了"循环定义"的错误，因为定义项中包含了"有机体"这个概念，而"有机体"这一概念又需用"生命"来说明，从而也就意味着上述定义对"生命"并未给予确切的说明。

同语反复的错误在日常写作中也经常出现，例如，《某单位关于评选学雷锋先进模范的通知》中写道："学雷锋先进模范，是指像雷锋同志一样品德高尚、助人为乐的同志。"这就犯了同语反复的错误。

下文中"电子公文与信息交换系统"出现了两次，也属于同义反复现象：

×× 市政府电子公文与信息交换系统，是运行在电子政务内网上，供各级单位进行电子公文与信息交换的系统。（《×× 市政府电子公文与信息交换系统暂行办法》）

（三）定义应当用肯定的语句形式和正概念

定义的这一规则要求定义项一般不能包含负概念，或定义不能是否定命题，而应当用肯定命题来表达。这是因为给概念下定义的目的即在于揭示概念的内涵，即揭示被定义项所反映的对象具有何种特有属性或本质属性。而负概念只能说明被定义项不具有何种属性，否定命题只能说明被定义项不是什么，并不能说明被定义项具有什么属性或是什么，从而达不到定义的目的。

例如，"商品"定义为"商品就是不供生产者本人消费的产品"，定义项使用了"不供生产者本人消费的产品"这个负概念，只说明商品不具有供生产者本人消费的属性，但是商品到底有什么属性并没有交代清楚。

值得注意的是，定义的这一规则是就一般情况而言的。在一些特殊情况下，如对于某些事物来说，缺乏某种属性正是它的特有属性，或被定义项本身就是负概念，在下定义的时候，就可以用否定的语句形式或负概念，例如，"非婚生子女是指没有合法婚姻关系的男女所生的子女"，"无机物就是不含碳的化合物"，"无脊椎动物就是没有脊椎的动物"。

（四）定义必须明确，不可以用比喻代替定义

定义的这一规则要求定义项应当清楚确切，不能使用晦涩含混或者包含比喻的语词。如果定义项使用的语言含混不清，就会导致"定义含混"的逻辑错误；如果定义中运用了比喻，就犯了"以比喻代定义"的逻辑错误。

例如,"犯罪"定义为"对统治阶级统治秩序的最大蔑视"。"幸福"定义为"我的心在微笑"。这都犯了"定义含混"的错误。再如"教师"定义为"人类灵魂的工程师",或者把"孩子"定义为"祖国的花朵",则都犯了"以比喻代定义"的错误。这些比喻虽然富于形象性、生动性,但并没有陈述被定义概念"教师""孩子"所反映的本质属性。

欧布利德是古希腊麦加拉派哲学家。他提出了著名的诡辩论"谷堆论证",即一颗谷粒不能形成谷堆,再加一颗也不能形成谷堆,如果每次都加一颗谷粒,而每增加的一颗又都不能形成谷堆,所以,一粒谷子不成谷堆又成谷堆。概念在范围上不确定,或者没有明确使用的边界,那么这个概念也是含混的。

概念含混出现在写作中,是指不能明确表达概念内涵和外延的词语,会造成表意模糊不确定的情况。一般问题出现在一些表达时间、数量、对象、范围等概念的句子中。我们看一个案例:

> 二是要继续建设小农水重点县项目和山洪灾害防治项目,实施抗旱应急水源工程。节水供水重大水利工程建设的征地补偿、耕地占补平衡实行与铁路等国家重大基础设施项目同等政策。

这段话中,实行"同等政策","政策"究竟是指征地情况,还是补偿标准,并未明确。同时,补偿的数量、质量、区位,文件中也并没有说明清晰,只作了一个大致的规定,表述的概念模糊。

第六节 划 分

一、划分的结构

概念的使用,不仅需要明确其内涵,而且需要明确其外延,即明确概念所反映的对象是什么,包含哪些分子(或子类),其范围有多大。由于不同类型的概念外延的大小不同,因而其明确方法也不同,单独概念可以通过指出其外延包含单一对象的方法来明确。对于普遍概念,尤其是当其外延相当多,以至于难以列举或没有必要列举时,就可以运用划分的方法对这类概念的外延予以明确。划分是常见的逻辑方法,尤其是遇到大的研究对象时,要么作个案研究,要么用划分的方法。例如,我们研究古代文学时会分时期,研究外国文学时会分国别,研究方言时会分方言区。

所谓划分,是以对象的一定属性为标准,将一个属概念分成若干个种概念,以达到明确其外延的逻辑方法。例如:

第二章　概　念

　　社科院编纂的《中国语言地图》把汉语方言分为10个区，即官话区、粤语区、吴语区、客语区、闽语区、湘语区、赣语区、晋语区、徽语区、平话区。

　　在这个例子中，划分由三部分构成：划分的母项、划分的子项以及划分的根据。

　　划分的母项是指被划分的概念。如例子中的"汉语方言区"。

　　划分的子项是指划分后得到的概念，即代表小类的概念。如上例中的十个概念。

　　划分的根据是指把母项划分为子项所依据的标准，如上例是依据语言差距进行的划分。

　　划分的这三个构成部分缺一不可，没有母项划分就没有对象，不可能进行划分；没有子项划分就没有结果，等于没有划分；没有根据划分就没有标准，我们无法进行划分。

　　运用划分法可以揭示一个概念反映了哪些事物，包含了哪些对象，适用于多大的范围，使人一目了然。因此，在写作过程中人们常用划分的方法从外延的角度来明确一些重要的概念。例如，"行政处分分为警告、记过、记大过、降级、降职、撤职、开除留用察看、开除"（《国家行政机关工作人员贪污贿赂行政处分暂行规定》）。该规定以"处分的轻重程度"为标准，将"行政处分"这一属概念分成了"警告""记过""记大过""降级""降职""撤职""开除留用察看""开除"这样八个具体的种概念。文章中由于运用了划分法对概念进行明确，使人读后一目了然。

　　同时，划分的方法在写作中还用于揭示概念所反映的对象有多大范围，如1920年蔡元培先生在题为《美术的进化》的演讲中谈道："美术有静与动两类：静的美术，如建筑、雕刻、图画等，占空间的位置，是用目视的。动的美术，如歌词、音乐等，有时间的连续，是用耳听的。"这段话中，蔡元培用划分的方法将美术分为"静的美术"和"动的美术"，在划分后又列举其外延，看上去非常清晰。

　　"知乎"上有一组很有意思的问答。

　　　　问：嫁给一个有弟弟（哥哥）的人是怎样的经历？
　　　　答：家里一个儿子的不能嫁，养老压力重；
　　　　　　两个儿子的不能嫁，父母偏心、妯娌难处；
　　　　　　兄妹的不能嫁，小姑子给气受；
　　　　　　姐弟的不能嫁，多妈宝男；
　　　　　　父母双亡的不能嫁，天知道有没有什么心理阴影，且很大程度上经济状况堪忧。
　　　　　　总之，千万不能嫁给男人！

　　不讨论答非所问的问题，回答的有趣之处在于将天下未婚男子分类，使用归纳法进行论证，得出一般结论"千万不能嫁给男人"。

二、划分的类型

（一）一次划分和连续划分

这是日常思维中最常用的两种划分方法。

一次划分是对母项一次划分完毕的划分，这种划分只有母项和子项两层。例如，前面对概念"社会"进行的划分就是一次划分。这是最基本的划分方法。

连续划分是把一个词项划分为若干子项，再对子项进行划分。例如，自然物可以划分为有机物和无机物；而有机物可划分为生物和非生物；生物又可以划分为动物、植物和微生物。这就是一个包含三个层次、进行了两次以上划分的连续划分。

（二）二分法

二分法是一种特殊的划分方法，是以对象有无某种属性作为划分标准，将母项中具有该种属性的对象划分为一类，表现为一个正概念，将不具有该种属性的划分为另一类，表现为一个负概念，二者为矛盾关系。如将子女划分为婚生子女和非婚生子女，将"战争"划分为"正义战争"和"非正义战争"两类。二分法在我们只对一个词项的一部分外延感兴趣时使用。

在具体的写作中，常用二分法对概念进行划分。其优点是简明、方便，而且符合划分的规则，一般不会出现逻辑错误。运用二分法进行划分，知道了正概念，也就可以由此推知负概念，因此在写作时通常只列出正概念而省略负概念。例如，"新调整的领导班子，具有研究生以上文化程度的占23%，具有专业职称的占31%，中青年占57%"，这句话中，分别以"学历""职称""年龄"三个不同的标准对"新调整后的领导班子"进行了划分，在每次划分的具体表述中，所列举的都是正概念，负概念则被省略。不仅使概念的外延非常清晰明确，而且突出强调了概念的某个方面，使表达显得非常简洁、精练。

谈到划分，西方汉籍目录的编纂是早期西方汉学建构中国文学知识谱系的最为重要的途径。它在中国文学的著录与分类上，不同于以四部为框架的中国传统知识体系，而是将中国文学纳入西方学科分类中进行知识建构，有十分显著的特征，隐含的是西方的文学观念和学科分类体系。例如，文学作为一门独立学科，是众多学科的一类。而中国传统学科中并无"文学"一科，经学乃是一切学问的核心。如顾颉刚所言："中国的学问是向来只有一尊观念而没有分科观念的。""旧时士大夫之学，动称经史词章，此其所谓统系乃经籍之统系，非科学之统系也。"

西方汉籍目录的分类以学科作为划分基础，逻辑上建立子项之间的联系。例如1872年，法国汉学家考狄编纂《皇家亚洲文会北华支会图书馆书目》中，将书本内容分为宗教、科学艺术、文学、历史四大类，又对"文学"进行二次划分，分为"语言"和"作品"两个子项，"作品"又划分为"寓言、故事、小说""诗歌"和"戏剧"三个子项。这种划分方式将"文学"作为一门独立学科,构建了与其他学科之间平等的关系。

三、划分的规则

要对一个概念作出正确的划分,除了掌握划分对象的相关知识以及逻辑上的划分方法外,还必须掌握以下划分的规则:

(一)划分所得各子项的外延之和必须全同于母项的外延

违反划分的这一规则将导致"划分不全"或"多出子项"的逻辑错误。如果子项的外延之和小于母项的外延,即将本应属于母项的子项遗漏,就是"划分不全";若子项的外延之和大于母项的外延,即将本不属于母项的对象当作子项,就是"多出子项"。

例如,把"燃料"划分为"固体燃料"和"液体燃料",显然漏掉子项"气体燃料",犯了划分不全错误。

再如,把"直系亲属"划分为"父母""祖父母""子女",由于祖父母不属于直系亲属,这个划分犯了多出子项的错误。

下文按处分由轻到重的程度,把"行政处分"划分为九个具体的概念,但"依法判刑"已不属于行政处分的范畴,也超出行政机关的权力执行范围,属于"多出子项"的错误。

> 行政处分分为警告、记过、记大过、降级、降职、撤职、开除、留用察看、依法判刑。(《××行政机关工作人员贪污贿赂行政处分暂行规定》)

(二)每次划分的标准必须同一

划分的这一规则就是要求每一次划分的标准只能是同一个,不允许对一部分子项的划分采用一个标准,而对另一部分子项的划分又采用其他标准。如果划分同时使用多个根据,划分出来的子项一定会犯子项相容的错误。违反划分的这一规则将导致"多标准划分"的逻辑错误。

例如,把"小说"划分为"中国小说""外国小说""言情小说"和"武侠小说"等,由于同时使用了多个根据,导致子项相容。

每一次划分的标准只能有一个,仅仅要求同一次划分中不能改变标准,并不意味着在一次划分中只能用事物的一个属性做标准,我们可以根据实践的需要,将事物的多种属性综合为一个统一的标准进行划分。如我们可以将人划分为中国男人、外国男人、中国女人、外国女人,这就是依据国籍和性别两个属性综合为一个统一的标准而对人进行的划分。

再如,某市卫生扶贫方案写道:

推进贫困地区基本公共卫生服务均等化，逐步提高人均基本公共卫生服务经费补助水平，以老年人、孕产妇、儿童、残疾人和慢性病、严重精神障碍患者等为重点，推动基层医疗卫生机构优先为贫困人口提供基本医疗、公共卫生和健康管理等签约服务。

"老年人、孕产妇、儿童、残疾人和慢性病、严重精神障碍患者"是根据不同标准划分出来的概念，以年龄为标准和以身体健康状况为标准划分出来的两个标准的概念混用在一起，导致概念混杂，语义不明。

此外，划分的这一规则也仅仅要求每次划分的标准应该是同一的，而在连续划分中不同层次的划分标准可以是不同的，即连续划分的不同层次可以改变划分标准。例如，哲学划分为唯物主义哲学和唯心主义哲学，然后唯物主义哲学又分为朴素唯物主义哲学、机械唯物主义哲学和辩证唯物主义哲学，而唯心主义哲学又划分为客观唯心主义哲学和主观唯心主义哲学。

（三）划分的各子项外项之间必须互不相容

划分将母项的外延分为若干个小类，以明确词项的外延。子项则指称、表达这些小类。只有当子项相互间不相容时，母项外延中的每个分子归属于哪一类才是确定的，才能达到明确母项外延的目的。相反，如果子项是相容的，母项外延中的分子就可能同时归属若干个类，导致其归属不确定，我们就不能通过子项来明确母项的外延。划分的这一规则要求划分后所得的各子项外延之间必须是不相容的全异关系。

只有遵守划分的这一规则，才能保证把属于母项的每一个对象划分到一个子项中去，而且也只能划分到一个子项中去。反之，如果子项不是互不相容的，就使得一些对象既属于这一子项，又属于那一子项，从而导致混乱。

违反划分的这一规则将导致"子项相容"的逻辑错误。

例如，把大学生划分为爱好音乐的、爱好书法的、爱好舞蹈的和没有任何爱好的，就犯了子项相容的逻辑错误，因为这几个子项可能是交叉关系。可能有的大学生既爱好音乐，又爱好书法。

再如，某县发布的《关于对县处级领导干部配偶、子女及直系亲属的提拔实行备案制度的通知》中写道：

当前，我市绝大多数单位和领导干部能够认真贯彻执行文件精神，总体上是好的。但在领导干部的配偶、子女及亲属的提拔使用方面，还存在不少问题：有的领导干部在其配偶、子女、亲属的提拔上相互攀比；有的领导干部对其配偶、子女及亲属的提拔要求不严，不看德行、不重实绩、不按程序；有的领导干部甚至要挟组织提拔其配偶、子女及亲属，等等。

这篇文章，从内容到题目，概念"配偶""子女""直系亲属"的外延上有一定的重合，"配偶"和"子女"均真包含于"亲属"。此处的逻辑问题是将相容的属种关系的概念当作不相容关系的概念，属于子项相容的问题。

四、划分、分解与列举辨析

分解与划分不同，划分是将一个词项所指称的对象分为若干个小类，分解是把一个具体事物肢解为若干个组成部分，分解前的具体事物与分解后的组成部分之间是整体与部分的关系，分解后的部分不具有整体的属性；而划分是把一个属概念分为几个种概念，即把属概念所指称的对象分成若干个小类，其母项和子项是属种关系，子项具有母项的属性。例如，命题"树分为树叶、树枝和树干"中运用的是分解，而不是划分，如果是划分，母项与子项之间就一定具有属种关系，显然，"树"与"树叶"、与"树枝"以及与"树干"之间不具有属种关系。

例如，将我国的行政机关分为国务院及地方各级人民政府是划分，因为国务院及地方各级人民政府都是行政机关，都具有行政机关的属性。但如果将行政机关分为办公室、法制局等则为分解，因为办公室等并不具有行政机关的属性。

明确概念的外延，就是要说明所反映的对象有哪些，适用什么范围。这里，由于单独概念的外延只有一个，故而不能对其进行划分，但仍可以进行分解。如"地球"不能再作划分，但可分解为南半球和北半球。

列举是划分的省略形式，是一种特殊的划分。划分一般要求明确概念的全部外延，而这在有些场合是不可能也没有必要的，因而可根据需要将概念的部分外延予以明确，而将其余部分在已明确的子项后面用"等、等等、其他"或省略号代替，这种划分的特殊形式即为列举。

例如，中国的省会城市包括合肥、成都、长沙、西安等。

列举应遵守这样两个规则：第一，每一次列举的标准只能是一个。第二，列举的各子项外延之间应当互不相容。

以上我们分别讨论了明确概念内涵和外延的逻辑方法——定义和划分。其实，当我们既有必要明确概念的内涵，又有必要明确概念的外延时，可以将这两种逻辑方法结合起来使用。

练 习 题

1. 请阅读并分析下列关于经典的定义：

（1）经典，"经"指的是四书五经中的经，而"典"则是春秋战国以前的公文体制。经典是指具有典范性、权威性的，经久不衰的万世之作；也可指经过历史选择出来的"最有价值的"、最能表现本行业的精髓的，最具代表性的、最完美的作品。

（2）美国意向派诗人埃兹拉·庞德将"经典"定义为：

具有第一流的强度，突进全新的领域，发明或揭示新的形式技巧，为作家的装备增添一件新工具，为严肃的读者提供参照轴。

（3）美国学者哈罗德·布鲁姆在其著作《西方正典——伟大作家和不朽作品》的开卷《论经典》一文中，给经典下了如下定义：

① 经典之作首先要具有原创性；

② 经典之作给人带来陌生感；

③ 经典之作让人获得崇高的审美意识；

④ 经典之作具有永生的性质。

（4）意大利作家卡尔维诺在其著作《我们为什么读经典》中，为经典下了十四个定义：

① 经典是那些你经常听人家说"我正在重读……"而不是"我正在读……"的书；

② 经典对读过并喜欢它们的人提供一种宝贵的经验；

③ 经典给人们以特殊影响，要么是给人们的想象力打下印记，要么就以个人或集体无意识隐藏在人们的深层记忆里；

④ 经典是每次重读都会带来发现的作品；

⑤ 经典是即使初读也像是让你重温的作品；

⑥ 经典永不会耗尽它向读者说出的一切；

⑦ 经典之作总是带着先前解释的气息走向我们，其后拖着它们走过文化或多种文化（或是多种语言与风俗）时留下的足迹；

⑧ 经典不断制造批评的话语却总是对之不屑一顾；

⑨ 经典是让我们听说之后以为懂了，但当我们实际阅读时才觉它们是那么独特和新颖；

⑩ 经典可用来形容为一本表现了整个宇宙的作品，也可比喻为一本与古代护身符一样的东西；

⑪ 经典迫使你不得不面对它，它帮助你在与它的关系中甚至在你反对它的过程中确立你自己；

⑫ 一部经典早于其他经典，但是那些先前读过其他经典的人，一下子就认出它在众多经典谱系中的位置；

⑬ 经典总是把现在的噪声调成一张背景轻音，而这种背景轻音对经典的存在是不可或缺的；

⑭ 经典就是哪怕与它格格不入的现在占据统治地位，它也坚持至少要成为一种背景噪声。

2. 下列定义中括号内的内容，是从内涵方面，还是从外延方面说明划横线部分的概念的？

(1) 社会关系是（人们在社会活动过程中结成的各种关系的总称），（包括经济、政治、思想、文化以及家庭等各方面的关系）。

(2) 宗教是（现实世界在人们主观意识里的虚妄的、颠倒的反映）。（从它的表现方式来说，就是对神灵、魔鬼、偶像等"超人间力量"的崇拜）。（历来的剥削阶级总是根据他们的需要，有意识地扶植宗教，把它变成统治人们和维护剥削制度的精神力量）。（目前世界上最流行的宗教有基督教、佛教和伊斯兰教）。有些国家和民族还有另外的宗教，（如中国的道教、日本的神道教、印度的印度教、犹太人的犹太教等）。

(3) "经"，是我国古籍的通称；凡（带有原理、原则性质的著述），皆可称作"经"。现在所指的"十三经"，是历经各代到宋代时才逐步形成的。它指的是（《尔雅》《公羊传》《穀梁传》《左传》《周礼》《仪礼》《礼记》《诗经》《书经》《易经》《孝经》《论语》《孟子》）。

(4) 基础科学是（研究自然现象和物质运动基本规律的科学），它包括（数学、物理学、化学、天文学、地学、生物学）等六大学科。

(5) 纺织品就是（用各种纤维作原料经过纺织加工而成的产品）。纺织品中以棉纤维作原料的称为（棉纺织品），以麻纤维作原料的称为（麻纺织品），以羊毛之类作原料的称为（毛纺织品），以蚕丝作原料的称为（丝纺织品），这些纺织品统称为（天然纤维纺织品）。随着化学工业的发展，出现了多种以化学纤维作原料的（化学纤维纺织品），例如，（人造棉、锦纶、涤纶、维纶、腈纶）等。

3. 请指出下列定义中所犯的逻辑错误，并尝试给出一个正确的定义。

(1) 知识就是正确的意见。

(2) 诚实就是欺骗意图的习惯性缺乏。

(3) 期刊就是每周或每月定期出版的出版物。

(4) 所谓"理性"，就是人区别于动物的高级神经活动；而所谓"高级神经活动"，就是人的理性活动。

(5) "经"，我国古籍的通称。凡是带有原理、原则性质的著作，都可以称为"经"，如"四书五经"。

(6) 健康就是没有疾病。

(7) 所谓小国就是与大国相比，国土面积较小、人口较少的国家；所谓大国就是与小国相比，国土面积较大、人口较多的国家。

(8) 所谓形式主义者就是指形式主义地观察问题、处理问题的人。

(9) 所谓麻醉就是麻醉剂起作用的结果。

(10) 正方形就是四角相等的四边形。

(11) 天文学就是研究地球所在的太阳系的科学。

(12) 经济学是研究经济活动中的生产、流通、分配、消费的规律的理论。

4. 下列划分是否正确？如果有误，请指出它们各违反了哪条划分的规则。

(1)《呐喊》分为《狂人日记》《阿Q正传》《药》《孔乙己》《故乡》等作品。

(2) 这次展出的一百多种代表作品,一部分是原稿,一部分是复制品,还有一些是近年来的新作。

(3) 运动员分为运动健将、一级、二级、三级、少年级和男运动员、女运动员。

(4) 新闻分为消息、通讯、特写、记者通信、调查报告、新闻图片、电视新闻、广播新闻、报告文学、人物传记等。

(5) 汉语词语可分为单音词、复音词、单纯词、合成词、褒义词、贬义词等。

(6) 一年分为春、夏、秋、冬四季,一季分为三个月,一个月分为上、中、下三旬。

(7) 直系亲属有祖父母、父母、子女、兄弟、姐妹、叔伯、姑母、舅父、姨母等。

(8) 市场分为国际市场、国内市场、农村市场、资本主义市场、社会主义市场等。

第三章 复合命题及其推理

复合命题指的是逻辑变项是命题的命题,即自身包含其他命题的命题。本章的学习,不仅需要掌握各种不同命题的逻辑特征及其相关推理,而且要培养对复合命题逻辑联结词的敏感度。这种命题之间的关系把握,在写作中的语句关系、段落关系中非常重要。如朱熹在《活水亭观书有感二首·其二》中写道:"昨夜江边春水生,艨艟巨舰一毛轻。向来枉费推移力,此日中流自在行。"把知识内化为我所用才是最重要的。

第一节 命题与推理概述

命题是表达判断的语句,命题和推理是人类思维的重要形式。不论是日常思维还是科学思维,都离不开用命题和推理来表达客观事物的本质和规律。

命题和推理概述

一、判断、命题及其特征

在一般的逻辑学教程中,对于命题和判断不作严格的区分,因为它们都表示人对思维对象的断定。判断是对思维对象有所断定的思维形式。命题是表达判断的语句,它是通过语句来反映事物情况的思维形式。一般地说,所有的判断都是命题,判断是经过断定的命题,但不是所有的命题都是判断。命题只是对事物情况的陈述,而判断是对事物情况的断定,也就是对陈述事物情况的命题的断定。一个命题可以被断定,也可以未被断定,而被断定了的命题就是判断。命题比判断的外延要广,它既包括已被断定的命题——判断,也包括未被断定的命题——非判断。本书只讨论命题,不具体地研究判断。

客观事物存在各种各样的情况。各种事物的性质,一事物与它事物的关系等都是事物的情况,当人们认识了事物的情况,并通过语句把这种认识陈述和表达出来时,就形成了命题。例如:

(1)北京是中华人民共和国的首都。
(2)7是奇数。
(3)实践是检验真理的唯一标准。
(4)中国既是社会主义国家,又是发展中国家。

(5) 要么在沉默中爆发，要么在沉默中死亡。

以上各例都是命题，它们分别陈述了五种不同的事物情况，从中我们可以看出命题有如下特征：

第一是断定性，任何命题对事物都有所断定，就是肯定或者否定对象具有或者不具有某种属性，如果对事物情况无所陈述，就不能称为命题。例如，"这个周末我们去图书馆吗？"这是个疑问句，既没有说明周末确实要去图书馆，也没有说明周末不去图书馆，即没有对"这个周末我们是否去图书馆"这一事物情况作出陈述，而只是提出一个问题，所以，它不是命题。又例如，"这个周末我们做什么"也是提出一个问题，而没有作明确的陈述，因而也不是命题。

第二是真假性，这是命题的主要特征。命题既然是对事物情况的陈述，它就应该有真假。如果一个命题所陈述的与客观实际情况相一致，这个命题就是真的；如果一个命题所陈述的与客观实际不一致，这个命题就是假的。例如，"所有事物都是运动的"就是一个真命题，"李白和杜甫都是宋朝诗人"则是一个假命题。

任何命题或者真，或者假，但不能既真又假。命题的真、假二值，逻辑上统称为命题的真值，又称为命题的逻辑值。真命题的真值为真（本书用"＋"表示），假命题的真值为假（本书用"－"表示）。

命题有内容和形式两个方面，它们既相联系，又相区别。逻辑学并不研究命题的具体内容，各个命题的具体内容属于各门具体科学所研究的对象，逻辑学只从命题形式方面研究它的特征、种类以及各种形式的命题之间的真假关系。

二、语句和命题

通常来说，语句是一组表示事物情况的声音或文字，是命题的物质载体，它和命题有着密切的联系。

一方面，任何命题都是通过语句来表达的，没有语句，也就没有命题；另一方面，命题则是语句的内容。

但是，命题与语句也有区别，它们的区别如下：

第一，同一命题可以用不同的语句来表达。

例如，"所有物质都是运动的"和"难道不是所有物质都是运动的吗？"是两个不同的语句，前者是陈述句，后者是反问句，但它们表达的意思是相同的，即表达同一个命题，只不过在感情色彩和语言风格上有所不同。这说明我们可以在不同的场合使用不同的语句来表达同一个命题，从而加强语句的感染力。

有这样一个故事：

古时候，在京城举行科举的最终考试，许多考生路经此地，都要花钱请算命

第三章 复合命题及其推理

先生算一算能否考上。首先来的是三个山东考生，他们有礼貌地向算命先生行了礼，问道："请教先生，我们三人进京赶考，能有几人中榜？"算命先生正襟危坐，双眼微闭，扳起指头算了一会，然后向三人伸出了一根手指，"这是什么意思？"三个考生不解，"一个？还是……""这就是答案！"算命先生终于开了口，"你们自己思量去吧！倘若算错了，本人加倍奉还银子。"山东考生慷慨地付了银子，匆匆地赶路去了。接着又过来三个安徽考生，问算命先生同样的问题，算命先生又伸出了一根手指。第三批来的是三个江苏考生，他们又向算命先生提出相同的问题，算命先生还是伸出了一根手指。最后一批过来的是浙江考生，也是三个人，也是提出前面考生提的问题，算命先生依然不动声色地伸出一根手指。

算命先生的儿子一直站在算命先生的身旁，看到他总是伸出一根手指，感到十分奇怪，就问："这一根手指是什么意思？""这里面的学问可大着呢！"算命先生得意地说。"让我来猜猜，"儿子说，"它表示，三个人中有一人中榜。""对！还有呢？""还有……三个人中有一人没有中榜。""对极了，我的儿子，再想想，还表示什么？""还有？"儿子摇了摇头。"当然还有，它还表示，三个人一起中榜。""有道理啊！"儿子点头说。"你再想想，它还可以表示什么？"算命先生又问。"想起来了，它还可以表示，三个人中一个也没有中榜。""聪明的儿子，你说得对，你想想，三个人进京赶考，结果无非是一人中榜、两人中榜、三人中榜和无人中榜这四种情况，我的一个手指就全部代表了，你说我还不稳操胜券？你就等着中榜的考生来送礼吧！"儿子听了茅塞顿开。

在这个故事里，算命先生的诀窍在于伸出的一根手指这样的"语句"，巧妙地表达了四个不同的命题。

有一次，张爱玲的朋友问她如何翻译 I love you，并告诉她有人翻译成"我爱你"。张爱玲说文人怎么能这样讲话呢？"原来你也在这里，就足够了。"

刘心武有一次问他的学生如何翻译 I love you，有学生脱口而出"我爱你"。刘心武说研究红学的人怎么可能讲这样的话？"这个妹妹我见过的，就足够了。"

夏目漱石有一次让他的学生翻译 I love you，学生同样译成"我爱你"，夏目漱石说日本人不可能这么说话，"今宵月色很好，足矣足矣！"

我想这时你必定也会想到，若是王小波来翻译，大概就是"一想到你，我这张丑脸上就泛起微笑"那句话吧。

第二，同一语句可以表达不同的命题。

例如这样一个语句："小赵在房子上画画。"它既可以表达"小赵坐在（或站在）房子里画画"这个事实，也可以表示"小赵把画画在房子上"这个事实。

这种情况说明，认真分析一个语句的具体环境，从而准确地理解一个语句所表达的命题是非常重要的，只有这样，才不至于误解语意。

第三，虽然命题都通过语句来表达，但并非所有语句都表达命题。一般来说，陈述句直接表达命题，疑问句、祈使句、感叹句不直接表达命题。

陈述句直接对事物情况有所陈述，它有真有假，都表达命题。这就是说，命题总是一种语句，但它又不是一般的语句，只有表达一种或真或假的思想的语句才是命题。

疑问句一般不直接表达命题。例如这样一个语句："人类社会的历史是谁创造的呢？"在这里，它只是提出了一个问题，并没有对事物情况（究竟是谁创造了人类社会的历史）作出陈述，也没有真假，所以它不表达命题。

但是，在疑问句中有一种反问句，即用反问的形式表达对事物情况有所陈述的思想，因而也是表达命题的。例如，"难道不是劳动人民创造了物质财富吗""实践不是检验真理的唯一标准吗"这两个语句形式上都是疑问句中的反问句，它们以反问的方式表现了提问者对事物情况的明确陈述，即肯定了"物质财富是劳动人民创造的"和"实践是检验真理的唯一标准"，因而这两个句子都表达命题。

感叹句是抒发某种感情，它并不对事物情况进行断定，所以，感叹句不表达命题。例如，"腾飞吧，中国！"

祈使句是表示某种请求，也不直接对事物情况有所肯定或否定，就这一点来说，祈使句也不表达命题。例如，"让我们十年后再相聚！"

第四，命题是描述事件的语句所表达的思想内容，属于思维的范畴。而语句则是一种符号，它写出来是一组笔画，说出来是一种声音，如果不考虑语句被运用时所表达的具体内容，语句就只是一种物质性的东西。

三、命题形式及其种类

（一）命题形式

任何命题都有内容和形式两个方面：命题内容是指命题所反映的事物情况，命题形式是指命题内容的联系方式，即命题的逻辑形式。例如：

（1）所有的金属都是导体。
（2）法律与道德是相联系的。
（3）他或者是医生，或者是教师。
（4）如果明天不下雨，那么我们就组织学生去博物馆参观。

以上都是不同形式的具体命题，它们的逻辑形式分别为：

$$\text{所有的 S 都是 P}$$
$$a \text{ 与 } b \text{ 有 R 关系}$$

p 或者 q

如果 p，那么 q

（二）命题形式的种类

命题形式的种类有两种划分方法：

第一种划分是根据命题是否有模态词，将命题分为模态命题和非模态命题（图 3.1）。

命题
- 模态命题
- 非模态命题

图 3.1　命题分类（一）

第二种划分是以逻辑变项是概念还是命题为标准，分为简单命题和复合命题。同一种命题形式，变项可以带入不同的内容，变项的成分不同，命题就有了简单和复合之分。所谓简单命题，又称原子命题，是命题的最小单位，不含其他命题，其变项是概念。简单命题包括性质命题和关系命题。而复合命题指的是包含其他命题的命题，它的变项还是命题。复合命题包括联言命题、假言命题、选言命题和负命题（图 3.2）。

命题
- 简单命题
  - 性质命题
  - 关系命题
- 复合命题
  - 联言命题
  - 假言命题
  - 选言命题
  - 负命题

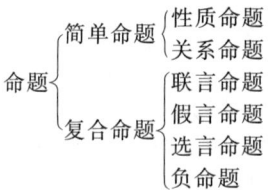

图 3.2　命题分类（二）

例如下面几个命题：

（1）所有猴子是动物。

（2）前途是光明的，但道路是曲折的。

（3）如果下雨，那么地上就会湿。

命题（1）表达了猴子具有动物属性这样的简单事件，逻辑变项“猴子”“动物”都是概念，因而是一个简单命题。

命题（2）表达了“前途是光明的”和“道路是曲折的”这样一种同时存在的关系的简单事件。逻辑变项还是命题，因而是一个复合命题。

命题（3）则表达了“下雨”和“地上湿”这两个事件之间具有条件联系的复杂情况，逻辑变项“下雨”和“地上湿”是两个命题，因此命题（3）是一个复合命题。

四、推理的结构及种类

（一）推理的结构

推理是一个命题序列，它是从一个或几个已知命题推出一个新命题的思维形式。例如：

（1）所有金属都是导体，所以，有些导体是金属。
（2）所有金属都是导体，所有铁都是金属，所以，所有铁都是导体。
（3）人都是要死的，苏格拉底是人，所以，苏格拉底是要死的。

再比如我们可以把网络小说中的《第一次的亲密接触》里面的经典段落整理成三段推理。

如果我有一千万，我就有一栋房子；
我有一千万吗？没有；
————————————————
所以，我仍然没有房子。

如果我有翅膀，我就能飞；
我有翅膀吗？没有；
————————————————
所以，我也没办法飞。

如果把整个太平洋的水倒出；
也浇不灭我对你爱情的火焰；
整个太平洋的谁能倒出来吗？不行；
————————————————
所以，我并不爱你。

再来谈推理的结构。任何推理都由两部分组成，其中，推理所依据的命题叫前提，推出的新命题叫结论。推理不是命题的任意组合，在推理中，作为前提的命题与作为结论的命题之间必须有推论关系，其逻辑标志是"所以"。

（二）推理的种类

推理的种类也有三种划分方法：

第一种划分是根据前提与结论之间是否有蕴含关系，把推理分为必然性推理和或然性推理。其中，前提与结论之间有蕴含关系的是必然性推理，演绎推理、完全归纳推理就属于必然性推理。而前提与结论之间没有蕴含关系的是或然性推理，不完全归纳推理、类比推理就属于或然性推理。

第二种划分方法是根据思维进程方向的不同，把推理分为演绎推理、归纳推理和类比推理。从一般到特殊的是演绎推理，从特殊到一般的是归纳推理，从特殊到特殊的是类比推理。

写作过程中对这两种思维的应用通常有四种情况：一是纯粹的归纳思维，即先写个别的现象，再由此上升到一般规律，对问题的阐释常用归纳思维；二是纯粹的演绎思维，即先摆出一般事物情况或基本规律，然后分析个别现象，这在写作论证中用得比较多。三是先归纳再演绎，在评论性写作中通常用这种思维模式；四是先演绎后归纳，这种思维模式使用较少。在具体写作过程中思维方向的运用通常是比较复杂的，应根据写作的实际需要加以灵活选择。

第三种划分方法是根据前提数量的不同，把推理分为直接推理和间接推理。

第二节 复合命题概述

一、复合命题的含义

复合命题是包含了其他命题的一种命题，一般说，它是由若干个（至少两个）简单命题通过一定的逻辑联结词组合而成的。例如：

(1) 如果明天下雨，那么运动会就延期举行。
(2) 或者张三是犯罪嫌疑人，或者李四是犯罪嫌疑人。
(3) 甲某工作既认真又负责。
(4) 当且仅当三角形三个角相等，三条边才相等。

这里的（1）由"明天下雨"和"运动会延期举行"构成，（2）由"张三是犯罪嫌疑人"和"李四是犯罪嫌疑人"构成，（3）由"甲某工作认真"和"甲某工作负责"构成，（4）由"三角形三个角相等"和"三条边相等"构成。这些构成复合命题的命题叫作该复合命题的支命题。它们可以是任意命题，因此被称为复合命题的逻辑变项，用 p, q, r …… 表示。

虽然复合命题是由命题构造而成的，但并不是任意命题组合在一起都可构成复合命题。在上面的命题中，（1）是通过联结词"如果……那么"联结两个命题得到的，（2）则是通过联结词"或者"的作用得到的。如果仅仅把两个命题摆在一起而没有联结词，"张三是犯罪嫌疑人"和"李四是犯罪嫌疑人"仍然只是两个命题。因此，支命题必须通过联结词的组合作用才能构成复合命题。联结词是复合命题的逻辑常项，因为联结词有确定的逻辑含义，有什么样的联结词决定了一个复合命题有什么样的逻辑形式。

因此，从逻辑结构上分析，复合命题有两个基本构成要素：支命题和联结词。

二、复合命题的逻辑特征

命题有真假性。一个命题所描述的如果符合事实它就是真的,如果不符合事实它就是假的。因此一个命题要么是真的,要么是假的,无所谓真假的语句不表达命题。而符合事实的命题是真的它就不可能是假的,是假的就不可能真,因此一个命题不可能既真又假。我们把真假叫作命题的逻辑值,又称作命题的真值。显然,任一命题必须并且也只能在真或假中取一个为其逻辑值,这就是命题的逻辑特征。

对一个简单命题而言,它描述的是一个简单事件,如果描述符合事实它就是真的,不符合就是假的。因此,我们是直接以事实为根据来判定简单命题的真假。而复合命题是由联结词联结支命题构成的,从这个意义上讲,复合命题描述的是支命题之间的逻辑关联。尽管复合命题同简单命题一样,也是要么为真要么为假,但是复合命题的真假是由支命题的真假决定的。支命题之间的逻辑特征就表现为一种支命题的真假对整个复合命题真假的制约关系。根据联结词的不同,复合命题可以分为联言命题、选言命题、假言命题和负命题。其中,选言命题又包括相容选言命题和不相容选言命题,假言命题又包括充分条件假言命题、必要条件假言命题和充分必要条件假言命题。

第三节 联言命题及其推理

一、联言命题

(一)联言命题的含义

联言命题是陈述若干事物情况同时存在的命题。例如:联言命题"鲁迅不仅是文学家,还是思想家",就断定了"鲁迅是文学家"和"鲁迅是思想家"这两种情况同时存在。再如:

(1)中国是社会主义国家,又是发展中国家。
(2)菊花可以观赏,并且还可以入药。
(3)前途是光明的,道路是曲折的。

联言命题由联结词"并且"等和支命题构成。联言命题的支命题称为联言支,一个联言命题的联言支至少有两个。在自然语言中,联言命题的逻辑联结词还可以用"既是……又是……""……又……""不但……而且……""虽然……但是……""……也……""……而……"等表示,有时还可以省略联结词。例如,"起草气象规范性文件,应当根据规范的具体内容确定名称,可以使用'办法''规定''规程''规则'等名称,但不得称'法'或者'条例'",这句话就是用"但"表示联言的事物情况。

联言命题又称为合取命题。联言命题的逻辑联结词"……并且……",可用合取词"∧"(读作"合取")表示。一个二支的联言命题的形式为"p并且q",也可以表示为合取式:

$$p \wedge q$$

(二) 联言命题的逻辑特征

联言命题是陈述若干事物同时存在的命题,因此,一个联言命题的真假,归根结底取决于它的各个联言支是否同时都是真的,也就是说,只有在各个联言支都为真的情况下,联言命题才为真。如果联言支有一个为假,那么,联言命题就一定是假的。

德国诗人海涅是犹太人,因此常遭人耻笑和攻击。一次,一位学者对他说:"我最近刚从塔希提岛旅行回来,你猜我最惊讶的是什么?这个岛上既没有犹太人,也没有驴子!"海涅立即回敬道:"我俩一起到那岛上去,那就既有犹太人,又有驴子了!"在这个案例中,海涅的回答就是一个联言命题,换而言之,只有当"海涅是犹太人"和"这个学者是驴子"同时为真时,这个联言命题才为真。

联言命题"$p \wedge q$"的逻辑性质可以用真值表(表3.1)表示(真值表中"+"表示真,"-"表示假):

表 3.1 联言命题的真值表

p	q	$p \wedge q$
+	+	+
+	-	-
-	+	-
-	-	-

因为联言命题"$p \wedge q$"有两个变项,根据p,q的真假,所有的真假情况为2×2=4。这四种情况为:p真q真时,$p \wedge q$为真;p真q假时,$p \wedge q$为假;p假q真时,$p \wedge q$为假;p假q为假时,$p \wedge q$为假。

"真值表"是形式逻辑用以规范思维形式而制定的形式规则。形式逻辑把正确的思维过程形式化,抽象成为逻辑规则,形成了一整套精密的用以规范命题、推理的思维规则体系。思维过程的形式化,势必脱离具体的内容。这是形式逻辑的特点,使得规则简单易把握。只要思维形式符合逻辑规则,这个思维形式就是正确的。

二、联言推理

联言推理是根据联言命题的逻辑性质进行推演的推理,据此,联言推理分为:

（一）组合式

组合式联言推理是由全部支命题为真，推出联言命题为真的推理形式。在这种推理形式中，结论是联言命题，前提是联言命题的全部支命题。公式如下：

$$\frac{p}{q}$$
$$\text{所以，} p \wedge q$$

例如：

$$\frac{\text{某商品物美，}}{\text{某商品价廉，}}$$
$$\text{所以，某商品物美价廉。}$$

（二）分解式

分解式联言推理是由联言命题的真，推出一个支命题为真的联言推理形式。在这种推理形式中，前提是一个作为前提的联言命题，结论是一个作为结论的支命题。公式如下：

$$\frac{(p \wedge q)}{\text{所以，} p \text{（或者 } q\text{）}}$$

例：

$$\frac{\text{前途是光明的，并且道路是曲折的。}}{\text{所以，前途是光明的。}}$$

组合式和分解式是两种非常简单的推理形式，但是却蕴含了两个不同的思维方向。如季羡林先生所言：东方人主综合，西方人主分析。这两种推理方式，是两种思维方式、两种言说方式。

第四节　选言命题及其推理

一、选言命题与选言推理的含义

选言命题是陈述若干事物情况中至少有一种情况存在的命题。例如：

（1）甲某或者是诗人，或者是作家。
（2）要么在沉默中爆发，要么在沉默中灭亡。

选言命题由联结词"或者"或"要么"和支命题构成。选言命题的支命题称为选言支。选言支可以有两个,也可以有两个以上。在自然语言中,选言命题的逻辑联结词,还可以用"……可能……也可能""或许……或许……"等。一般认为有两种选言命题,即相容的选言命题和不相容的选言命题。

选言推理是前提中有一个是选言命题,并且根据选言命题的逻辑性质进行推演的推理。换言之,选言推理就是根据析取词或选言命题的逻辑性质进行的复合命题推理。它主要有两种有效的推理形式:相容选言命题和不相容选言命题。二者的逻辑性质不同,它们构成的选言推理也有所不同。

某市医院公告牌中写道:"计划内妊娠16周以上的妇女,若有下列情形,可以终止妊娠:(一)胎儿患严重遗传性疾病的;(二)胎儿有严重缺陷的;(三)患严重疾病,继续妊娠可能危及孕妇生命安全或者严重危害孕妇健康的。"这段话中的"下列情形"是有歧义的,陈列的三种情况之间是联言命题还是选言命题?按文意应改为"若有下列情形之一"。

二、相容选言命题及其推理

相容的选言命题是指其支命题可以同时为真的选言命题。例如,上面的命题"甲某或者是诗人,或者是作家"就是相容选言命题,因为每个命题的选言支都可以同时为真。甲某可能既是诗人又是作家。再如,"在对外交往中,严禁公开示意或暗示对方赠与礼品,或以托对方代购物品为名变相敲诈勒索",反映的也是相容的事物情况。

我们用"$\vee$"(读作"析取")表示相容的选言联结词,p和q表示支命题,则一个二支的相容选言命题的形式是"p或者q",也可以表示为析取式:

$$p \vee q$$

相容选言联结词表达的含义是:各支命题描述的情况至少有一种是存在的。因此,一个相容选言命题是真的,当且仅当它的支命题至少有一个真。如果选言命题的每一个支命题都是假的,则意味着没有哪个支命题所描述的情况存在,即并非至少有一个支命题所描述的情况是存在的,因此该选言命题就是假的。

选言命题"$p \vee q$"的逻辑性质可用真值表(表3.2)表示:

表 3.2 选言命题的真值表

p	q	$p \vee q$
+	+	+
+	−	+
−	+	+

人们在使用选言命题时,经常会遇到选言支是否穷尽的问题。所谓选言支穷尽与否,就是指选言命题是否反映了事物的全部可能情况。如果一个选言命题的选言支是穷尽的,就能保证至少有一个选言支是真的;反之,如果一个选言命题的选言支不是穷尽的,那么就不能保证至少有一个选言支为真,这样的选言命题就可能为假。例如,某侦查人员根据甲某或乙某到过作案现场,就得出这样的结论:"甲某是凶手或者乙某是凶手。"但经查,甲某和乙某都不是凶手。这说明某侦查员所作的选言命题并没有穷尽所有的选言支,因而是一个假命题。

相容选言推理是前提中有一个是相容选言命题,并且根据相容选言命题的逻辑性质进行的推理。它的推理有效式有:

(一) 否定肯定式

相容选言推理的否定肯定式是在前提中否定相容选言前提的除一个以外的其他选言支,从而得出肯定剩下一个选言支的结论的推理形式。

这种推理的形式可表示为:

$$p \text{ 或者 } q$$
$$\underline{\text{非 } p \text{ (或非 } q\text{)}}$$
$$\text{所以,} q \text{ (或 } p\text{)}$$

也可以用蕴含式表示:

$$(p \lor q) \land \neg p \rightarrow q$$
$$(p \lor q) \land \neg q \rightarrow p$$

从相容选言命题的真值表可以看出,当 $p \lor q$ 为真,并且 p 为假时,q 一定是真的,当 $p \lor q$ 为真,并且 q 为假时,p 一定是真的。所以,相容选言推理否定肯定式是有效的。例如:

$$\text{人们过河或是游泳或是渡船,}$$
$$\underline{\text{没有渡船,}}$$
$$\text{所以,只能游泳。}$$

这些推理的有效式在我们日常的写作中也不断地使用到,如《隆中对》中诸葛亮为刘备献策用的就是选言命题否定肯定式:

今操已拥百万之众,挟天子而令诸侯,此诚不可与争锋。孙权据有江东已历三世,国险而民附,贤能为之用,此可以援而不可图也。荆州北据汉沔,利尽南海,东连吴会,西通巴蜀,此用武之国,而其主不能守,此殆天所以资将军,将军岂有意乎?

曹操的江北、孙权的东吴已形成稳固之势,到底刘备要在哪里图谋立足之地?诸葛亮通过对各国进行分析,排除了曹操和孙权之地,从而肯定了只有在较弱的荆州才能够图谋立足和发展壮大。诸葛亮在这里用的就是选言排他法。

再如《惩戒信息泄露 击破利益链条》一文,针对某市 4 万孕产妇信息遭泄密一事发表了议论,批评政府信息监管不严。文章开头首先援引新闻报道说明了论题,之后在进行批评论述之前,进一步向读者点明批评对象,调准矛头:

> 某市孕产妇信息库的主办方应是政府卫生行政主管部门,作为共享机构的计生部门,也是政府机构无疑。各家医院虽然是独立的信息采集点,但并无信息集成之便,如此全面、详尽的资料利用,非由统摄全局的政府信息平台不可。政府公共机构的泄密行为,涉及机构对公众信息未有妥善保管而有渎职失职之嫌,纪检监察机构应及时介入调查,给公众一个明确的说法。

文章在此处运用了相容选言推理,其逻辑结构如下:
全市孕妇信息泄密,或者问题出在医院,或者问题出在政府计生部门（p∨q）
不会出自医院（缺乏全市信息集成能力）（¬p）
所以,出自政府计生部门（q）

文章充分利用既有事实,构建了这个相容选言推理的大前提:医院泄密、政府计生部门泄密是孕妇信息大规模泄露的仅有的两个可能原因,且可以同真,即多渠道发生泄漏;然后文章加以分析,排除了医院泄露信息在此次事件中的可能性;由相容选言推理"不能同假"的逻辑特性推出结论,将矛头直指政府计生部门,进一步明确了责任方,为文章树立了批评标靶,推理方法应用简单而有效。

(二) 析取附加式

相容选言推理的析取附加式是以任一命题为前提而得出以这个命题为一选言支,并附加另一选言支构成的选言命题为结论的推理形式。

这种推理的形式可表示为:

$$\frac{p}{\text{所以,}p\text{ 或者 }q}$$

也可以把这种形式用蕴含式表示为:

$$p \rightarrow p \vee q$$

$$\frac{\text{他是教师;}}{\text{所以,他是教师,或者是演员。}}$$

从相容选言命题的真值表可以看出,当 p 为真时,p∨q 一定是真的,所以,选言推理附加式是有效的推理。从上面所举的例子便可以看出,这种推理在日常生活中几乎没有用处,但这种推理形式却是有效的,在现代逻辑中是不可缺少的。

扎西拉姆·多多的诗《你见或者不见我》，是其为爱上的一个女子写的情诗中最有韵味的一首，整首诗就是不相容选言命题和联言命题的连续使用。

你见，或者不见我，我就在那里，不悲不喜。
你念，或者不念我，情就在那里，不来不去。
你爱，或者不爱我，爱就在那里，不增不减。
你跟，或者不跟我，我的手就在你手里，不舍不弃。
来我的怀里，或者，让我住进你的心里。
默然相爱，寂静欢喜。

从上面的阐述中，我们可以总结出相容选言推理的两条规则：
(1) 否定一部分选言支，就要肯定另一部分选言支。
(2) 肯定一部分选言支，不能否定另一部分选言支。

三、不相容选言命题及其推理

不相容的选言命题是指其支命题不可以同时为真的选言命题。例如，"要么在沉默中爆发，要么在沉默中灭亡"就是不相容选言命题，因为每个命题的选言支不可以同时为真，沉默中不可能既爆发又灭亡。

我们用"∀"（读作"不相容析取"）表示不相容的选言联结词，p 和 q 表示支命题，则一个二支的相容选言命题的形式是"p 要么 q"，也可以表示为析取式：

$$p \forall q$$

不相容选言联结词表达的含义是：各支命题描述的情况有且只有一种是存在。因此，一个相容选言命题是真的，当且仅当它的支命题有且只有一个真。如果一个不相容选言命题的每个支命题都真，或每个支命题都假，则该命题是假的。

选言命题"p∀q"的逻辑性质可用真值表（表 3.3）表示：

表 3.3 选言命题"p∀q"的真值表

p	q	p∀q
+	+	−
+	−	+
−	+	+
−	−	−

例题：
请分析命题"他或者买电视机，或者买收录机"和"他既不买收录机，也不

买电视机"之间的关系是等值的还是矛盾的。

第一步：设值。

设他买电视机为p，他买收录机为q。

第二步：写出逻辑表达式。

将"他或者买电视机，或者买收录机"表示为p∨q，将"他既不买收录机，也不买电视机"表示为¬p∧¬q。

第三步：画真值表。

p	q	p∨q	¬p∧¬q
+	+	+	−
+	−	+	−
−	+	+	−
−	−	−	+

由上表可知，题干两个命题是矛盾关系。

不相容选言推理是前提有一个是不相容选言命题，并且根据不相容选言命题的逻辑性质进行的推理。它的推理有效式有：

（一）否定肯定式

不相容选言推理的否定肯定式是在前提中否定不相容选言前提的除一个以外的其他选言支，从而得出肯定剩下一个选言支的结论的推理形式。

这种推理的形式可表示为：

$$p 要么 q$$
$$非 p（或非 q）$$
$$\overline{\qquad\qquad\qquad}$$
$$所以，q（或 p）$$

也可以用蕴含式表示：

$$(p \veebar q) \wedge \neg p \rightarrow q$$
$$(p \veebar q) \wedge \neg q \rightarrow p$$

从相容选言命题的真值表可以看出，当p∀q为真，并且p为假时，q一定是真的；当p∀q为真，并且q为假时，p一定是真的。所以，不相容选言推理否定肯定式也是有效的。例如：

《西游记》的作者要么是吴承恩，要么是曹雪芹；

《西游记》的作者不是曹雪芹；

$$\overline{\qquad\qquad\qquad\qquad\qquad\qquad}$$

所以，《西游记》的作者是吴承恩。

美国总统小布什在 9·11 后为发动反恐战争，在公众场合明确地表示："凡不是美国朋友的国家都是敌人。"但是，他在前后的多次公开谈话中却一直认为"中国既不是朋友也不是敌人"。可见，布什总统犯了一个不小的逻辑错误。

请按照不相容选言推理的有效式整理下面这段话：

  人事争议发生后，当事人可以协商解决；不愿协商或者协商不成的，可以向主管部门申请调解，其中军队聘用单位与文职人员的人事争议，可以向聘用单位的上一级单位申请调解；不愿调解或调解不成的，可以向人事争议仲裁委员会申请仲裁。当事人也可以直接向人事争议仲裁委员会申请仲裁。当事人对仲裁裁决不服的，可以向人民法院提起诉讼。（《中组部、人力资源社会保障部、总政治部关于修改人事争议处理规定的通知》人社部发〔2011〕88 号）

（二）肯定否定式

不相容选言推理的肯定否定式是在前提中肯定不相容选言前提的除一个以外的其他选言支，从而得出否定剩下一个选言支的结论的推理形式。

这种推理的形式可表示为：

$$\frac{p \text{ 要么 } q}{\text{所以，非 } p \text{（或非 } q\text{）}}$$

也可以用蕴含式表示：

$$(p \veebar q) \wedge q \to \neg p$$
$$(p \veebar q) \wedge p \to \neg q$$

从相容选言命题的真值表可以看出，当 $p \veebar q$ 为真，并且 p 为真时，q 一定是假的；当 $p \veebar q$ 为真，并且 q 为真时，p 一定是假的。所以，不相容选言推理肯定否定式是有效的。例如：

$$\frac{《西游记》的作者要么是吴承恩，要么是曹雪芹；\\ 《西游记》的作者是吴承恩；}{\text{所以，《西游记》的作者不是曹雪芹。}}$$

但是，需要注意的是，肯定否定式对于相容选言推理却是一种无效的推理形式，之所以无效，可以从相容选言命题的真值表中看出。当 $p \vee q$ 为真并且 p 为真时，q 可真可假。因此从 $p \vee q$ 和 p，不能必然推出 $\neg q$；同理，从 $p \vee q$ 和 q 也不能必然推出 $\neg p$。例如：

$$\frac{\text{甲某犯错误或是立场原因或是认识原因，}\\ \text{甲某犯错误是认识原因，}}{\text{所以，甲某犯错误不是立场原因。}}$$

第三章 复合命题及其推理

从上面的阐述中，我们可以总结出不相容选言推理的两条规则：
(1) 否定一部分选言支，就要肯定另一部分选言支。
(2) 肯定一部分选言支，就要否定另一部分选言支。

例题：
小董并非既懂英文又懂法语。
如果上述断定为真，那么下列哪项断定必定为真？
A. 小董懂英文但不懂法语
B. 小董懂法语但不懂英文
C. 小董既不懂英文也不懂法语
D. 如果小董懂英文，小董一定不懂法语
E. 如果小董不懂法语，那么他一定懂英文

这个题目运用的是选言联言的变换式。题干中，小董并非既懂英文又懂法语等值于或者小董不懂英文或者小董不懂法语。根据相容选言命题的否定肯定式，小董如果懂英文，一定不懂法语，选择 D。

下面两个联言选言变换式，在日常思考中经常被用到，请谨记：
¬$(p \land q) \leftrightarrow (\neg p \lor \neg q)$
¬$(p \lor q) \leftrightarrow (\neg p \land \neg q)$

第五节 假言命题及其推理

一、假言命题与假言推理的含义

假言命题是指联结词是假言联结词的复合命题。

假言联结词表达的是一个支命题所描述的事件是另一个支命题所描述事件存在的条件。两个事件之间的条件联系有三种，一是充分条件联系，二是必要条件联系，三是充分必要条件联系。因此，假言命题也有三种，即充分条件假言命题、必要条件假言命题和充分必要条件假言命题。

假言命题由两个支命题构成。其中表示条件的支命题叫做假言命题的前件；表示依赖条件而成立的命题叫做假言命题的后件。例如：

(1) 如果下雨，那么地上就会湿。
(2) 只有有电，电灯才亮。

（1）和（2）都是假言命题。其中，"下雨"和"有电"是假言命题的前件，"地上湿"和"电灯亮"是假言命题的后件。

假言推理是以假言命题为大前提，并根据假言命题的逻辑特性进行的推理。这种推理的一个前提为假言命题，另一个前提和结论为直言命题。假言命题有三种，相对应的假言推理也有三种：充分条件假言推理，必要条件假言推理和充分必要条件假言推理。

二、充分条件假言命题及其推理

充分条件假言命题是联结词是充分条件联结词的命题。它是反映某事物情况是另一事物情况充分条件的命题。

充分条件联结词描述的是两个事件之间的充分条件联系。事件 p 与事件 q 之间有充分条件联系，如果有 p 必有 q，而没有 p 有无 q 不确定。例如，命题"如果下雨，那么地上就会湿"，在这里，事件"下雨"与"地是湿的"，一旦下雨，地上就一定会湿的；但是地上湿，却不一定是下雨。因此事件"下雨"与"地上湿"之间有充分条件联系，"如果下雨，那么地是湿的"就是一个真的充分条件命题。

因此，充分条件命题的逻辑含义是：有前件就一定有后件，没有前件不一定没有后件。这样的前件就是后件的充分条件。"有之必然，无之未必不然。"

例如，"一个整数的末尾数是 0"，就是"能被 2 整除"的充分条件。末尾是 0，就一定"能被 2 整除"。末尾不是 0，不一定不能被 2 整除。

我们用"→"（"→"读"蕴含"）表示充分条件联结词，充分条件命题的逻辑形式是：

如果 p，那么 q

用符号表示为：

$p \to q$

在自然语言中，充分条件假言命题还可以用以下这些关联词来表达："只要……就""倘若……则……""一旦……就……""假使……那么……""当……使……"等。

据说，舞蹈家邓肯向大作家萧伯纳爱时说："如果你答应同我结婚，我会为你生下一个像你一样聪明，像我一样漂亮的孩子。"萧伯纳回答："如果你嫁给我，生下来的孩子就会像我一样难看，像你一样愚蠢。"在这里，萧伯纳建立一个充分条件假言命题回应邓肯的假言命题。

由于一个充分条件假言命题的真假，取决于其前件所反映的事物情况是不是后件所反映的事物情况的充分条件，如果前件是后件所反映事物情况的充分条件，那么，该充分条件假言命题就是真的，否则就是假的。

因此，一个充分条件假言命题当其为真时，其前件与后件就有如下三种真假情况：前件真并且后件也真；前件假并且后件真；前件假并且后件假。若要充分条件假言命题为假，只有一种情况，即前件真并且后件假。用一句话概括，就是"一个充分条件假言命题，只有当前件真而后件假时，它才是假的，其余情况下都为真"。真值表如表 3.4 所示：

表 3.4　充分条件假言命题的真值表

p	q	p→q
+	+	+
+	−	−
−	+	+
−	−	+

充分条件假言推理是以充分条件假言命题为大前提，并根据充分条件假言命题的逻辑特性进行的假言推理。

充分条件假言命题的逻辑特性是有前件就一定有后件，没有后件就一定没有前件。所以如果我们已经知道前件真，就可以推知后件真；如果已知后件假，就可以推知前件假。这样充分条件假言推理就有两个正确的式：

（一）肯定前件式

小前提肯定前件，结论肯定后件。例如：

$$如果下雨，那么地上就会湿；$$
$$下雨了；$$
$$\overline{\qquad\qquad\qquad\qquad}$$
$$所以，地上湿了。$$

其逻辑形式为：

$$p \to q$$
$$p$$
$$\overline{\qquad\qquad}$$
$$所以，q$$

《世说新语》中记载了这样一个典故：

孔融去李膺家做客，客人们都赞他聪明。后来又来了一个叫陈韪的客人，对孔融很不以为然，说："小时了了，大未必佳。"孔融反唇相讥："想君小时，必当了了。"陈韪十分尴尬。

这个典故里孔融巧妙地利用陈韪的话作为前提，加上自己的判断，构成了一个推理：陈韪说"如果小时候聪明，那么长大了就不怎么样"。孔融根据充分条件肯定前件式得出："我猜想您小时候很聪明，所以，您现在不怎么样。"

利用充分条件假言推理分析杜牧的《赤壁》一诗："折戟沉沙铁未销，自将磨洗认前朝。东风不与周郎便，铜雀春深锁二乔。"如果没有东风给周瑜带来方便，那么大乔小乔都要被曹操关进铜雀台。即如果不刮东风，周瑜就会失败，吴国就会向曹操称臣。杜牧通过"火烧赤壁"这个典故，从如果没有东风这一充分条件假言推理得出吴国失败的下场，进一步借古讽今。

再参照一篇报道的写作分析充分条件的肯定前件式：某报刊载的《公交降价，并非降得越多越好》一文中，后半部分论证指出，一线城市公交的企业化程度较高，存在员工个体压力大、公交企业运营压力大的问题，继而得出结论"公交价格不可随意压低"。在此文章论证过程中，省略了一个已经众所周知的前提，即"如果一个行业企业化程度高，则其定价不可随意用行政之手压低"。补足这个前提之后，我们就可以清晰地看到文章此部分的逻辑推理形式，是充分条件假言推理的肯定前件式：

如果一个行业企业化程度高，则其定价不可随意用行政之手压低；

因为一线城市公交行业企业化程度较高；
$$\overline{\text{所以，不可随意压低价格。}}$$

在这个推理中，大前提（p→q）是基础的经济学理论，也是中国改革开放30多年来经实践证明了的共同经验，所以文中并没有再行论述，而是直接用作前提；小前提（p）是此次一线城市公交定价争论中人们认识不清，或者说重视不足的一点，是文章想要着力提醒说明的问题，也是完成这个逻辑推理过程所需要论述的重点。

（二）否定后件式

小前提否定后件，结论否定前件。例如：

如果下雨，那么地上就会湿；

地上没有湿；
$$\overline{\text{所以，没有下雨。}}$$

其逻辑形式为：

$$p \to q$$
$$\neg q$$
$$\overline{\text{所以，} \neg p}$$

充分条件假言推理的规则是：

① 肯定前件必然肯定后件；否定后件必然否定前件。

② 否是前件不能否定后件；肯定后件不能肯定前件。

《世说新语·雅量》里记载了这样一个故事：

王戎七岁，尝与诸小儿游，看道边李树多子折枝，诸儿竞走取之，唯戎不动。人问之，答曰："树在道旁而多子，此必苦李。"取之，信然。

我们尝试将这段话整理为一个假言推理：

此树如果是甜李，那么不会长在路边并且果实茂盛；
此树长在路边并且果实茂盛；
─────────────────────
此树是苦李。

三、必要条件假言命题及其推理

必要条件假言命题是联结词是必要条件联结词的命题。它是反映某事物情况是另一事物情况必要条件的命题。

必要条件命题描述的是两个事件之间的必要条件联系。事件p与事件q之间有必要条件联系，如果没有p就没有q，而有p时有无q不确定。例如，命题"只有有电，电灯才亮"，在这里事件"有电"与"灯亮"，一旦没有电，灯一定不亮；而灯不亮，有没有电则不一定。因此事件"有电"与"灯亮"之间有必要条件联系，"只有有电，电灯才亮"就是一个真的必要条件命题。

《上邪》"山无棱，江水为竭，冬雷震震，夏雨雪，天地合，乃敢与君绝"中，"与君绝"的必要条件是"山无棱，江水为竭，冬雷震震，夏雨雪，天地合"。足见感情之坚不可摧。

必要条件命题的逻辑含义是：没有前件就一定没有后件，有前件不一定有后件。这样的前件就是后件的必要条件。"无之必不然，有之未必然。"

例如，年满18岁是具有选举权的必要条件。具有选举权，就一定年满18岁。没有选举权，不一定不满18岁。

我们用"←"（"←"读"逆蕴含"）表示必要条件联结词，必要条件命题的逻辑形式是：

只有p，才q

用符号表示为：

p←q

在自然语言中，必要条件假言命题还可以用以下这些关联词来表达："没有……就没有"，"必须……才……"，"不……就不……"等。

注意假言命题的逻辑联结词的正确使用：

只有完成各项社会经济指标，才能取得一定发展。（《某市关于全力以赴完成年度工作考核目标的通知》）

从二者关系上看，城市经济社会"取得发展"才能"完成各项社会经济指标"，本例将两者的因果关系倒置了，因而出现了逻辑错误。

  某明星酒驾被抓后，说："我又不贪污腐败，能犯什么大错误。"

  言下之意是，只有贪污腐败，才会犯大错误。事实上，"贪污腐败"和"犯大错误"之间是充分条件。
  同时，由于一个必要条件假言命题的真假取决于其前件所反映的事物情况是不是后件所反映的事物情况的必要条件，如果前件是后件所反映事物情况的必要条件，那么，该必要条件假言命题就是真的，否则就是假的。
  因此，一个必要条件假言命题当其为真时，其前件与后件就有如下三种真假情况：前件假并且后件也假；前件真并且后件也真；前件真并且后件假。若要必要条件假言命题为假，只有一种情况，即前件假并且后件真。用一句话概括，就是"一个必要条件假言命题，只有当前件假而后件真时，它是假的，其余情况下都为真"。真值表表示如表 3.5 所示：

表 3.5 必要条件假言命题的真值表

p	q	p←q
＋	＋	＋
＋	－	＋
－	＋	－
－	－	＋

  在写作环节中，必要条件分为直接表达和间接表达两种。直接表达如：

  （1）中国的社会必须经过这个革命，才能进一步发展到社会主义的社会去。（毛泽东《中国革命和中国共产党》）
  （2）退一步才能进两步。（邓小平《解放思想，实事求是，团结一致向前看》）

  两个命题分别直接表达了"中国社会经过这个革命"是"中国社会进一步发展到社会主义社会"的必要条件，"退一步"是"进两步"的必要条件。
  间接表达如：

  （1）所有的学生都可以参加这一次的决赛，除非没有通过资格赛的测试。
  （2）若要人不知，除非己莫为。

  第（1）个命题间接表达了"只有通过资格赛的测试，才能参加这一次决赛"。第（2）个命题是"如果想要人不知，那么就得己莫为"，虽然用的是充分条件的逻辑联结词，但是从语义关系上看，"人不知"是果，"己莫为"是因，没有前件就没有后件，间接表达的则是必要条件假言命题。

必要条件假言推理是必要条件假言命题为大前提，并根据必要条件假言命题的逻辑特性进行的推理。

必要条件命题的逻辑特性是：没有前件，就一定没有后件；有后件就一定有前件。所以，如果我们已知前件假，就可以推知后件假；如果已知后件真，就可推知前件真。这样必要条件假言推理就有两个正确的式：

（一）否定前件式

小前提否定前件，结论否定后件，例如：

只有合理施肥，才能获得丰收；
没有合理施肥；
——————————————
所以，没有获得丰收。

其逻辑形式为：

$$p \leftarrow q$$
$$\neg p$$
————————
$$所以，\neg q$$

（二）肯定后件式

小前提肯定后件，结论肯定前件，例如：

只有年满18周岁，才有选举权；
他有选举权；
——————————————
所以，他年满18周岁。

其逻辑形式为：

$$p \leftarrow q$$
$$q$$
————————
$$所以，p$$

必要条件假言推理的规则是：

(1) 否定前件，必然否定后件；肯定后件，必然肯定前件。
(2) 肯定前件，不能肯定后件；否定后件，不能否定前件。

例如：

在公交车上，一个四五岁的男孩指着周围的高楼大厦对身旁的爷爷说："真高！真漂亮！"接着，爷爷和孙子有下面一段对话：

"爷爷，咱们干吗不住到这儿来？"

"等你长大了好好念书。只有书念得好，才能住进这样漂亮的高楼。"

"爷爷，你一定没好好学习。"

"哄"的一声，车上的人都笑了。

这段对话包含了一个必要条件的假言推理："只有书念得好，才能住进这样漂亮的高楼。"爷爷没有能住这样漂亮的高楼，所以，"爷爷一定没好好学习"。男孩的推理是不正确的，它违反了必要条件假言推理的"否定后件，不能否定前件"的规则。

必要条件推理的有效式在写作、论证中也被使用到，如某报道《缺乏公共意识是因为缺乏公共生活》一文中，开头首先利用既有新闻报道的事实，说明了公民在公共场合的不文明举动，继而结合前提"只有公民整体素质不高，才会出现较多公民在公共场合举止不雅的情况"，利用一个简单的必要条件假言推理，坦率指出了中国国民素质不高的事实。其逻辑形式为必要条件假言推理的肯定后件式：

只有公民整体素质不高，才会出现公民在公共场合举止不文明的情况；

众多公民在参观时举止不雅；

所以公民整体素质确实不高。

这个推理应用十分简单而明显，大小前提均是人们周知的客观事实、既有现象，所以此结论显得十分坦率而有力。

四、充分必要条件假言命题及其推理

充分必要条件假言命题是一种特殊的假言命题，联结词是充分必要条件联结词的命题，它是反映某事物情况是另一事物情况充分必要条件的命题。

充分必要条件命题描述的是两个事件之间的充分必要条件联系。事件 p 与事件 q 之间有充分必要条件联系，如果没有 p 就没有 q，而有 p 时一定有 q。例如，命题"当一个数是偶数，才能被 2 整除"，在这里事件"偶数"与"被 2 整除"，如果不是偶数，一定不能被 2 整除；如果是偶数，一定可以被 2 整除。因此事件"偶数"与"被 2 整除"之间有充分必要条件联系，"当且仅当一个数是偶数，才能被 2 整除"就是一个真的充分必要条件命题。

因此，充分必要条件命题的逻辑含义是：有前件，就一定有后件，没有前件，就一定没有后件，这样的前件就是后件的必要条件。"有之必然，无之必不然"。

我们用"↔"（"↔"读"等值"）表示充分必要条件联结词，充分必要条件命题的逻辑形式是：

当且仅当 p，才 q

用符号表示为：

$$p \leftrightarrow q$$

第三章 复合命题及其推理

在自然语言中，充分必要条件假言命题还可以用以下这些关联词来表达："如果……则……""并且，只有……才……""没有……就没有""必须……才……""不……就不……"等。

一个充分必要条件假言命题的真假，取决于其前件所反映的事物情况是不是后件所反映的事物情况的充分必要条件。如果是则真，不是则假。

因此，一个充分必要条件假言命题当其为真时，其前件与后件就有如下的逻辑特征：当 p 和 q 同真或者同假时，充分必要条件命题为真；如果两个支命题的真假不同，充分必要条件命题就是假的。充分必要条件命题的特征可用真值表（表3.6）表示：

表 3.6　充分必要条件命题的真值表

p	q	p↔q
+	+	+
+	−	−
−	+	−
−	−	+

充分必要条件假言推理是以充分必要条件假言命题为大前提，并根据充分必要条件假言命题的逻辑特性进行的推理。

充分必要条件假言命题的逻辑特征是，有前件就一定有后件，没有前件就一定没有后件，有后件就一定有前件，没有后件就一定没有前件。这样，它就有四个正确的式。

（一）肯定前件式

小前提肯定前件，结论肯定后件。例如：

　　　　当且仅当一个数是偶数，它才能被 2 整除；
　　　　这个数是偶数；
　　　　―――――――――――――――――
　　　　所以，它能被 2 整除。

其逻辑形式为：

$$p \leftrightarrow q$$
$$p$$
$$\overline{}$$
所以，q

（二）否定前件式

小前提否定前件，结论否定后件。例如：

　　　　当且仅当一个数是偶数，它才能被 2 整除；
　　　　这个数不是偶数；
　　　　―――――――――――――――――
　　　　所以，这个数不能被 2 整除。

其逻辑形式为：

$$p \leftrightarrow q$$
$$\neg p$$
$$\text{所以，} \neg q$$

（三）肯定后件式

小前提肯定后件，结论肯定前件。例如：

当且仅当一个数是偶数，它才能被 2 整除；
这个数能被 2 整除；
所以，它是偶数。

其逻辑形式为：

$$p \leftrightarrow q$$
$$q$$
$$\text{所以，} p$$

（四）否定后件式

小前提否定后件，结论否定前件。例如：

当且仅当一个数是偶数，它才能被 2 整除；
这个数不能被 2 整除；
所以，它不是偶数。

其逻辑形式为：

$$p \leftrightarrow q$$
$$\neg q$$
$$\text{所以，} \neg p$$

充分必要条件假言推理的规则是：

（1）肯定前件，就要肯定后件；否定前件，就要否定后件。
（2）肯定后件，就要肯定前件；否定后件，就要否定前件。

五、假言变形推理

假言变形推理是以一个假言命题作前提，根据假言命题的逻辑性质而得到的新的假言命题作结论的假言命题。

(一) 假言易位推理

假言易位推理是通过变换前提中假言命题前后件的位置，而不改变它们的真值，去推出一个假言命题作结论的推理。假言命题的逻辑性质决定了假言易位推理主要有：

(1) 充分条件假言易位推理：通过变换充分条件假言命题前后件的位置，推出一个新的必要条件假言命题的推理。例如：

如果一个企业采用科学管理方法，就能提高劳动生产率。
所以，只有提高劳动生产率，才意味着这个企业采用了科学管理方法。

其公式为：

$$\frac{\text{如果}\ p，\text{那么}\ q}{\text{所以，只有}\ q，\text{才}\ p}$$

或者表达成：

$$(p \to q) \to (q \leftarrow p)$$

(2) 必要条件假言易位推理：其前提是必要条件假言命题，结论是将前提的前后件易位的充分条件假言命题。例如：

只有有电，电灯才亮。
所以，如果电灯亮，则有电。

其公式为：

$$\frac{\text{只有}\ p，\text{才}\ q}{\text{所以，如果}\ q，\text{那么}\ p}$$

或者表达成：

$$(p \leftarrow q) \to (q \to p)$$

假言易位推理的规则是：

第一，对调假言前提前、后件的位置。

第二，改变假言前提的逻辑联结项：如果前提是充分条件假言判断的联结项，那么结论改变为必要条件假言判断的联结项；如果前提是必要条件假言判断的联结项，那么结论改变为充分条件假言判断的联结项。

(二) 假言换质推理

假言换质推理是只改变假言判断前、后件的真值，而不改变它们的位置的假言直接推理。假言换质推理主要有：

(1) 充分条件假言换质推理。例如：

$$\frac{如果物体摩擦，那么物体就会产生热；}{所以，只有物体不摩擦时，物体就没有产生热。}$$

其公式为：

$$\frac{如果\ p，那么\ q}{所以，只有非\ p，才非\ q}$$

或者表达成：

$$(q \rightarrow p) \rightarrow (\neg p \leftarrow \neg q)$$

(2) 必要条件假言换质推理。例如：

$$\frac{只有坚持，才会成功；}{所以，如果不坚持，就不会成功。}$$

其公式为：

$$\frac{只有\ p，才\ q}{所以，如果非\ p，那么非\ q}$$

或者表达成：

$$(p \leftarrow q) \rightarrow (\neg p \rightarrow \neg q)$$

假言换质推理的规则是：

第一，改变假言前提前、后件的真值。

第二，改变假言前提的逻辑联结项。如果前提是充分条件假言判断的联结项，那么结论改变为必要条件假言判断的联结项；如果前提是必要条件假言判断的联结项，那么结论改变为充分条件假言判断的联结项。

六、假言易位换质推理

假言易位换质推理是既改变假言判断前、后件的位置，又改变它们的真值的假言直接推理。假言易位换质推理主要有：

(1) 充分条件假言易位换质推理。例如：

一个人如果对学习有兴趣，那么就能取得好成绩。

所以，一个人如果没有好成绩，那么对学习就不可能有兴趣。

其公式为：

$$\frac{如果\ p，那么\ q}{所以，如果非\ q，那么非\ p}$$

或者表达成：

$$(p \to q) \to (\neg q \to \neg p)$$

（2）必要条件假言易位换质推理。例如：

只有年满 18 岁，才有选举权；

所以，没有选举权，必然没有 18 岁。

其公式为：

只有 p，才 q

所以，只有非 q，才非 p

或者表达成：

$$(p \leftarrow q) \to (\neg q \leftarrow \neg p)$$

假言易位换质推理的规则是：
第一，对调假言前提前、后件的位置。
第二，改变假言前提前、后件的真值。

七、假言连锁推理

假言连锁推理是由两个或两个以上假言命题作前提，推出一个假言命题作结论的推理。它的特点是：在前提中，前一个假言命题的后件和后一个假言命题的前件相同，它是由几个假言命题联结而推出结论的。它包括充分条件假言连锁推理和必要条件假言连锁推理。

(一) 充分条件假言连锁推理

充分条件假言连锁推理是以充分条件假言命题做前提和结论的假言连锁推理。其有效式有两种：

1. 肯定式

肯定第一个前提的前件，从而肯定后一个前提的后件的形式。例如：

如果大力发展生产力，那么能创造更多的物质财富；
如果物质财富多了，那么人民就能过上好日子；

所以，如果大力发展生产力，那么人民就能过上好日子。

其公式为：

如果 p，则 q
如果 q，则 r

所以，如果 p，则 r

或者表达为：

$$[(p \to q) \land (q \to r)] \to (p \to r)$$

2. 否定式

否定后一个前提的后件，从而便否定前一个前提的前件的形式。例如：

> 如果甲某是该案的案犯，那么他到过发案现场；
> 如果他到过发案现场，那么他有作案时间；
> ──────────────────────────────
> 所以，如果甲某没有作案时间，那么甲某不是该案的案犯。

其公式为：

> 如果 p，则 q
> 如果 q，则 r
> ──────────────
> 所以，如果非 r，则非 p

或者表达为：

$$[(p \to q) \land (q \to r)] \to (\neg r \to \neg p)$$

（二）必然条件假言连锁推理

必然条件假言连锁推理是以必然条件假言命题做前提的假言连锁推理。其有效式有两种：

1. 肯定式

肯定最后一个前提的后件，从而肯定第一个前提的前件的形式。例如：

> 只有发展社会主义市场经济，才能提高经济效益；
> 只有提高经济效益，才能改善人民生活；
> ──────────────────────────────
> 所以，如果要改善人民生活，就必须发展社会主义市场经济。

其公式为：

> 只有 p，才 q
> 只有 q，才 r
> ──────────────
> 所以，如果 r，则 p

或者表达为：

$$[(p \leftarrow q) \land (q \leftarrow r)] \to (r \to p)$$

2. 否定式

否定第一个前提的前件，从而否定最后一个前提的后件的形式。例如：

> 只有刻苦学习，才能掌握现代科学技术；
> 只有掌握现代科学技术，才能攀登科学高峰；
> ──────────────────────────────
> 所以，如果不刻苦学习，就不能攀登科学高峰。

其公式为：

$$\frac{只有 p，才 q}{只有 q，才 r}$$
$$所以，如果非 p，则非 r$$

或者表达为：

$$[(p \leftarrow q) \land (q \leftarrow r)] \rightarrow (\neg p \rightarrow \neg r)$$

第六节　负命题及其推理

一、负命题

负命题就是陈述某个命题不成立的命题，也就是否定某个命题的命题。例如：

(1) 并非天在下雨但地却是干的。
(2) 所有的法律都是善法，这是假的。
(3) 并非一切金属都是固体。
(4) 并非有的金属不是导体。

负命题由支命题和联结词"并非"构成。负命题的逻辑联结词"并非"可以用否定词"?"来表示。在日常用语中，负命题的联结词还可以表达为"没有""不""这是假的""这是错误的"等。被否定的命题称为支命题，它可以是简单命题，也可以是复合命题。

负命题的形式是：

$$并非 p$$

也可表示为否定式：

$$\neg p$$

一个否定命题是真的，当且仅当它的支命题假；如果它的支命题是真的，则否定命题为假。否定命题的逻辑特征可用真值表（表 3.7）表示：

表 3.7　否定命题的真值表

p	¬p
+	−
−	+

由于负命题"¬p"只有一个支命题 p，它有真假两种情况，因而负命题的真值表只有两行。

需要指出的是，负命题与第四章讲的直言命题的否定命题是不同的。直言命题的负命题实质上即为对当关系中的相应矛盾命题。例如：SAP 的负命题是 SOP；SOP 的负命题是 SAP；SEP 的负命题是 SIP；SIP 的负命题是 SEP；而直言命题的否定命题是否定事物具有某种性质的命题。因此，直言命题的否定命题是一个简单命题，例如"稻子不是旱地作物"，而直言命题的负命题则是一个复合命题。例如，"并非稻子不是旱地作物"。

负命题有一种常见的语言表达形式：

否定词语＋句子（简单命题或复合命题）

在汉语写作中，出现在句子前面构成负命题的否定词语主要有"并不是""并非""不是"等，例如：

(1) 并不是所有认得汉字的人都善于读书。
(2) 并非任何人都能做这个党的党员。
(3) 不是所有年满十八岁的人都可参加选举。

用"不是"开头的句子，往往后面紧跟着"而是……"，或者紧跟在"是"后面构成，从整体看，这是一种联言命题，但其中一个支命题却是个负命题。前负后正，或前正后负，互相对立，也互相补充，互相制约。例如：

(1) 不是人们的意识决定人们的社会存在，而是人们的社会存在决定人们的意识。
(2) 是你对不起父母，不是父母对不起你。

分析负命题的语言形式，要注意它与简单命题中的否定命题的区别。一般说来，否定词出现在句子前面的是负命题，否定词出现在句中（主语后面）的，是否定命题。下面是一个否定命题的例子：

(1) 形式主义者并不是为了准确地、生动地表达所要表达的内容而讲究形式的人。
(2) 在旧时代苦难的日子里，劳动人民自然不是都能欢乐地过年。

这里的否定词虽然出现在主项"劳动人民"后面，但它是用来否定"都"的。否定词在这类句子里一般是重读的，但在这里，"都"字读起来更要加重一些。因为这种情形下，主项一定是普遍概念，而重音的转移就是为了强调对主项概念的周延性的否定。（关于周延性，详见第四章。）

此外，在本章第一节谈到，陈述句和反问句都可以表达命题，反问句表达命题是逻辑学界所公认的，在写作和口语交际中，反问句中有许多是表达负命题的。例如：

(1) 难道中国人民不应该庆贺这一个"不服从"吗？
(2) 为什么一定要当"官"或取得其他高级职位才算是活得有"价值"呢？

反问句中的"难道""为什么"等是表示反问的词语，其逻辑意义相当于"并非""并不是"，而语气更为强烈，有时还会带有明显的反驳性质。

二、复合命题负命题的等值推理

复合命题负命题就是支命题是复合命题的负命题。它包括负联言命题、负相容选言命题、负不相容选言命题、负充分条件假言命题、负必要条件假言命题、负充分必要条件假言命题以及负命题的负命题。

(一) 联言命题的负命题的等值命题

联言命题的负命题的等值命题，就是否定一个联言命题而得到一个相应的选言命题：

$$\neg(p \wedge q) \leftrightarrow (\neg p \vee \neg q)$$

(二) 相容选言命题的负命题的等值命题

相容选言命题的负命题的等值命题，就是否定一个相容选言命题而得到一个相应的联言命题：

$$\neg(p \vee q) \leftrightarrow (\neg p \wedge \neg q)$$

(三) 不相容选言命题的负命题的等值命题

不相容选言命题的负命题的等值命题，就是否定一个不相容选言命题而得到一个两个支命题同真或者两个支命题同假的选言命题：

$$\neg(p \veebar q) \leftrightarrow (p \wedge q) \vee (\neg p \wedge \neg q)$$

(四) 充分条件假言命题的负命题的等值命题

充分条件的假言命题的负命题的等值命题，就是否定一个充分条件假言命题而得到一个前件真、后件假的联言命题。只有前件真而后件假时，充分条件假言命题才是假的。所以，一个充分条件假言命题的负命题可以表述为一个相应的联言命题：

$$\neg(p\to q) \leftrightarrow (p\land\neg q)$$

（五）必要条件假言命题的负命题的等值命题

必要条件假言命题的负命题的等值命题，就是否定一个必要条件假言命题而得到一个前件假、后件真的联言命题。只有前件假后件真时，命题才是假的。所以一个必要条件假言命题的负命题也可表述为一个相应的联言命题：

$$\neg(p\leftarrow q) \leftrightarrow (\neg p\land q)$$

（六）充分必要条件假言命题的负命题的等值命题

充分必要条件假言命题的负命题的等值命题，就是否定一个充分必要条件假言命题而得到一个前件真、后件假或者前件假、后件真的选言命题：

$$\neg(p\leftrightarrow q) \leftrightarrow (p\land\neg q) \lor (\neg p\land q)$$

（七）负命题的负命题的等值命题

负命题的负命题的等值命题就是否定一个负命题又得到一个原命题。又称为双否引入式，即在任何一个命题的前面加上双重否定词的推理形式：

$$\neg\neg p\leftrightarrow p$$

第七节 二难推理

所谓二难推理是依据假言命题和选言命题的逻辑性质进行的复合命题推理。它通常是由两个假言命题和一个选言命题作为前提推出结论的，其结论可以是直言判断，也可以是选言判断。由于这种推理常在辩论中使对方对可选择的每一种可能情况都难以接受，陷于"进退两难"的境地，因而又称为二难推理。例如，东方朔偷饮了汉武帝求得的据说饮了能够不死的酒，汉武帝要杀他，他说："如果这酒真能使人不死，那么你就杀不死我；如果这酒不能使人不死（你能杀得死我），那么它就没有什么用处；这酒或者能使人不死，或者不能使人不死；所以你或者杀不死我，或者不必杀我。"汉武帝认为他说得有理，就放了他。在这里，东方朔就是通过构造二难推理逃得杀身之祸。

本节研究的二难推理主要有构成式和破坏式两种有效的推理形式。

一、二难推理的构成式

假言选言推理的构成式是以选言前提的两个选言支分别肯定两个假言前提的前

件，从而得出肯定这两个假言前提的后件的结论的推理形式，它包括简单构成式和复杂构成式。

（一）简单构成式

简单构成式可表示为：

$$\text{如果 } p，\text{那么 } r$$
$$\text{如果 } q，\text{那么 } r$$
$$p \text{ 或者 } q$$
$$\overline{\text{所以，}r}$$

用蕴含式表示为：

$$(p \to r) \wedge (q \to r) \wedge (p \vee q) \to r$$

例如：

$$\text{如果刺激老虎，那么它是要吃人的；}$$
$$\text{如果不刺激老虎，它也是要吃人的；}$$
$$\text{或者刺激老虎，或者不刺激老虎；}$$
$$\overline{\text{所以，老虎总是要吃人}}$$

这种推理的两个假言命题的前件不同，后件相同，结论中肯定两个假言命题相同的后件，这样的构成式可称为二难推理的简单构成式。

例如，在辩论或谈话中可以运用或者设置二难推理来证明自己的观点，如在西方有人用"上帝能否制造一块他自己也举不起来的石头"这个二难推理，来证明上帝不是万能的，对于这个问题，不管你回答"能"或者"不能"，都能证明上帝不是万能的。请看这样的推理形式：

如果上帝能制造出一块连他自己也举不起来的石头，那么他不是万能的，（因为有一块石头他举不起来）。

如果上帝不能制造出一块连他自己也举不起来的石头，那么，他也不是万能的，（因为有一块石头他造不出来）。

上帝或者能或者不能造出这块石头。

总之，上帝不是万能的。

再比如西方中世纪罗素构建的著名的理发师悖论，就是通过二难推理进行的：

萨缪尔村有一个理发师，他给自己立了一条规矩：只给村里不给自己刮胡子的村民刮胡子，那么这位理发师给不给自己刮胡子呢？

如果这位理发师给自己刮胡子，则他属于自己刮胡子的村民，他就不应该给自己刮胡子；如果他不给自己刮胡子，则他属于不给自己刮胡子的村民，那么他就应该给自己刮胡子。理发师该不该给自己刮胡子是个难题。

甚至许多文艺作品中，也有这样一个悖论："你是人还是东西"，这就是两种选择互相排斥的选言命题，因为对一个选言支的肯定必然是对另一选言支的否定。任何人在被问及这一问题的时候，一旦肯定一部分选言支，如"我是人"，就意味着要否定另一部分选言支，即"我不是东西"。反之亦然，这种两难的回答形成一个逻辑悖论。

（二）复杂构成式

还有一种推理，它的两个假言命题的前后件都不同，那么结论就是一个选言命题。这种推理形式被称为二难推理的复杂构成式。

复杂构成式可表示为：

如果 p，那么 r
如果 q，那么 s
或者 p，或者 q
─────────────
所以，或者 r，或者 s

用蕴含式表示为：

$$(p \to r) \land (q \to s) \land (p \lor q) \to (r \lor s)$$

从复合命题的逻辑特征可推知二难推理是一个有效的推理式。假定两个前提 $(p \to r) \land (q \to s)$ 真，根据联言命题的逻辑特征可知 $p \to r$ 和 $q \to s$ 都真。由 $p \lor q$ 真，根据相容选言命题的逻辑特征可知 p 和 q 至少有一个真。p 和 q 分别是充分条件 $p \to r$ 和 $q \to s$ 的前件，根据充分条件假言命题的逻辑特征，前件真后件必真，因此 p 和 q 至少有一个真。由此根据析取式的逻辑特征可知 $r \lor s$ 必真。例如：

如果孙悟空打死妖怪，那么唐僧就会将他赶走；
如果孙悟空不打死妖怪，那么唐僧就会被妖怪吃掉；
孙悟空打死妖怪，或者他不打死妖怪；
─────────────
所以，不是孙悟空被唐僧赶走，就是唐僧被妖怪吃掉。

二、二难推理的破坏式

假言选言推理的破坏式是以选言前提的两个选言支分别否定两个假言前提的后件，从而得出否定这两个假言前提前件的结论的推理形式。它也包括简单破坏式和复杂破坏式。

(一) 简单破坏式
简单破坏式可表示为：

$$如果\ p，那么\ r$$
$$如果\ p，那么\ s$$
$$非\ r\ 或者非\ s$$
$$\overline{\qquad\qquad\qquad\qquad}$$
$$所以，非\ p$$

用蕴含式表示为：

$$(p\rightarrow r) \wedge (p\rightarrow s) \wedge (\neg r \vee \neg s) \rightarrow \neg p$$

这种推理的两个假言命题的前件不同，后件相同，结论中否定两个假言命题相同的后件，这样的构成式可称为二难推理的简单破坏式。

莎士比亚的《威尼斯商人》里面的主人公安东尼奥就是通过法院判决，巧妙地设置了二难推理：夏洛克无论是否割下安东尼奥一磅肉，最终结果都是被没收全部财产。这就是二难推理的威力：

如果夏洛克履行契约，就必须割下安东尼奥的一块肉；
如果夏洛克履行契约，就不能让安东尼奥流一滴血；
或者不割安东尼奥的肉，或者让安东尼奥流血；
$$\overline{\qquad\qquad\qquad\qquad\qquad\qquad\qquad\qquad}$$
所以，夏洛克不能履行契约。

(二) 复杂破坏式
还有一种推理的两个假言前提的前件不相同，则其结论就是一个选言命题。这种推理形式被称为二难推理的复杂破坏式。

复杂破坏式可表示为：

$$如果\ p，那么\ r$$
$$如果\ q，那么\ s$$
$$非\ r\ 或者非\ s$$
$$\overline{\qquad\qquad\qquad\qquad}$$
$$所以，非\ p\ 或者非\ q$$

用蕴含式表示为：

$$(p\rightarrow r) \wedge (q\rightarrow s) \wedge (\neg r \vee \neg s) \rightarrow (\neg p \vee \neg q)$$

例如：

如果子孙贤能而为他们多留财产，则会使他们丧失志气；
如果子孙愚笨而为他们多留财产，则会使他们增加过错；
为了不使子孙丧失志气，或者不使子孙增加过错；
$$\overline{\qquad\qquad\qquad\qquad\qquad\qquad\qquad\qquad}$$
所以，无论子孙贤能或者愚笨，都不为他们多留财产。

二难推理的破坏式实际上是由两个假言推理否定后件式合成的。当前提都真时，由假言前提的两个后件的否定所构成的选言前提（非 r 或者非 s），其选言支至少有一个是真的。无论非 r 和非 s 哪一个为真，都可以根据假言推理的否定后件式得出否定假言前提件的结论。由于假言推理的否定后件式是有效的，因而二难推理的破坏式也是有效的。

我们在这里再列出几个有名的二难推理，请读者分析，它们是哪种形式的二难推理：

1．"嗟夫！予尝求古仁人之心，或异二者之为，何哉？不以物喜，不以己悲；居庙堂之高则忧其民；处江湖之远则忧其君。是进亦忧，退亦忧，然则何时而乐耶？其必曰"先天下之忧而忧，后天下之乐而乐"乎。噫！微斯人，吾谁与归？"（范仲淹《岳阳楼记》）

2．元朝有个名叫姚燧的诗人，写了这样一首曲子反映边塞军人妻子的困境："欲寄君衣君不还，不寄君衣君又寒，寄与不寄间，妾身千万难。"

3．隋炀帝曾说："我家墓田，若云不吉，我不当贵为天子；若云吉，我弟不应战死。"

三、二难推理的破解

（一）构造反二难推理

所谓构造反二难推理，就是承认选言的小前提，但改变大前提，从而引出矛盾的结论，使对方处于同样的二难困境。在第一章介绍的著名的"半费之讼"就是使用构造反二难推理的形式去破解原来的二难推理：

普罗泰戈拉是古希腊著名的诡辩学派的哲学家。有一次，他招收一个名叫欧提勒士的学生，传授诉讼和辩护的方法。

"欧提勒上，你的学费可以分两期支付，一半学费在入学时支付，另一半学费可以在你学成以后当了律师，并第一次出庭胜诉后再交付，你同意吗？"普罗泰戈拉为了显示自己收费合理，就采用两次收款的方法，他自信自己教出来的学生学成后一定能当上律师，第一次出庭一定胜诉。

欧提勒士同意老师的意见，两人签订了合同。很快，欧提勒士就学完了全部课程，一年之后，他毕业了。

普罗泰戈拉一直等着欧提勒士交付另一半学费。但是，怎料到欧提勒士根本不把合同放在心上，学成后一直不肯出庭替人家打官司。普罗戈格拉忍无可忍，决定向法庭起诉，他对欧提勒士说：

"如果你在我们的案件中胜诉，你就应该按照合同规定支付学费，因为这是你第一次出庭,并取得胜诉;如果你败诉,那么你就必须依照法院的判决付给我学费,总之,不管你胜诉还是败诉,你都得付给我学费。"

欧提勒士听罢,考虑了片刻,回答说:"老师,你错了,恰恰相反,如果你要同我打官司,我无论是胜诉还是败诉,我都用不着付给你学费。因为如果我胜诉了,那么根据法庭的判决,我当然不用付学费;如果我败诉了,那么我也用不着付学费,因为我们的合同讲明我第一次出庭胜诉才付学费的呀!"

在这里,我们看到,同一个契约并且同一个法庭,学生和老师运用相同的推理形式,却推出了相互否定的结论。

普罗泰戈拉的推理如下:

假若我打赢这官司,根据判决你要付另一半学费;
假若我输了这官司,根据契约你也要付另一半学费;
或者我赢了这官司,或者我输了这官司;
_____
所以,你都要付另一半学费。

欧提勒士的推理如下:

假若我打赢这官司,根据判决我不该付另一半学费;
假若我输了这官司,根据契约我也不该付另一半学费;
或者我赢了这官司,或者我输了这官司;
_____
所以,我都不该付另一半学费。

欧提勒士在这里提出的反诉是有效的,其内在的逻辑依据是:如果普罗泰戈拉那样的推论有效,则欧提勒士的推论也有效;如果欧提勒士的推论无效,则普罗泰戈拉的推论也无效。但是,这并不意味着普罗泰戈拉的立论是正确的。普罗泰戈拉利用双重标准讲歪理,欧提勒士则利用双重标准反驳歪理,论证的立场不同,从而决定普罗泰戈拉作了一个不正确的推论,欧提勒士则作了一个有效的反驳。

当然,他们的推理形式是有效的,两个推理都是二难推理的正确案例,问题只能出在前提上。实际上关于学费的这个契约是有问题的,它忽略了一种情况,即第一次出庭的当事人正是签订契约的当事人。

(二)摆脱两难困境

二难推理的主要特征通过小前提所提供的非此即彼或亦此亦彼的选择而体现出来,因而,如果能突破小前提的限制,就能摆脱不利的结论。这就叫作摆脱进退维谷的二难困境。

突破小前提的限制主要有以下两种方法:

一是指出在 p 或者 q 这两个选言支以外,还有第三种选言情况存在。

例如,社区饮食管理委员会认为,快餐店的零售价格足够高了,因此,他们通知持有零售快餐许可证的快餐店，要保持目前的价格不变，否则将被吊销营业执照。通知给快餐店设置了一个两难选择，要么保持价格不变，要么吊销营业执照。面对这个似乎是非此即彼的二难选择，减少快餐的分量这个第三者便是一个反例，它使这个二难选择不能成立。

二是指出 p 或者 q 进行选择的一个无法满足的先决条件，由于这个先决条件的无法满足而突破小前提的限制。

例如，《伊索寓言》中有这样一个故事：伊索的主人酒醉狂言，发誓要喝干大海，并以他的全部财产和管辖的奴隶作赌注。次日醒来，发觉失言，但全城的人都早已得知此事。这时主人陷入以下的二难困境：

    如果实现诺言，就要喝干大海；
    如果不实现诺言，就会失信于人；
    或者实现诺言，或者不实现诺言；

    所以，或者喝干大海，或者失信于人。

面对这个二难的困境，主人听从了伊索的计策，到海边对围观的人说："不错，我要喝干大海，但是现在千百万条江河不停地流入大海，谁能把河水与海水的界限分开，我就保证喝干大海。"伊索为主人指出了进行二难选择的先决条件，即把河水与海水分开，由于这个条件无法满足，因而破解了二难的困境。

思考：下面这些逻辑悖论是否属于二难推理？

1. 谎言者悖论

公元前6世纪，哲学家克利特人艾皮米尼地斯说："所有克利特人都说谎，他们中间的一个诗人这么说。"这就是这个著名悖论的来源。

2. 书目悖论

一个图书馆编纂了一本书名词典，它列出这个图书馆里所有不列出自己书名的书。那么它列不列出自己的书名？

3. 集合论悖论

"R是所有不包含自身集合的集合。"

人们同样会问："R包含不包含R自身？"如果不包含，由R的定义，R应属于R。如果R包含自身的话，R又不属于R。

4. 苏格拉底悖论

有"西方孔子"之称的雅典人苏格拉底是古希腊的大哲学家。他建立"定义"以对付诡辩派混淆的修辞，从而勘落了百家的杂说。但是他的道德观念不为希腊人所容，竟在70岁的时候被当作诡辩杂说的代表，后来竟被处以死刑，但是他的学说得到了柏拉图和亚里士多德的继承。

苏格拉底有一句名言："我只知道一件事，那就是什么都不知道。"

5. 言尽悖——《庄子·齐物论》。

6. 世界上没有绝对的真理。

练 习 题

1. 请分析下面几句话的逻辑形式结构：

(1) 只要产品质量高，销路好，又有治理污染和保护资源、环境的可靠措施，项目规模大小不受限制，并免征固定资产投资方向调节税。

(2) 如发生事故，除追究直接责任外，还要追究有关地方政府主要领导人的责任，经过整顿，原来没有办理开矿手续的，如已具备安全生产条件可予补办手续，发给开采证和营业证。

(3) 子路曰："卫君待子而为政，子将奚先?"子曰："必也正名乎!"子路曰："有是哉?子之迂也，奚其正?"子曰："野哉由也! 君子于其所不知，盖缺如也。名不正，则言不顺；言不顺，则事不成；事不成，则礼乐不兴；礼乐不兴，则刑罚不中；刑罚不中，则民无所措手足。故君子名之必可言也，言之必可行也。君子于其言，无所苟而已矣。"(《论语·子路》)

(4) 唐裴玄本好谐谑，为户部郎中。时左仆射房玄龄疾甚，省郎将问疾。玄本戏曰："仆射病，可须问之。既甚矣，何须问也。"有泄其言者。既而随例看玄龄，玄龄笑曰："裴郎中来，玄龄不死也。"(《大唐新语》)

(5) 如果不制定保护珍稀动物的法律，就会有人任意捕杀珍稀动物；如果任意捕杀珍稀动物，许多动物就会灭绝；如果许多动物灭绝，生态平衡就会被破坏；如果生态平衡被破坏，人类的生存就会受到威胁。所以，如果不制定保护珍稀动物的法律，人类的生存就会受到威胁。

2. 下面的推理是否正确? 如不正确，请指出其违反了哪条推理规则。

(1) 如果一个数能被9整除，那么它就能被3整除，这个数能被3整除，所以它能被9整除。

(2) 如果不进行调查，就不会有发言权，他没有进行调查，所以他没有发言权。

(3) 一个人或者是文学家，或者是历史学家；郭沫若是文学家；所以，他不是历史家。

(4) 苏打溶液要么是酸性的，要么是碱性的，要么是中性的；经试验它不是酸性的；所以，它是碱性的。

(5) 只有慢车，才在这站停；这列火车在这站停了；所以，这是一列慢车。

(6) 我们既要加强物质文明建设又要加强精神文明建设，所以，我们要加强精神文明建设。

(7) 一个犯罪或有其主观原因，或有其客观原因，这个人犯罪的确有客观原因，所以，这个人犯罪没有主观原因。

（8）如果不经常锻炼身体，那么身体就不会健康；如果身体不健康，那么就会影响工作；所以，如果经常锻炼身体，就不会影响工作。

（9）航天飞机的失事或是由于设备故障，或是由于人为破坏；现已查明，这次航天失事的原因确系设备故障；所以，可以排除人为破坏。

（10）如果不是小张和小李都不去春游，小王一定去春游；小张决定去春游；因此，小王一定去春游。

第四章 直言命题及其推理

直言命题又称性质命题,是断定对象是否具有某种性质的命题。对于直言命题的相关推理,不仅涉及对当关系推理,还有三段论推理。对于日常思维而言,首先强调的就是要会从阅读材料的信息中提炼出直言命题的信息。此外,还要培养利用直言对当关系推理和三段论推理进行段落关系推导的能力。

第一节 直言命题

一、直言命题的含义

传统直言命题又简称为直言命题,它是一种简单命题。所谓简单命题是指结构最简单的命题,从其表达的形式结构上分析,它的逻辑变项是概念,是不能再分解为其他命题的命题。分析直言命题及其逻辑结构首先需要分析简单命题。

简单命题分为两大类:一类是关系命题,它描述的是某几个对象之间具有某种关系。一类是性质命题,它描述的是某对象具有或不具有某种属性。如"所有金属都是导电的"就是一个性质命题。性质命题也称直言命题。

所以,直言命题就是直接陈述对象具有或不具有某种性质的简单命题。

二、直言命题的结构

首先,看下面一组命题:

(1) 所有的狗都不是植物。
(2) 有些学者不是精通外语的。
(3) 西安是陕西的省会。
(4) 鸟是有翅膀的。

在这里,命题(1)直接陈述了狗都不具有植物的性质;命题(2)直接陈述了有些学者不具有精通外语的性质;命题(3)直接陈述了西安具有陕西省省会的性质;

命题（4）直接陈述了鸟是有翅膀的性质。可见，它们都是直言命题。

直言命题由主项、谓项、联项和量项四部分构成。

主项是表示被陈述对象的词项。如命题（1）中的"狗"、命题（2）中的"学者"、命题（3）中的"西安"、命题（4）中的"鸟"。主项用字母"S"表示。

谓项是表示被陈述对象具有或不具有的性质的词项。如命题（1）中的"植物"、命题（2）中的"精通外语的"、命题（3）中的"省会"、命题（4）中的"有翅膀的"。谓项用字母"P"表示。

联项是表示主项和谓项之间的联系的语词。直言命题的联项有两种："是"和"不是"，"是"是肯定联项，"不是"是否定联项。在语言表达中，肯定联项有时可以省略，例如，命题（4）可以省略为"鸟有翅膀"，否定联项则不能省略。

联项肯定则说明命题的主项和谓项之间是相容关系，就是说主项所指称的对象与具有谓项指称属性的对象至少有部分是相同的，即主项指称的对象具有谓项表达的属性，如果命题的联项是否定的，说明主项和谓项之间具有不相容关系，即主项指称的对象不具有谓项指称的性质。

量项是表示主项所指称的对象的数量语词，量项有三种：全称量项、特称量项和单称量项。如果一个直言命题的量项是全称或者单称的，说明命题表达了主项全部外延；如果量项是特称的，则命题只表达了主项的部分外延。

全称量项表示该命题陈述了主项所指称的对象的全部，即陈述了主项的全部外延。表示全称量项的语词通常有"所有""一切""任何""凡"等。全称量项可以省略。如命题（1）就可省略量项"所有的"，变为"狗不是植物"。省略全称联项后，其含义不会改变。

特称量项表示该命题至少陈述了主项所指称的对象中的一个，即对主项作了陈述，但未陈述主项的全部外延。表示特称量项的语词通常有"有的""有些""有"等。

特称量项不能省略，应当特别说明的是，特称量项"有的"等的含义与我们日常用语中所说的"有的"的含义有所不同。日常用语中，当我们说"有的是什么"时，往往意味着"有的不是什么"；当说"有的不是什么"时，也往往意味着"有的是什么"。即是说，日常用语中的"有的"的含义是"仅仅有一些而不是全部"。

而作为特称量项的"有的"等，只是陈述在某一类事物中有对象具有或不具有某种性质，至于有多少对象具有或不具有这种性质则没有作出明确的陈述，少者可以是一个，多者可以是全部，因此，当一个具有特称量项的命题陈述某类中有对象具有某种性质时，并不必然意味着该类中有对象不具有这种性质，反之亦然。这就说明，特称量项的含义是"至少有一个"，它并不排斥全部。关于马克·吐温的一则故事最能说明这一点：

一天，在酒会上，记者追问马克·吐温对政府官员的看法，马克·吐温一气之下说："美国国会有些议员是狗娘养的。"这句话在报纸上披露后，议员们大为愤怒，纷纷要求作家出来公开道歉或予以澄清，否则，就将诉诸法律。后来，马克·吐温在另一个场合又对记者发表"更正"谈话:"前一次我在酒席上发言,说美国国会中有些议员是狗娘养的,事后我考虑再三,觉得此话不恰当,而且也不符合事实。现在我郑重声明,我上一次讲话应该更正为——美国国会中的有些议员不是狗娘养的。"

这个声明十分精彩,作家其实就是利用了"有的"在日常语言中表示一部分对象具有某种属性,另一部分必然不具有某种属性这一点,有力地抨击了对方。

在写作过程中,可以用来表达比较准确的特称量项的常用语词如:个别的、少数的、极少数的、半数以上的、绝大多数的等。用这些语词来作限定,就可以使特称判断的量项更加准确,从而有助于正确地运用命题。

在直言命题的逻辑结构中,主项和谓项是逻辑变项,分别用"S"和"P"来表示;联项和量项分别表示直言命题的质和量,它们都是逻辑常项。由此,我们说,任何传统直言命题都具有如下形式结构:

所有(有)S是(不是)P

当我们将这个命题形式中的S和P都代之以具体概念时,我们就得到一个具体的直言命题。例如,当量项全称,联项肯定时,如果将"S"代之以"金属","P"代之以"导电的",我们就得到具体命题"所有金属是导电的"。

三、直言命题的种类

在直言命题的逻辑形式中,只有量项和联项的含义是确定的,因此我们就只能根据量项和联项的不同来区分直言命题的逻辑类型。根据不同的标准,可以将直言命题分为不同的种类。按质可分为肯定命题和否定命题。按量可分为全称命题、特称命题和单称命题。按质和量的结合,可分为以下六种:

(一) 全称肯定命题

全称肯定命题是陈述主项所指称的全部对象都具有某种性质的命题。例如:

(1) 所有法院都是审判机关。
(2) 所有的科学都是实践的产物。

全称肯定命题形式为:所有S都是P。
用符号表示为:SAP。简记为:A。
注:A是拉丁文"affirmo"的第一个元音字母的大写。
在自然语言中,A命题有多种表达方式,如"无一S不是P","没有不是P的S","凡S皆P"等。

从主项同谓项外延间的关系看，全称肯定命题陈述了 S 的全部外延都和 P 的外延相重合，但没有陈述 S 的全部外延是否和 P 的全部外延相重合。而当 S 和 P 具有全同关系或真包含于关系时，S 的全部外延都和 P 的外延相重合，如图 4.1 所示：

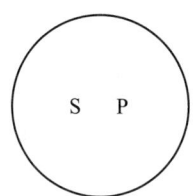

图 4.1　全同关系或真包含于关系

因此，全称肯定命题陈述了 S 和 P 之间是全同关系或真包含于关系，但具体其主、谓项间究竟是哪一种关系，SAP 并未陈述。从另一个角度说，当 S 与 P 所表示的具体词项念之间具有全同关系（如"所有法院都是审判机关"）或真包含于关系（如"所有的科学都是实践的产物"）时，SAP 都是真的。

（二）全称否定命题

全称否定命题是陈述主项所指称的全部对象都不具有某种性质的命题。例如：

（1）所有犯罪行为都不是合法行为。
（2）苹果不是动物。

全称否定命题形式为：所有 S 都不是 P，用符号表示：SEP，简记为：E。
注：E 是拉丁文"否定"一词"nego"的第一个元音字母的大写。
在自然语言中，E 命题也有多种表达方式，如"无一 S 是 P"，"没有是 P 的 S"，"凡 S 皆非 P"等。
从主项同谓项外延间的关系看，全称否定命题陈述了 S 的全部外延都排斥在 P 的全部外延之外，而只有当 S 和 P 具有全异关系时，S 的全部外延才排斥在 P 的全部外延之外。如图 4.2 所示：

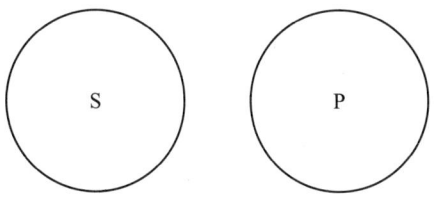

图 4.2　全异关系

因此，全称否定命题陈述了 S 和 P 之间是全异关系。从另一个角度说，当 S 和 P 所表示的具体词项之间具有全异关系时，SEP 总是真的。

（三）特称肯定命题

特称肯定命题是陈述主项所指称的对象至少有一个具有某种性质的命题。例如：

（1）有的学生是党员。
（2）有的金属是液态。

特称肯定命题的形式为：有 S 是 P。用符号表示为：SIP。简记为：I。
注：I 是拉丁文"affirmo"的第二个元音字母的大写。

从主项同谓项外延间的关系看，特称肯定命题陈述了至少有一部分 S 的外延和 P 的外延相重合，但没有陈述究竟有多少 S 的外延和 P 的外延相重合，也没有陈述这些 S 的外延是否同 P 的全部外延相重合。而当 S 和 P 具有相容关系，即全同关系，或真包含于关系，或真包含关系，或交叉关系时，都有至少一部分 S 的外延和 P 的外延相重合。如图 4.3 所示：

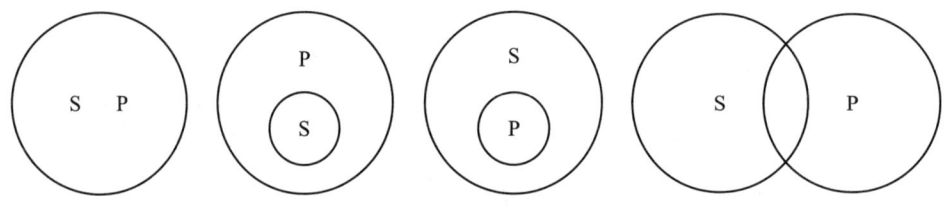

图 4.3　相容关系

因此，特称肯定命题陈述了 S 和 P 之间是全同关系、真包含于关系、真包含关系或交叉关系，但并未陈述 S 与 P 究竟是其中的哪一种关系。从另一个角度说，当 S 与 P 所表示的具体概念之间具有全同关系，或真包含于关系，或真包含关系，或交叉关系时，SIP 都是真的。

（四）特称否定命题

特称否定命题是陈述主项所指称的对象至少有一个不具有某种性质的命题。例如：

（1）有的战争不是正义战争。
（2）有的青年不是党员。

特称否定命题的形式是：有 S 不是 P，用符号表示为：SOP。简记为：O。
注：O 是拉丁文"nego"的第二个元音字母的大写。

从主项同谓项外延间的关系看，特称否定命题陈述了至少有一部分 S 的外延与 P 的全部外延是相排斥的，但没有陈述究竟有多少 S 的外延排斥在 P 的全部外延之外。

而当 S 和 P 具有真包含关系,或交叉关系,或全异关系时,都有至少一部分 S 的外延排斥在 P 的全部外延之外。如图 4.4 所示:

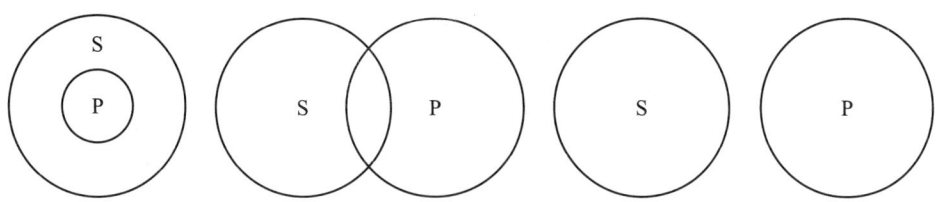

图 4.4　真包含关系或交叉关系或全异关系

因此,特称否定命题陈述了 S 和 P 之间是真包含关系,或交叉关系,或全异关系,但并未陈述 S 与 P 究竟是其中的哪一种关系。从另一个角度说,当 S 与 P 所表示的具体词项之间具有真包含关系,或交叉关系,或全异关系时,SOP 都是真的。

(五)单称肯定命题

当直言命题的主项是单独词项时,其指称的对象是独一无二的,因此它不需要量项来刻画主项的数量。这种主项是单独词项的命题叫单称命题。

单称肯定命题是陈述主项指称的单个对象具有某种性质的命题。例如:

(1)陕西师范大学是教育部直属师范类院校。
(2)《射雕英雄传》的作者是金庸。
(3)这个女生是我们班的。

单称肯定命题的形式是:这个 S 是 P。

单称命题的主项可以是专有名词,如"陕西师范大学是教育部直属师范类院校"中的"陕西师范大学";也可以是摹状词(通过对某一种对象某方面特征的描述而指称该对象的词组),如"《射雕英雄传》的作者是金庸"中的"《射雕英雄传》的作者"或"这个女生是我们班的"中的"这个女生"。

从主项同谓项外延间的关系看,由于单称肯定命题所陈述的是主项所指称的对象的全部具有某种性质,因而单称肯定命题陈述的主项和谓项外延间的关系,与全称肯定命题陈述的主项和谓项外延间的关系完全相同。单称肯定命题也陈述其主项和谓项外延间的关系是全同关系或真包含于关系。正因为如此,在传统逻辑中,特别是在三段论中,都将单称肯定命题作为全称肯定命题处理。其命题形式也用符号表示为:SaP。简记为:a。

(六)单称否定命题

单称否定命题是陈述主项指称的单个对象不具有某种性质的命题。例如:

(1) 小王不是警察。

(2) 这个钱包不是我捡的。

单称否定命题的形式是：这个 S 不是 P。

从主项同谓项外延间的关系看，由于单称否定命题所陈述的是主项所指称的对象的全部（某单个对象）不具有某种性质，因而单称否定命题陈述的主项和谓项外延间的关系，与全称否定命题陈述的主项和谓项外延间的关系完全相同，单称否定命题也陈述其主项和谓项间的关系是全异关系。正因为如此，在传统逻辑中，特别是在三段论中，都将单称否定命题作为全称否定命题处理。其命题形式也用符号表示为：SeP。简记为：e。

由于在传统逻辑中，特别是在三段论中，单称命题是作为全称命题处理的，因此，在讨论直言命题的逻辑性质及直言命题间的逻辑推演时，一般只讨论 A、E、I、O 四种。

而放在写作过程中，需要注意两个问题，一是量项的使用必须准确，否则会导致被判定对象的数量范围模糊或出现歧义。例如，"发生在 2018 年 10 月 4 日这起针对××大学网络系统实施破坏的案件，也是我省教育机构网络犯罪的一起典型案例"这句话中"我省教育机构网络犯罪"应改为"针对我省教育机构网络犯罪"。二是主项和量项的联系必须是确定的，否则会导致对谓项的不当限定。例如"有些不正之风要坚决纠正"这句话中，"有些"应该改为"所有的"，命题的量项应用全称，而非特称。再如"全市初步完成市容环境卫生部分指标，顺利完成创建国家卫生城市的目标"这句话中，"初步完成部分指标"与"顺利达成目标"的性质命题之间联系不当。

四、直言命题词项的周延性

直言命题词项的周延性问题，是指在一个具体命题中主项和谓项的全部外延是否被断定。如果某种形式的命题陈述了一个词项的全部外延，那么，在这种形式的命题中，该词项就是周延的；如果某种形式的命题没有陈述一个词项的全部外延，那么，在这种形式的命题中，该词项就是不周延的。例如"所有的等边三角形都是三角形"这个命题中，主项"等边三角形"的全部外延通过全称量项"所有"而得到断定，因此，它在该命题中就是周延的；谓项"三角形"的全部外延在命题中并没有得到断定，因此，它在该命题中就是不周延的。

再如，"所有的圆形都不是三角形"这个命题中，谓项"三角形"不是以它的部分外延，而是以它的全部外延与主项"圆形"相排斥，即只要是三角形，就不会是圆形，因此，谓项"三角形"在该否定命题中就是周延的。

据此，各种形式的直言命题的主项和谓项的周延情况如下：

（一）全称肯定命题的主项周延，谓项不周延

如前所述，A 命题陈述了 S 的全部外延都和 P 的外延相重合，但没有陈述 S 的全部外延是否和 P 的全部外延相重合。这就是说，A 命题陈述了 S 的全部外延，但没有陈述 P 的全部外延。因而，在 A 命题中，主项 S 是周延的，谓项 P 是不周延的。

（二）全称否定命题的主项周延，谓项也周延

如前所述，E 命题陈述了 S 的全部外延都排斥在 P 的全部外延之外。这就是说，E 命题既陈述了 S 的全部外延，也陈述了 P 的全部外延。因而，在 E 命题中，主项 S 和谓项 P 都是周延的。

（三）特称肯定命题的主项不周延，谓项也不周延

如前所述，I 命题陈述了至少有一部分 S 的外延和 P 的外延相重合，但没有陈述这些 S 的外延是否同 P 的全部外延相重合。这就是说，I 命题既未陈述 S 的全部外延，也未陈述 P 的全部外延。因而，在 I 命题中，主项 S 和谓项 P 都是不周延的。

（四）特称否定命题的主项不周延，谓项周延

如前所述，特称否定命题陈述了至少有一部分 S 的外延排斥在 P 的全部外延之外。这就是说，O 命题没有陈述 S 的全部外延，但陈述了 P 的全部外延。因而，在 O 命题中，主项 S 是不周延的，谓项 P 是周延的。

S、E、I、O 四种直言命题的主、谓项的周延情况可列表（表 4.1）表示：

表 4.1 直言命题的主、谓项周延情况

命题种类	S	P
SAP	周延	不周延
SEP	周延	周延
SIP	不周延	不周延
SOP	不周延	周延

从表 4.1 可以看出，全称命题的主项都是周延的，特称命题的主项都是不周延的；否定命题的谓项都是周延的，肯定命题的谓项都是不周延的。

我们总结为这样一句话方便大家记忆：

全称的主项和否定的谓项周延，其他词项都不周延。

这里需要再强调一下，我们分析一个具体直言命题中词项的周延情况时，只能依据这一直言命题的形式。因为一个直言命题中的主项或谓项是否周延，只是就这一直言命题的形式对其陈述情况而言，而与内容无关。换言之，脱离了命题的词项，无所谓周延与否。

第二节 直言推理

直言推理是其前提和结论都是直言命题,并且根据直言命题的逻辑性质进行的推理。既然其前提是只有一个直言命题的推理,这样的推理就只能或者是根据这个命题与其相同素材的其他命题之间的对当关系来进行,或者是通过改变该命题的逻辑形式来进行,由此我们把直言推理区分为对当关系推理和变形推理。

一、直言命题的对当关系推理

关于对当关系问题,亚里士多德在其逻辑著作《工具论》一书中曾论及同素材的矛盾命题、反对命题和下反对命题。后来斯多噶学派的阿普里乌斯制出了一个图形,举例描述四个直言命题之间的对当关系,但漏掉了差等关系。在他之后,中世纪著名的逻辑学家波伊提乌,在阿普里乌斯描述四个直言命题之间的对当关系的基础上列出著名的表示同素材命题关系的"波伊提乌方阵",这就是传统逻辑中性质命题间对当关系的逻辑方阵的雏形。

对当关系推理是根据直言命题间的对当关系进行的推理,它是以一个直言命题为前提推出另一个直言命题为结论的演绎推理,因此,是直接推理。

所谓直言命题间的对当关系是指主项和谓项相同的 A、E、I、O 四种命题间的真假关系。

我们在前面讲过,一个具体命题的真假不是逻辑学所能解决的。例如"小王不是教师",依靠逻辑是不能确定其真假的,逻辑学仅仅研究命题逻辑形式方面的真假。从形式的角度考察,变项是表示内容的,常项才是体现逻辑性质的,我们在研究直言命题时,将其看作变项"S"和"P"所代表的两个概念之间的关系。

我们在第二章中介绍概念间有如下关系:全同、真包含、真包含于、交叉、全异。这些关系中由于"S"与"P"的关系不同,由其构造的直言命题其真假情况就不同。如表 4.2 所示:

表 4.2 四种直言命题之间的真假情况

	S P (全同)	Ⓢ P (真包含于)	Ⓟ S (真包含)	Ⓟ Ⓢ (交叉)	S P (全异)
SAP	真	真	假	假	假
SEP	假	假	假	假	真
SIP	真	真	真	真	假
SOP	假	假	真	真	真

表 4.2 是我们分析讨论直言命题的对当关系的基础。从中不仅得出直言命题的真假条件，还可以总结出这样的关系：

（一）矛盾关系

这是 A 命题和 O 命题之间、E 命题和 I 命题之间，是一种不能同真，也不能同假的关系。即要求在同一思维过程中，两个不相容的命题不能同时被肯定或者同时被否定。根据这一关系，如果我们知道 A 命题是真的，就可以断定 O 命题是假的；如果知道 E 命题是真的，就可以断定 I 命题是假的。同样，如果知道 A、E、I、O 命题是假的，就可以断定对应的 O、I、E、A 命题是真的。

例如：A 命题"一切事物都是可知的"为真，我们就可以推出 O 命题"有些事物不是可知的"为假。

E 命题"语言不是上层建筑"为真，我们就可以推出 I 命题"有些语言是上层建筑"为假。

I 命题"有些学生是陕西人"为真，我们就可以推出 E 命题"所有学生都不是陕西人"为假。

O 命题"有些干部不是党员"为真，我们就可以推出 A 命题"所有干部都是党员"为假。

（二）差等关系

具有差等关系的两个命题中，一个是全称命题，一个是特称命题，我们这样概括二者的关系：

如果全称命题真，则相应的特称命题真；如果特称命题假，则相应的全称命题假。如果全称命题假，则相应的特称命题真假不定；如果特称命题真，则相应的全称命题真假不定。

即在差等关系中，可由 A 命题真推出 I 命题真，但不能由 A 命题假推出 I 命题的真假；可由 I 命题假推出 A 命题假，但不能由 I 命题真推出 A 命题的真假。同样，可由 E 命题真推出 O 命题真，但不能由 E 命题假推出 O 命题的真假；可由 I 命题假推出 O 命题假，但不能由 I 命题真推出 O 命题的真假。我们只列举 A 命题和 I 命题之间的例子：

{ 如果 A：所有新生都要进行军训。（真）
{ 那么 I：有些新生要进行军训。（真）

{ 如果 I：有的干部是党员。（假）
{ 那么 A：所有干部都是党员。（假）

{ 如果 A：所有同学都通过了入学检测。（假）
{ 那么 I：有些同学通过了入学检测。（真假不定）

$\begin{cases} \text{如果 I：有的干部是党员。（真）} \\ \text{那么 A：所有干部都是党员。（真假不定）} \end{cases}$

（三）反对关系

这是 A、E 命题之间的关系：两者不能同真，可以同假。因此，A、E 命题中，如果知道其中一个是真的，就可以推知另一个是假的。例如，我们已知 A 命题"所有金属都是导电的"为真，就可以推出 E 命题"所有金属都是不导电的"为假。同样，我们已知 E 命题"所有物体都不是静止不动的"为真，就可以推出 A 命题"所有物体都是静止不动的"为假。

但是已知 A 命题"我们班的同学都是女生"为假，则 E 命题"我们班的同学都不是女生"真假不定。

（四）下反对关系

这是 O、I 命题之间的关系：两者可以同真，不可以同假。因此，O、I 命题中，如果知道其中一个是假的，就可以推知另一个是真的。例如，我们已知 I 命题"有些干部是党员"为假，就可以推出 O 命题"有些干部不是党员"为真。同样，我们已知 O 命题"有些学生不需要家里寄生活费"为假，就可以推出 I 命题"有些学生需要家里寄生活费"为真。

但是已知 I 命题"有些学生喜欢打羽毛球"为真，则 O 命题"有些学生不喜欢打羽毛球"真假不定。

A、E、I、O 四种命题之间的对当关系可用如下逻辑方阵（图 4.5）刻画：

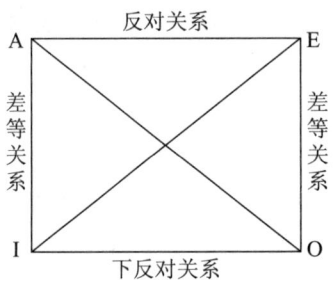

图 4.5　逻辑方阵

为了方便同学们的记忆，我们可以这样记：

矛盾关系：一真一假

差等关系：自上而下，上真下真；自下而上，下假上假

反对关系：同假不同真

下反对关系：同真不同假

最后，关于直言命题间的对当关系，还需要说明以下两点：

第一，对当关系是指同一素材，即主项和谓项分别相同的 A、E、I、O 四种命题之间的一种真假关系。素材不同的 A、E、I、O 四种命题之间，自然就不存在这种关系。

第二，在对当关系中，单称命题不能作全称处理。因为单称命题主项是指称某一单个对象，对于一个单个对象来说，它要么具有某种性质，要么不具有某种性质。因此，单称肯定命题与单称否定命题之间的真假关系不是"不能同真，可以同假"的反对关系，而是"既不同真，也不同假"的矛盾关系。

二、直言命题的变形推理

直言命题变形推理，就是通过改变作为前提的直言命题形式从而推出结论的推理。它也是直接推理。所谓改变前提命题的形式是指：

第一，改变前提的质，即把前提的联词由肯定变为否定，或由否定改为肯定。

第二，改变前提的主项与谓项的位置，即把前提的主项改为谓项，把谓项改为主项。

据此，命题变形推理有两种基本形式——换质法和换位法。

（一）换质法推理

换质法推理是通过改变作为前提的直言命题的质，从而得出另一个直言命题为结论的推理。换质法推理不能改变前提的联项，而是分别在其联项和谓项前面加上否定词素而得到结论。显然，换质使得结论的联项与前提的联项相反，即前提肯定则结论否定，前提否定则结论肯定，并且结论的谓项是前提谓项的负词项。例如：

真理是不怕批评的，所以，真理不是怕批评的。

换质法的规则有：

第一，将肯定的联词改为否定的联词，或者将否定的联词改为肯定的联词。

第二，用与前提的谓项具有矛盾关系的词项作为结论的谓项。

第三，在结论中仍然保留前提的主项和量项。

据此，直言命题 A、E、I、O 都可以进行换质。

（1）A 命题的换质：从全称肯定命题的前提，推出全称否定命题作为结论。

其有效的推理形式为：SAP→SE¬P。

（2）E 命题的换质：从全称否定命题的前提，推出全称肯定命题作为结论。

其有效的推理形式为：SEP→SA¬P。

（3）I 命题的换质：从特称肯定命题的前提，推出特称否定命题作为结论。

其有效的推理形式为：SIP→SO¬P。

（4）O 命题的换质：从特称否定命题的前提，推出特称肯定命题作为结论。

其有效的推理形式为：SOP→SI¬P。

仔细分析之后我们看到，换质推理是一种等值推理。对上述推理式右边的命题进行再换质，就推出了左边。

（二）换位法推理

换位法推理是通过改变作为前提的直言命题主项和谓项的位置从而得出一个新的直言命题的推理，它与换质法推理不同，它是通过交换前提主项和谓项的位置而推出结论的推理。就是说在换位推理的结论中，主项是前提的谓项，谓项则是前提的主项。例如，"所有唯心主义都不是科学的世界观。所以，所有科学的世界观都不是唯心主义"就是一个换位推理。

换位推理必须遵守如下三条规则才能保证推理的有效性：

第一，前提中的主项和谓项互换其位，作为结论的主项和谓项。

第二，不得改变前提的质。

第三，前提中不周延的词项在结论中也不得周延。

这三条规则的必要性是显然的。换位推理交换了主谓项的位置，只有在不改变主谓项之间的关系的情况下才能保证推理的有效性，而主谓项之间的关系是由联项决定的，因此，换位推理不得改变前提的质，即前提的联项。与此同时，结论所描述的内容必须与前提相一致才能保证推理的有效性。一个项在前提中不周延，如果在结论中将这个项周延了，就是从这个项的部分外延的情况推论到全部外延，那么，这种由部分到全部的推理不能保证前提真时结论必真，因此不是有效推理。

据此，直言命题 A、E、I、O 都可以换位的情况如下：

（1）A 命题的换位：从全称肯定命题的前提，推出特称肯定命题作为结论。

其有效的推理形式为：SAP→PIS。

例如，所有的金属都是导体，所以，有的导体是金属。

注意：SAP 换位后不能得到 PAS，因为 P 在前提 SAP 中是不周延的，而在 PAS 中是周延的，这就违反了换位推理的规则。例如，不能由"所有金属都是导体"推出"所有导体都是金属"。

（2）E 命题的换位：从全称否定命题的前提，推出全称否定命题作为结论。

其有效的推理形式为：SEP→PES。

例如，所有宗教不是科学，所以，所有的科学不是宗教。

（3）I 命题的换位：从特称肯定命题的前提，推出特称肯定命题作为结论。其有效的推理形式为：SIP→PIS。

例如，有的学生是党员，所以，有的党员是学生。

（4）O 命题不能换位。因为 O 命题的主项是不周延的，如果换位，前提中 O 命题的主项作为结论中否定命题的谓项就变为周延了，这违反换位法规则。

换质法推理和换位法推理这两种基本形式可以交替使用。

例如肯定句和否定句的互换，"年轻学者要有抱负"和"年轻学者不能没有抱负",其逻辑基础是换质法的直接推理。又如主动句式和被动句式的转换:"我发现了这个秘密","这个秘密被我发现了",两句话表达同样的意思。其逻辑基础是,两个命题是二元反对称关系命题,可以互相推导。

第三节 直言三段论

一、三段论的含义

三段论是以两个包含着共同项的直言命题为前提,推出一个直言命题为结论的推理。例如:

三段论

所有金属都是导体,
所有铁都是金属,
―――――――――――
所以,所有铁都是导体。

表示为:

MAP
SAM
―――
SAP

二、三段论的结构

在一个三段论中有且仅有三个不同的词项,这三个词项分别叫作小项、大项和中项。

结论的主项叫小项,通常用"S"表示。结论的谓项叫大项,通常用"P"表示。两个前提共有的词项叫中项,通常用"M"表示。中项是结论中部出现的词项。

任何一个三段论都是由三个命题组成,这三个不同的命题分别叫大前提、小前提和结论。

含有大项的前提叫大前提。含有小项的前提叫小前提。推出的新命题叫结论。

如上例中三段论的结构式就可以写为:

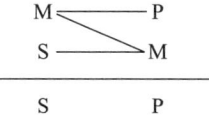

利用上面的这个式,我们整理一下孟子主张的仁政王道和性善论的论述,《孟子·公孙丑上》中讲到:

人皆有不忍人之心。先王有不忍人之心,斯有不忍人之政矣。以不忍人之

第四章 直言命题及其推理

心,行不忍人之政,治天下可运之掌上。

整理为:

实行不忍人之政就是仁政王道,
具有不忍人之心就是实行不忍人之政,
———————————————————————
所以,具有不忍人之心就是仁政王道。

再如我们熟悉的"晏子使楚"的故事:

楚人以晏子短,楚人为小门于大门之侧而延晏子。晏子不入,曰:"使狗国者从狗门入,今臣使楚,不当从此门入。"傧者更道,从大门入。见楚王,王曰:"齐无人耶?使子为使。"晏子对曰:"齐之临淄三百闾,张袂成阴,挥汗成雨,比肩继踵而在,何为无人?"王曰:"然则何为使子?"晏子对曰:"齐命使,各有所主:其贤者使使贤主,不肖者使使不肖主。婴最不肖,故宜使楚矣!"

这段故事中,晏子两次使用三段论对楚王进行反驳。

第一次:

出使狗国要钻狗洞,
我出使的是狗国,
———————————————
所以,我需要钻狗洞。

第二次:

齐国派遣使者的原则是没有才能的人出使君主无能的国家,
我是齐国最没有才能的人,
———————————————————————————————
所以,派我出使的是君主最无能的国家。

19世纪俄国著名批评家别林斯基在《一八四七年俄国革命一瞥》中说道:"哲学家用三段论法说话,诗人用形象和图画说话。"逻辑学与文学的交叉会产生有力又有趣的文坛经典。例如20世纪30年代发生在中国文坛上的一场笔战:

首先是1930年,创造社成员冯乃超在《拓荒者》上发表文章《阶级社会的艺术》,目的在于驳斥梁实秋的旧文《文学是有阶级性的吗?》。冯乃超给出的命题是"对于这样说教的人,我们要送'资本家的走狗'这样的称号"。梁实秋立即在《新月》上发表《"资本家的走狗"》回敬道:

《拓荒者》说我是资本家的走狗,是那一个资本家,还是所有的资本家?我还不知道我的主子是谁,我若知道,我一定要带着几份杂志去到主子面前表功,或者还许得到几个金镑或卢布的赏赉呢。钱我是想要的,因为没有钱便无法维持生计。可是钱怎样地去得到呢?我只知道不断地劳动下去,便可以赚到钱来维持

生计，至于如何可以做走狗，如何可以到资本家的账房去领金镑，如何可以到×
×党去领卢布，这一套的本领，我可怎么能知道呢。也许事实上我已经做了走
狗，已经有可以领金镑或卢布的资格了，但是我实在不知道到哪里去领去。关于
这一点，真希望有经验的人能启发我的愚蒙。

我们将这段话中的三段论抽出来整理如下：

(1) 大凡做走狗的都是想讨主子的欢心而得到一点恩惠，
　　我并非想讨主子的欢心而得到一点恩惠，
　　―――――――――――――――――――――――
　　所以，我不是走狗。

(2) 资本家的走狗是知道主子是谁的，
　　我不知道主子是谁，
　　―――――――――――――――――――
　　所以，我不是资本家的走狗。

鲁迅针对梁实秋的论述，也写了一篇驳斥文《"丧家的""资本家的乏走狗"》开篇针对梁实秋的第二个三段论，写道：

凡走狗，虽或为一个资本家所豢养，其实是属于所有的资本家的，所以它遇见所有的阔人都驯良，遇见所有的穷人都狂吠。不知道谁是它的主子，正是它遇见所有阔人都驯良的原因，也就是属于所有的资本家的证据。即使无人豢养，饿的精瘦，变成野狗了，但还是遇见所有的阔人都驯良，遇见所有的穷人都狂吠的，不过这时它就愈不明白谁是主子了。

这段话依然可以梳理出一段三段论：

　　不知道主子是谁的是所有资本家的走狗，
　　论敌不知道主子是谁，
　　―――――――――――――――――――
　　所以，论敌是所有资本家的走狗。

这个三段论不仅形式有效，而且和梁实秋的论述针锋相对。感兴趣的读者，可以继续分析这个三段论的论证有效性。

三、三段论的规则

（一）基本规则

基本规则1：一个三段论有且只能有三个不同的词项。

前面讲过，三段论是由三个直言命题构成。两个包含共同项的命题是前提，推出的新命题是结论，但是并非任意的三个直言命题相组合就能构成三段论。作为三段论

的前提和结论的直言命题，必须有并且只能有三个项。凡是在三段论推理中出现了四个项的，被叫作"四词项错误"。例如：

鲁迅的著作不是一天能读完的，
《祝福》是鲁迅的著作，
──────────────────────
《祝福》不是一天能读完的。

这个推理的前提真而结论假，显然是无效的，推理无效的原因在于在两个前提中出现的相同语词"鲁迅的著作"具有不同的含义，在大前提中"鲁迅的著作"是集合概念，而在小前提中它又是非集合概念，因此，两次出现的"鲁迅的著作"是两个不同的词项。该推理犯了"四词项错误"。

再比如古希腊的诡辩家欧布利德的"你头上有角"的诡辩："你没有失去的东西，就还在你那里；你没有失去角；所以，你就是有角的人。"我们把它整理成如下三段论：

凡是你没有失去的东西就是你具有的东西，
角是你没有失去的东西，
──────────────────────
所以，你有角。

在这个三段论中，"你没有失去的东西"虽然在字面上相同，但其所表达的实质含义却不同，它在大前提中指"原来有这种东西"，在小前提中指"原来没有的东西"，语词一样，但是也犯了"四词项错误"。

基本规则2：中项在前提中至少要周延一次。

三段论要通过中项的联结作用确定大项和小项之间的关系，如果中项在两个前提中都不周延，则就意味着它有一部分外项同大项有某种关系，一部分外延同小项有某种关系，至于究竟是哪部分外延同大项有关系，哪部分外延同小项有关系，这在直言命题的表达中是无法确定的。以这种不确定的关系显然无法确定大小项之间的关系，中项也就不能发挥中介联结作用而推出必然性的结论。违反这条规则就会犯"中项不当周延"的逻辑错误。

例如：

所有金属都是导体，
人体是导体，
──────────────────────
所以，人体是金属。

在这个三段论中，"导体"是中项，它在大前提中是肯定的谓项，在小前提中也是肯定的谓项。前面讲过，肯定的谓项不周延，所以这个推理违反了第二条规则，犯了"中项不当周延"的逻辑错误。

所有的男教师是教师，
所有的女教师是教师，
──────────────────────
所以，所有的女教师是男教师。

再如，在我国影响巨大的聂树斌案件（具体案情发展，可以在网络上查阅），可以梳理成如下三段论：

犯罪嫌疑人是男性并且骑着蓝色山地车，
聂树斌是男性并且骑着蓝色山地车，
——————————————————————
所以，聂树斌是犯罪嫌疑人。

这个三段论中，中项"男性并且骑着蓝色山地车"在两个前提中充当的都是两个直言命题的谓项，并且都不曾周延过，结论中大项"犯罪嫌疑人"和小项"聂树斌"之间的确定关系是不能建立起来的。这就是一个无效的三段论。

基本规则3：在前提中不周延的项，在结论中不得周延。

一个有效的三段论，前提必须蕴含结论。从外延方面看，就是要求结论的大项或小项所断定的范围不能超出前提中大项或小项所断定的范围，否则，结论就不是必然的。违反此规则所犯的逻辑错误有两种：

凡是大项在前提中不周延而在结论中周延的，被称作"大项不当周延"的错误。例如：

所有外语系的学生都是应该学好外语的，
我不是外语系的学生，
——————————————————————
所以，我不是应该学好外语的。

在这个推理中，大项"应该学好外语的"在前提中作为肯定命题的谓项，是不周延的，在结论中作为否定命题的谓项却周延了，因而犯了大项不当周延的错误，导致推理无效。

而凡是小项在前提中不周延在结论中周延的，被称作"小项不当周延"的错误。例如：

所有金属是导电的，
有的金属是固体，
——————————————————————
所以，所有固体是导电的。

这里"固体"在小前提中是肯定的谓项不周延，在结论中作为全称的主项周延了。这就犯了"小项不当周延"的逻辑错误。

基本规则4：两个否定的前提不能得出结论。

否定命题（E命题或O命题）是反映一个类的全部或一部分被排斥在另一个类之外。如果两个前提都是否定的，则S类的全部或部分被排斥在整个M类之外，P类的全部或部分也被排斥于整个M类之外，不能通过M类在S类和P类之间建立任何确定的关系，不能得出必然性的结论。例如：

甲班学生都不是党员，
小明不是甲班学生，
——————————————————————
所以？

这里，既不能确定小明是党员，也不能确定小明不是党员。

基本规则 5：如果有一个前提是否定的，则结论是否定的。如果结论是否定的，则必有一个前提是否定的。

在一个三段论中，如果有一个前提是否定的，则另一个前提必须是肯定的，因为两个否定前提不能得出结论。如果大前提否定，则中项和大项互相排斥；如果小前提否定，则中项和小项互相排斥。大项与小项之间的关系是依靠中项确立的，如果有一个否定前提，则大项与小项通过中项所建立起来的关系必然是互相排斥的。所以结论是否定的。例如：

客观规律都不是以人们的意志为转移的，

经济规律是客观规律，

所以，经济规律不是以人们的意志为转移的。

同时，既然结论是否定的，说明大项和小项之间是互相排斥的，必然有一个词项与中项之间是相互排斥的。这样就有一个前提是否定的。因此，这一规则实际是说：两个肯定前提不能得出否定结论。

三段论的上述五条基本规则，对于检验三段论的有效性来说，既是必要的，又是充分的。这就是说，遵守了这五条规则，三段论就是有效的，违反了其中任何一条规则，三段论都是无效的。但是，需要指出的是，上述五条规则是在传统逻辑不考虑空类的情况下建立起来的。

（二）导出规则

导出规则 1：两个特称的前提不能提出结论。

证明：两个前提如果都是特称的，则两个前提的组合不外乎三种情况：

(1) II 组合。假如两个前提都是 I 命题，则在这两个前提中没有一个项是周延的。这样，则不论哪一个项做中项，都是不周延的，这就违反基本规则 2，所以，不能得出必然结论。

(2) OO 组合。假若两个前提都是 O 命题，根据基本规则 4 "两个否定前提不能得出结论"，不能必然地得出结论。

(3) IO（或 OI）组合。假若两个前提一个是 I 命题，另一个是 O 命题，则两前提中只有一个词项即 O 命题的谓项周延。这个唯一周延的项如果做中项，则大项在前提中不周延，但是，因有一前提是否定的，则根据基本规则 5，结论必然是否定的；而结论否定，则结论中的大项周延，这就违反了基本规则 3，犯了"大项不当周延"的逻辑错误。如果两前提中唯一周延的项做大项，则又违反基本规则 2，犯了"中项不周延"的逻辑错误。这样或者违反基本规则 3，犯"大项不当周延"的逻辑错误，或者违反基本规则 2，犯"中项不周延"的逻辑错误，二者必居其一，因此不能得出结论。

导出规则 2：如果有一个前提是特称的，则结论只能是特称的。

证明：根据导出规则 1，两个特称前提不能得出结论，所以前提中如果有一个是特称的，则另一个必是全称的。这样两前提的组合共有四种情况：

（1）AI 组合。在这种情况下，只有一个词项即 A 命题的主项周延。这个唯一周延的项必须做中项，否则，就不能得出结论。其余三个不周延的项中有一个做小项，这样小项在前提中不周延。根据基本规则 3，小项在结论中也不能周延，所以结论是特称的。

（2）AO 组合。在这种情况下，有两个周延的项即 A 命题的主项和 O 命题的谓项。这两个周延的项，根据基本规则 2，一个必须做中项，另一个必须做大项（基本规则 5，结论否定，大项在结论中周延，根据基本规则 3，大项在前提中也必须周延）。这样小项在前提中不能周延，根据基本规则 3，小项在结论中也不能周延，所以结论是特称的。

（3）EI 组合。在这种情况下，只有 E 命题的主项和谓项这两个项周延。根据基本规则 2，中项必周延；又根据基本规则 5，前提否定结论必否定，大项在结论中周延。因此按基本规则 3 要求大项在前提中必周延。这样，两个周延的项必须一个做中项，一个做大项，而剩下的两个项无论哪个做小项都是不周延，即结论总是特称的。

（4）EO 组合。根据基本规则 4，两个否定前提不能得出结论。

四、三段论的格

（一）三段论的格的含义

三段论的格就是由中项在前提中的不同位置，所构成的不同三段论的形式。

三段论的中项在两个前提中都出现，它在大前提中既可是主项，也可是谓项，在小前提中亦是如此。中项在前提中的位置不同，三段论的形式就不同。我们把这种由中项在前提中的不同位置所决定的三段论形式叫作三段论的格。

中项在前提中的位置有四种，由此决定了三段论有四个格。它们分别是：

（1）第一格：

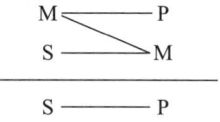

中项做大前提的主项和小前提的谓项。此格又称为完善格。

例如：

所有科学都是实践的产物，

所有自然科学都是科学，

所以，所有自然科学都是实践的产物。

(2) 第二格：

$$\begin{array}{c} P \longrightarrow M \\ S \longrightarrow M \\ \hline S \longrightarrow P \end{array}$$

中项同时做两个前提的谓项。此格又称为区别格。

例如：

所有正当防卫都不是犯罪，
他的行为是犯罪，
─────────────────
所以，他的行为不是正当防卫。

(3) 第三格：

$$\begin{array}{c} M \longrightarrow P \\ M \longrightarrow S \\ \hline S \longrightarrow P \end{array}$$

中项同时做两个前提的主项。此格又称为反驳格。

例如：

老鼠是有尾巴的，
老鼠是哺乳动物，
─────────────────
所以，有些哺乳动物是有尾巴的。

(4) 第四格：

$$\begin{array}{c} P \diagdown M \\ M \diagup S \\ \hline S \longrightarrow P \end{array}$$

中项做大前提的谓项和小前提的主项。

例如：

有的学生是团员，
所有团员都是青年，
─────────────────
所以，有些青年是学生。

(二) 三段论各格的特殊规则

第一格的规则：

第一，小前提必肯定。

证明：

(1) 如果小前提否定，则大前提必肯定，因为两个否定的前提不能得出结论（基本规则4）。大前提肯定，则大项在前提中不周延。

(2) 如果小前提否定，则结论否定，大项在结论中周延。如此，大项在前提中不周延，而在结论中周延，这就违反了基本规则3，犯了"大项不当周延"的错误。这种错误是由于小前提否定造成的。所以小前提必肯定。

第二，大前提必全称。

证明：

（1）小前提肯定，则中项在小前提中不周延。

（2）根据基本规则2"中项在前提中至少要周延一次"，中项在大前提中必须周延。而在第一格中，中项是大前提的主项。所以，大前提必全称。

（3）结论可以是A、E、I、O四种命题。

当大小前提均为A命题时，结论可以是A命题；当大小前提分别为EA命题时，结论可以是E命题；当大小前提分别为AI时，结论是I命题；当大小前提分别为EI时，结论是O命题。

第二格的规则：

第一，必有一个前提否定。

在第二格中，中项在两个前提中都处于谓项的位置。根据基本规则2，中项在前提中要周延一次，而只有否定命题的谓项才周延。因此，第二格形式的有效三段论必有一个前提是否定的，否则将犯中项不周延的错误。

第二，大前提必全称。

既然第二格形式的三段论必有一个前提否定，根据基本规则5，结论也必否定，因此大项在前提中必须周延。而大项在大前提中处于主项的位置，主项周延的命题是全称命题。所以第二格形式的三段论大前提必全称。

第三，结论只能是否定命题。

由于在第二格中必有一前提否定，所以结论也只能是否定的。

第三格的规则：

第一，小前提必肯定。

同第一格形式的三段论一样，第三格三段论的大项在前提中处于谓项的位置，如果小前提否定，结论必否定，大项在结论中周延，这就要求它在前提中也周延，由此推出大前提也须否定，否则就要犯大项不当周延的错误。因此，当第三格三段论的小前提否定时，它或者要犯大项不当周延的错误，或者将因前提否定而不能推出结论。

第二，结论必特称。

在第三格形式中，小项处于小前提谓项的位置，既然小前提必肯定，作为肯定命题谓项，小项在前提中是不周延的，根据基本规则3，小项在结论中也不得周延。小项是结论的主项，主项不周延的命题是特称命题。所以第三格形式的三段论结论必特称。

第四格的规则：

第一，如果有一否定前提，则大前提全称。

第二，如果大前提肯定，则小前提全称。

第三，如果小前提肯定，则结论特称。

第四，任何一个前提都不能是特称否定命题。

第五，结论不能是全称肯定命题。

以上五条规则，读者可作为练习自行证明。

五、三段论的式

三段论是由包含三个项的三个直言命题构成的，这些直言命题可以是任意的 A、E、I、O 四种形式的命题。A、E、I、O 四种命题在前提和结论中的不同组合，构成了三段论的不同形式。所谓三段论的式，就是由 A、E、I、O 四种命题在前提和结论中的不同组合所决定的三段论形式。如：

是人都会死的，（A）

苏格拉底是人，（A）
_____

所以，苏格拉底会死的。（A）

这个三段论就是：AAA 式。

由于在一个三段论中，大、小前提和结论都可能是 A、E、I、O 四种命题，因此，按照前提和结论的质、量不同排列，可能有 4×4×4＝64 种情况。

中项在前提中的不同位置每个式的三段论可以是第一格，第二格，第三格或者第四格的。三段论的可能式就有 64×4＝256 种情况。

在 256 个可能式中，绝大多数是无效式，如 EEE 式、OIO 式等。四个格共有 24 个有效式：

第一格：AAA　AII　EAE　EIO　（AAI）（EAO）

第二格：AEE　EAE　EIO　AOO　（AEO）（EAO）

第三格：AAI　AII　EAO　EIO　IAI　OAO

第四格：AAI　AEE　EAO　EIO　IAI　（AEO）

其中 5 个带括号的是弱式。由这些推理形式的前提本来可以推出全称的结论，现出却只推出特称结论，因而是一种弱化了的推导。弱式仍然是有效式，因为根据对当关系，全称命题真时，特称命题必真。

六、三段论的省略式

一个标准的三段论必须有大小前提和结论，缺一不可。但在日常思维活动中，这三个部分并不都被完全地表达出来。三段论的省略式就是指在语言表达中，省略了三段论中的某一个命题，只保留了两个命题。

（一）省略三段论的种类

（1）省略大前提。例如，"你是共产党员，所以你就要起模范带头作用"，这就是一个省略了大前提的三段论。

（2）省略小前提。例如，"大学生都要刻苦学习，所以，我们也不例外"，这就是一个省略了小前提的三段论。

（3）省略结论的三段论。例如，"所有人都免不了犯错误，领导也是人嘛"，这就是一个省略了结论的三段论。

（二）省略三段论的恢复

在进行省略三段论的恢复中，首先确定省略了哪一部分，省略形式的三段论并不意味着三段论的逻辑结构的减少，而仅仅是语言表达上的简略。对于一个正确的三段论来说，大小前提及结论这三个部分缺一不可，否则就不是三段论。因此，当我们具体分析一个省略形式的三段论时，第一步就是确定省略了哪一部分。

这里有两种方法可以遵循。一是看联结词。有"所以""因此""可见""由此可知"等联结词，说明省略的是前提；有"且""而"等联结词，说明省略的是结论。二是分析句子之间的语义关系。如果没有联结词就要分析句子之间的语义关系。如果两个句子之间是并列关系，省略的就是结论；如果两个句子之间是因果关系，说明省略的是前提。

接下来，根据结论确定大项和小项，然后再看被省略的是大前提还是小前提，最后把省略的部分恢复出来。前面的三个省略三段论我们恢复如下：

共产党员要起模范带头作用，
你是共产党员，
―――――――――――
所以，你就要起模范带头作用。

大学生都要刻苦学习，
我们是大学生，
―――――――――――
所以，我们也要刻苦学习。

所有人都免不了犯错误，
领导也是人，
―――――――――――
所以，领导也免不了犯错误。

最后，用三段论的规则检验其是否有效。例如，有个大学生说："我又不想当翻译，何必学外语。"这个三段论显然是错的，把这个三段论补全了，就是：

所有想当翻译的人都是必须学外语的，

我不是想当翻译的人，
_____

所以，我不是必学外语的人。

这就是一个错误的三段论，违反了基本规则3，"必须学外语"这个大项在大前提中是不周延的，但在结论中周延，犯了"大项不当周延"的错误。

在省略三段论中，这样的错误容易被掩盖。

练 习 题

1. 请提取出下列论述中的三段论推理，并指出大前提、小前提和结论。

（1）在一切工作中，命令主义是错误的，因为它超过了群众的觉悟程度，害了急性病，而凡是超过群众觉悟程度企图"拔苗助长"的总是错误的。在一切工作中尾巴主义也是错误的，因为它落后于群众的觉悟程度，害了慢性病，而凡是落后于群众的觉悟程度又违反了领导群众前进一步的原则的，总是错误的。

（2）喜马拉雅山脉是否从来就是"世界屋脊"？不。在二十七亿年前，这里原来是茫茫一片的汪洋大海。人们又如何知道这里原来是茫茫一片的汪洋大海？原因是找到了化石。地质学一再证明：凡是有水生生物化石的地层，都是地质史上的古海洋地区。喜马拉雅山脉的地层遍布了珊瑚、苔藓、海藻、鱼龙、海百合等化石。可见，喜马拉雅山脉在过去的地质年代里，曾经被海洋淹没过。

（3）非洲的一位年轻的社会学家，曾调查某一地区的文化教育情况。他查明，该地区的居民，大多数是女性，而且70%的居民是识字的。据此，他得出结论说："该地区大多数女性是识字的。"

（4）当代的科学技术，要求出现更多的创造型人才，这些人才要具有数学的基本功。因为现在有许多学科都由定性描述进展到定量描述，运用了比较深的数学工具。几十年前，数学还主要在力学、物理学中发挥作用，缺乏数学训练的年轻人只要避开数学、物理、力学等学科即能施展自己的才能。而现在，数学不仅比较深地介入自然科学、技术科学的所有领域，而且也介入了社会科学的众多学科。当今，在前沿科学取得重大成就的科学家没有一个不是在数学方面训练有素的。有些年老的科学家不懂得数学语言，结果，他们无法在前沿科学中取得重大的成就。

（5）洋奴会说洋话。你主张读洋书，就是洋奴，人格破产了！受人格破产的洋奴崇拜的洋书，其价值可知矣！但我读洋文是学校的课程，是政府的功令，反对者，即反对政府也。无父无君之无政府党，人人得而诛之。

（6）你说中国不好。你是外国人么？为什么不到外国去？可惜外国人看你不起。

2. 下列三段论是否正确？若不正确，违反了什么规则？

(1) 优秀律师都精通法律，张明精通法律，所以，张明是优秀律师。

(2) 党员要起带头作用，我不是党员，所以，我不要起带头作用。

(3) 建筑工人是了解施工现场情况的，张明是了解施工现场情况的，所以张明是建筑工人。

(4) 中国人是勤劳勇敢的，我是中国人，所以，我是勤劳勇敢的。

(5) 演绎推理是前提蕴含结论推理，前提蕴含结论的推理是必然推理，所以，有些必然性推理是演绎推理。

(6) 有些青年是发明家，有些青年是知识分子，所以，有些知识分子是发明家。

(7) 甲班多数同学是共青团员，甲班有些同学是三好学生，所以，甲班有些三好学生是共青团员。

(8) 教师在学校工作，张明在学校工作，所以，张明是教师。

3.试分析下列省略三段论，指出省略了哪一部分；恢复成完整形式并指出它是否正确。

(1) 没有文化的军队是愚蠢的军队，而愚蠢的军队是不能战胜敌人的。

(2) 有的被告表情紧张，所以，有的被告是罪犯。

(3) 我们必须坚持真理，而坚持真理必须旗帜鲜明。

(4) 侯宝林不是京剧演员，所以，相声演员都不是京剧演员。

(5)《红高粱》是优秀影片，因为它是获奖影片。

(6) 拾来的东西不是偷来的。所以，拾来的东西不需要还。

(7) 这个推理是虚假的。所以，这个推理是无效的。

(8) 人是从古猿进化来的，所以，你也是从古猿进化来的。

第五章 关系命题及其推理

关系命题就是陈述事物之间的关系的命题，关系命题的掌握，对于分析能力的提高十分重要。而分析能力正是把一件事情、一种现象分成较简单的组成部分，找出这些部分的本质属性和彼此之间的关系单独进行剖析、分辨、观察和研究的一种能力。普通逻辑是由表达具体内容的关系命题抽象出命题形式，考察其命题变元的真假，然后确认这种命题的逻辑性质。

关系命题及其推理要求分析一些已知的情况，培养理解题设条件和引出结论的能力，要求根据已知的人物、地点、事件和项目中的关系进行演绎，得出结论。本章的学习强调以下三个方面的能力：第一是阅读能力，要求既快又准地阅读所给的信息，从复杂的文字中简化出条件信息；第二是抽象能力，要求将阅读中获得的信息抽象提炼成清晰、完整的图表或条件推理关系；第三是推理能力，要根据抽象提炼出来的图表、条件推理关系以及题目所给的附加条件，推理出新的信息。

第一节 关 系 命 题

一、关系命题的含义

关系逻辑是根据思维中所形成的逻辑关系，将一切命题和推理都纳入了"关系"的命题和推理。关系语法依据关系逻辑的原理，以关系命题及其关系为语言中的语句提供构造、解释的法则与机制。

思维中的任何概念都不是孤立零散地存在的，而是在一定的结构和关系中存在的，关系的稳定状态就是结构。结构也正是潜在关系的总和，概念在思维中运动、相互结合构成命题。命题总是体现为概念间的关系，而概念结构系统为它的概念提供两大方向上的关系，即横向关系（同级概念间的关系，如比较关系与陈述关系）与纵向关系（上下级概念间的关系，如类属关系）。

关系命题是一种简单命题，它是反映事物与事物之间关系的命题，例如：

(1) 甲与乙是兄弟。
(2) 1加2等于3。

(3) 张某和李某是同案犯。

命题（1）陈述了"甲"和"乙"之间具有"兄弟"的关系，命题（2）陈述了"1"和"2"之间有"等于3"的关系，命题（3）陈述了"张某"与"李某"之间有"同案犯"的关系。前面第三章介绍的直言命题断定的是对象的属性，而本章关系命题断定的是对象之间的关系。

关系命题都由三部分组成：关系者项、关系项和量项。

关系者项：表示被陈述的关系的承担者的词项，也就是关系命题的主项。如上述命题（1）中的"甲"和"乙"，命题（2）中的"1"和"2"，命题（3）中的"张某"和"李某"。关系命题所陈述的是对象之间的关系，而任何关系总是存在于两个或几个对象之间，就是说，关系的承担者总有两个或两个以上。这样，关系命题的主项即关系者项就可以有两个、三个，甚至更多。有两个主项的称二元关系，在前的称关系者前项，在后的称关系者后项；有三个主项的称三元关系，有 n 个关系者项的称 n 元关系。

关系项：表示关系者项之间具有的关系的词项，也就是关系命题的谓项。如上述命题（1）中的"兄弟"、命题（2）中的"3"、命题（3）中的"同案犯"。

关于关系项的使用，我们看这样一段话：

五常市水稻核心示范区通过建立稳定的多种途径筹集财政支农建设资金，保障了水稻核心区农业基础建设的需求。2014年园区水稻单产增加10％以上，出米率可提高一成多，现代农业建设成效初显。

这段话中，"增加""提高"是表示关系的语词，通常表示为"增加/提高到……"，"比……增加/提高"，如果没有前后项的对比关系，那么"增加"的意义就无法体现。文字中的"水稻单产增加10％"和"出米率提高一成多"，是和什么进行对比，无法得知，从而导致思维混乱。

再如：

信访接待人员在接待群众来信来访时，应当恪尽职守，秉公办事，查清事实，分清责任，正确疏导，及时、恰当、正确处理，不得推诿、敷衍、拖拉。

在这段话中，"来信"一词作为关系项，是多余的，因为"来访"可以接待，"来信"却无法接待。

量项：表示关系者数量情况的语词。每个关系者项的前面都应当有量词，但如果关系者项是单独词项，就不需要使用量词。如上述例子中的关系者项都是单独词项，都没有加量词。再如"有些老师表扬了甲班的所有学生"这样一个命题中"有些""所有"都是量项。

准确使用联结词，例如，"在'两学一做'教育实践活动中，共查摆问题30项，其中遵守党的政治纪律和贯彻落实中央八项规定5项"这句话中，关系前项是"查摆出的问题"，而关系后项是"遵守党的政治纪律和贯彻落实中央八项规定"，然而，后项的表述并不是"问题"，只有违背了后项，才构成问题，应改成"涉及'违反党的政治纪律和贯彻落实中央八项规定'问题5项"。

二、关系命题的逻辑结构

如果用R表示关系项，用a、b表示关系者项，具有两个关系者项的关系命题的形式可表示为：

所有（有的）a与所有（有的）b之间具有R关系。

也可表示为：

aRb 或 R（ab）

需要注意的是，有些关系命题和直言命题在语言表达形式上十分相近，例如：
(1) 张某和李某是同学。
(2) 张某和李某是学生。

其中，命题（1）是关系命题，命题（2）是复合命题。因为命题（2）可以分解为"张某是学生"并且"李某也是学生"，其逻辑变项是命题。但是命题（1）是不可以分解为其他命题的简单命题，逻辑变项是概念。

关系命题是反映对象之间有无某种关系的命题。由于关系者项可以是个体，也可以是类，因此，反映某个体之间关系的命题为单称关系命题，反映某类个体之间关系的命题称一般关系命题。在关系命题中，表示个体对象的词称个体词（通常是专有名词和摹状词），表示个体类的词是普通名词或表示类的名词，表示关系的词称关系词或n元谓词（n>1），当n＝2时，为二元关系命题，当n＝3时，为三元关系命题，通常n元关系都是借助二元关系定义的，都是二元关系的特殊情况。例如，"这本科幻题材的小说设计比较合理"是一元关系命题。"马六甲海峡位于马来半岛与苏门答腊岛之间"则是三元关系，即表示三个个体对象之间关系的命题。前面"直言命题"一章中，实际上研究的是一种二元关系命题，即两个个体对象之间关系的命题。

三、关系命题的逻辑性质

就关系命题的逻辑性质而言，需要注意的是，一方面，没有可以与逻辑对接的语法系统。语言学的发展经历了传统语言学、历史比较语言学、结构主义语言学和生成语言学等几个主要阶段。即便是以"乔姆斯基革命"为标志的生成语言学，也开始从语言现象描写向语言根源探究转变。但是生成语法是建立在人脑"语言能力"的假设之上，而非建立于逻辑理论基础之上。另一方面，没有与语言系统对接的逻辑系统。亚里士多德所创立的传统逻辑主要局限于直言命题及其推理，没有覆盖全部的语言。德·摩根根据传递关系与自反关系所创立的关系逻辑，也只是部分命题的逻辑。数理逻辑精确的形式化演算系统，并没有建立在深刻的思维和语言关系基础上，其设计的形式体系与思维和语言存在较大距离，难以适用于语言研究。

关系的逻辑性质是指不同类型的关系所共有的逻辑特性。这里主要介绍对称性和传递性。

（一）关系的对称性

关系的对称性是指在特定论域中，当对象 a 与对象 b 之间具有 R 关系时，对象 b 与对象 a 是否也具有 R 关系的问题。也就是说，当 aRb 真时，bRa 是否也真的问题。关系的对称性，有以下三种不同情况：对称关系、反对称关系和非对称关系。

(1) 关系的对称：在特定的论域里，如果 aRb 真，那么 bRa 也一定真，在这种情况下，关系"R"就是对称的。即：

aRb 成立，且 bRa 也成立；则 R 就是对称的。

例如，冯梦龙撰写的笔记《古今谈概》中讲道：

> 王安石的儿子王元泽小时就十分聪明。有一天，客人给王安石送来了一只獐和一只鹿。王元泽非常喜欢。有位客人问王元泽："这两只动物中，哪一只是獐，哪一只是鹿？"因为獐和鹿很相似，只是獐没有角，而鹿有角。所以，这个问题把只有几岁的王元泽难住了。王元泽看看这只，又看看那只，想了一会，突然叫了起来："我知道了！""那么，你指给大家看看，哪只是獐，哪只是鹿？""獐旁边的是鹿，鹿旁边的是獐。"王元泽大声答道。

王元泽的回答的确很机灵。他的话实际上没有具体地回答客人的提问，但他回答的方法却很巧妙。他巧妙地利用了"旁边"这样的对称关系。即獐对鹿有某种关系，而鹿对獐也有某种关系，那么，獐与鹿之间的关系就是对称关系。

再如《滕王阁序》中"落霞与孤鹜齐飞，秋水共长天一色"就是在利用"落霞"与"孤鹜""秋水"与"长天"的对称关系，创造出无限的文学意境。

前面讲过的概念之间的"全同""交叉"和"全异"关系，两个命题之间的"反对""下反对"和"矛盾"关系都是对称关系。其他如"等于""同学""邻居""配偶""兄弟"等概念，也都表示这种对称关系。

(2) 关系的反对称：在特定论域中，当 aRb 真时，bRa 必假，aRc 必假，在这种情况下，关系"R"就是反对称关系。即：

aRb 成立，但 bRa 一定不成立；则 R 就是反对称的。

如："大于""小于""在……之北"等都是反对称的。

例如，命题"甲商品的质量重于乙商品"中的"重于"关系就是反对称关系，因为如果甲商品的质量重于乙商品的质量，那么，乙商品的质量一定不重于甲商品的质量。两个词项之间的"真包含于"和"真包含"关系也是反对称关系。其他如"多于""早于""大于""以南""之上""剥削"等概念，也都表示反对称关系。

再如这样一个故事：

> 有一位地主去世了，他的两个儿子要求对遗产进行平均分配，族长帮他们把遗产一分为二，可是，兄弟二人都觉得对方分得的财产比自己多，两人争得难分难解，只好告到官府去。县官了解到原告和被告是兄弟，问道："你们两人说的是确实的吗？"两人齐答："确实。"随后两人就在供词上画押，表示认可。最后县官判决："既然二人都说对方分的比自己的多，二人即日交换所分得的财产。"结果，两人再也无话可说了。

在这个故事里，"原告和被告是兄弟"，这是一个关系判断。"兄弟"的关系是对称性关系。"比……多"的关系是反对称性关系。弟弟分的比哥哥的多，那么哥哥分的必定没有弟弟分的多。哥哥分的比弟弟的多，那么弟弟分的必定没有哥哥的多。既然兄弟两人都认为自己分得少，对方分得多，那最好的办法就是互换分到的财产。

(3) 关系的非对称：在特定的论域里，如果 aRb 真，那么 bRa 可能真也可能假，在这种情况下，关系"R"就是非对称的。即：

aRb 成立，但 bRa 可能成立，也可能不成立；则 R 就是非对称的。

例如，"喜欢"关系就是非对称关系，因为，如果甲喜欢乙，则乙可能喜欢甲，也可能不喜欢甲。《红楼梦》中，林黛玉爱贾宝玉，贾宝玉也爱林黛玉；可是薛宝钗爱贾宝玉，但贾宝玉并不爱薛宝钗。其他如"信任""帮助""尊敬""认识""赞扬""批评"等概念，也都表示非对称关系。

(二) 关系的传递性

关系的传递性是指在特定论域中，当对象 a 与对象 b 之间具有 R 关系，并且对象 b 与对象 c 之间也具有 R 关系时，对象 a 与对象 c 是否也具有 R 关系的问题。也就是说，当 aRb 真并且 bRc 真时，aRc 是否也真的问题。关系的传递性，有以下三种不同情况：传递关系、反传递关系和非传递关系。

(1) 传递关系：在特定的论域里，如果 aRb 真，并且 bRc 也真，那么 aRc 必真，在这种情况下，关系"R"是传递的。即：

aRb 成立，并且 bRc 成立，一定有 aRc；则 R 就是传递的。

例如，"重于"就是传递关系，因为如果甲的商品质量重于乙的商品质量，并且乙的商品质量重于丙的商品质量，那么甲的商品质量必定重于丙的商品质量。两个概念间的"全同""真包含于"和"真包含"关系也是传递关系。其他概念如"大于"

"高于""在前""年长于""早于""以东"等都表示传递关系。

长篇小说《堂吉诃德》中，有一段描写了桑丘断案的故事：

> 堂吉诃德的仆人桑丘·潘沙在一个海岛上当总督，一次，一个女人揪住一个牧人前来告状，控告牧人用暴力强奸了她，玷污了她的清白之身。牧人申辩说，这个女人是卖身的，他可以起誓并没有强奸她。总督问牧人身边带银圆没有，他回答带了20个。总督叫他拿出来，全部交给原告。那女人接过钱袋，向总督行了一个礼，双手捧着钱袋，高高兴兴地走出了公堂。那个牧人流着眼泪，一肚子委屈，又不敢发作。总督见状，就叫他去追那个女人，把钱袋要回来。牧人拔腿就去追那女人。在场的人都莫名其妙，不知总督大人的葫芦里卖的是什么药。一会儿，那一男一女就互相扭着回到了公堂。女的撩起她的裙子，把钱袋藏在里边；男的要把它抢回来，可是白费劲，因为女的死命护卫着它。女的一面护卫钱袋，一面喊道："总督大人，你看看，这个恶棍多么大胆，竟在大街上要把您断给我的钱袋抢走！"总督问："抢走了没有？"那女人回答："我是宁可让他抢走我的性命，也不让他抢走我的钱袋的。哼，简直把我当作小孩子看了！像他这种不中用的家伙哪里是我的对手！"那牧人气喘吁吁地说："她的话一点也不错，我的力气用尽了，钱袋是抢不回来了，我只好认输了。"说着他就放开了手。这时，总督哈哈一笑，然后脸一沉，对那个女人说："把钱袋交给我吧！你这泼妇！"女人不敢违抗，乖乖地把钱袋交上。总督把它交给了牧人，然后就教训那个女人："你有勇气和决心护卫你的贞操，刚才已经看出来了，可还只显出一半，正如你护卫你的钱袋一般。可见，哪怕有天神赫可里斯的力气也强奸不了你。你给我滚吧！从今以后不许待在这个海岛上。"那女人被训得哑口无言，围观者都佩服总督的智慧。

桑丘审判的目的，第一，是为了证明牧人的力气没有这个女人大，牧人不可能用暴力强奸她。第二，证明了这个女人是卖身赚钱的。在这里利用的就是关系的传递性。对这个女人来说，"金钱比性命更宝贵"，而"性命比贞操更宝贵"。在这里，"比……更宝贵"是传递关系，所以桑丘断定：这个女人是把金钱看得比贞操更宝贵的，她为了金钱，是可以出卖她的贞操的。

(2) 反传递关系：在特定的论域里，如果 aRb 真，并且 bRc 也真，那么 aRc 必假，在这种情况下，关系"R"是反传递的。即：

aRb 成立，并且 bRc 成立，一定没有 aRc；则 R 就是反传递的。

例如，"父子"关系就是反传递关系，因为如果甲与乙是父子并且乙与丙是父子，那么甲与丙就一定不是父子。两个命题之间的矛盾关系也是一种反传递关系。其他概念如"母女""叔侄""甥舅""年长两岁""比……早两天""迟一个月""垂直于"等，都表示反传递关系。

(3) 非传递关系：在特定的论域里，如果 aRb 真，并且 bRc 也真，那么 aRc 有可能为真，也有可能为假，在这种情况下，关系"R"是非传递的。即：

aRb 成立，并且 bRc 成立，不一定有 aRc；则 R 就是非传递的。

例如：

> 有一个智者，他有许多好朋友。有一天，一个打猎的朋友给他送来了一只兔子。智者非常高兴，杀了兔子做成菜请打猎的朋友吃。过了几天，有五六个人来找智者，他们对他说："我们是送您兔子的那位朋友的朋友，今天想在您这里住一夜，请多关照！""原来是打猎的朋友的朋友，好，请住下吧！"智者热情地说，并拿出兔子汤来招待他们。又过了几天，又来了八九个人，很客气地对智者说："老人家，我们是送您兔子的那位朋友的朋友的朋友，麻烦您让我们在这里住一夜，请多关照！""原来是打猎的朋友的朋友的朋友呀，那就住下吧！我去给你们弄些吃的。"智者也客气地说。"不好意思，打扰您了！随便弄些什么东西吃吃就行了。"智者给他们端来一碗泥水，说："亲爱的送我兔子的朋友的朋友的朋友，请用吧！""您怎么用泥水来招待我们？"客人们很生气。"这就是我那位朋友送来的兔子做成的汤的汤，现在请送我兔子的朋友的朋友的朋友吃，不是很恰当吗？"智者笑着说。客人们无言以对，一个个悄悄离去了。

在这个故事里，"朋友"是非传递关系。即甲与乙有某种关系，而乙与丙也有这种关系，但甲与丙却并非必然有这种关系，那么，这种关系就是非传递关系。老人与送兔子的猎人是朋友，而与送兔子的猎人的朋友的朋友以及与送兔子的猎人的朋友的朋友，就未必是朋友。这些人硬要老人把他们当朋友，是违背逻辑基本规律的。

再如，印度电影《流浪者》中的法官拉贡纳达坚信"好人的儿子一定是好人，坏人的儿子一定是坏人。法官的儿子一定是法官，贼的儿子一定是贼"的信条，并以这个信条为依据，错判了一些出身不好而本人并无犯罪行为的无辜者。后来拉贡纳达的亲生儿子竟沦为窃贼，他也自食其果。

"认识"关系就是非传递关系，因为如果甲认识乙并且乙认识丙，那么甲可能认识丙也可能不认识丙。其他概念如"离……很近""教唆""控告""信任""喜欢""帮助""表扬""相邻"等，都表示非传递关系。

第二节 关 系 推 理

一、关系推理的含义

关系推理就是前提中至少有一个是关系命题的推理。它是根据前提中关系的逻辑性质进行推演的。例如：

长江长于黄河，
黄河长于珠江，
——————————————
所以，长江长于珠江。

这个推理的前提含有关系命题，所以，它是一个关系推理。

关系推理可分为两类：纯关系推理和混合关系推理。纯关系推理中前提和结论均为关系命题。混合关系推理中前提分别为关系命题和直言命题，结论为关系命题。所有的关系推理，都是根据前提中关系的逻辑性质所进行的推理。前提中关系的逻辑性质都被认定为主要是关系的对称性和传递性。传统形式逻辑从对称性和传递性这两个不同方面以及每个方面的不同情况研究前提中关系所具有的逻辑性质，由此确立不同的关系推理形式。

二、纯关系推理

纯关系推理就是前提和结论都是关系命题的推理。它包括对称性关系推理、反对称关系推理、传递性关系推理和反传递关系推理。

（一）对称性关系推理

对称性关系推理就是依据对称关系的逻辑性质进行推演的关系推理。例如：

张某和李某是同学，
——————————————
所以，李某和张某是同学。

甲和乙是同案犯，
——————————————
所以，乙和甲是同案犯。

在这里，"同学"和"同案犯"关系都是对称关系，这是这两个推理成立的依据。对称关系推理的形式可表示为：

aRb
——————
所以，bRa

（二）反对称关系推理

反对称关系推理就是依据反对称关系的逻辑性质进行推演的关系推理。例如：

未成年人的父母是未成年人的监护人，
——————————————
所以，未成年人不是其父母的监护人。

a 概念真包含 b 概念,
──────────────────────
所以，b 概念不真包含 a 概念。

上例中，"监护人""真包含"关系均为反对称关系，这是这两个推理成立的依据。反对称关系推理的形式可表示：

aRb
──────────────
所以，¬(bRa)

（三）传递性关系推理

传递性关系推理就是依据传递关系的逻辑性质进行推演的关系推理。例如：

张山早于李华出生，
李华早于王军出生，
──────────────
所以，张山早于王军出生。

广州在武汉以南，
武汉在北京以南，
──────────────
所以，广州在北京以南。

上例中，"早于""在……以南"关系均为传递关系，这是这两个推理成立的依据。传递性关系推理的形式可表示为：

aRb
bRc
──────────────
所以，aRc

（四）反传递性关系推理

反传递关系推理就是依据反传递关系的逻辑性质进行推演的关系推理。例如：

甲是乙的母亲，
乙是丙的母亲，
──────────────
所以，甲不是丙的母亲。

张山比李华大两岁，
李华比王军大两岁，
──────────────
所以，张山不是比王军大两岁。

上例中，"……是……母亲""大两岁"关系均为反传递关系，这是上面推理成立的依据。

反传递关系推理的形式可表示为：

$$aRb$$
$$bRc$$
$$\overline{}$$
$$所以，\neg(aRc)$$

注意：在进行纯关系推理时，不能把非对称关系或非传递关系作为推理的逻辑依据，因为依据它们不能推出必然的结论。例如：

$$李华认识王军，$$
$$\overline{}$$
$$所以，王军认识李华。$$

$$张山控告李华盗窃，$$
$$李华控告王军盗窃，$$
$$\overline{}$$
$$所以，张山决不会控告王军盗窃。$$

上面两个推理都是错误的。因为"认识"是非对称关系，"控告"是非传递关系，所以，它们的结论都是不可靠的。

文学作品的创作过程中也会使用到关系推理，以增加作品的逻辑合理性和思维连贯性，使其能够在看似混乱的关系中通过逻辑推理推断出合理的逻辑判断。常见的方法是通过关系推理或是把关系推理与其他推理类型混合使用，加强作品的逻辑性和科学性，使作品呈现出一种杂而有序的风格。正如在新中国第一部描写国民党警探的小说《昙花梦》一书中，开篇陈述的三起公馆失窃案中，程科长是如何突然察觉案犯金蝉脱壳的计谋以及赃物收藏之处，这一情节在小说开始叙述时并未进行明确的合理解释，但是通过随后关系推理的梳理，原本模糊的推理过程慢慢明了，自然而然地形成了一条脉络清晰的主线。

关系推理放在写作中，还对写作者有层次的写作提供帮助，例如下面这段话：

一群少年围在一块峻峭花岗岩雕像的周围，雕像的基地处，用红色的油漆书写着"自由与和谐"五个大字，欢乐的少年们争先在这雕像前面拍照留念。

写作的层次性，体现在写景上则要求或先远后近，或先里后外，不能时东时西，随性发挥，上面这段话可以改为：

这座峻峭的花岗岩底座，用红色的油漆书写着"自由与和谐"五个大字，一群少年争相与其合影留念。

三、混合关系推理

混合关系推理就是一个前提是关系命题，另一个前提是直言命题，推出的结论是关系命题的推理。例如：

有些老师表扬了甲班的所有学生，
张山是甲班的学生，
──────────────────────
所以，有些老师表扬了张山。

这就是一个混合关系推理，其推理形式为：

所有 a 与所有 b 有 R 关系
c 是 a
──────────────────────
所以，c 与 b 有 R 关系

混合关系推理又叫作关系三段论。这是因为在混合关系推理中，有两个前提和一个结论；在前提和结论中共有三个不同的概念，而两个前提也有一个共同的概念（相当于三段论的中项），通常称它为媒概念。这些都与直言三段论相类似。混合关系推理中，需要遵守如下规则：

第一，媒概念在前提中至少要周延一次。
第二，在前提中不周延的概念，在结论中不得周延。
第三，前提中的直言命题必须是肯定命题。
第四，前提中的关系命题与结论要同质，即如果前提中的关系命题是肯定的，则结论中的关系命题也应是肯定的；如果前提中的关系命题是否定的，则结论中的关系命题也应是否定的。
第五，除对称关系外，在前提中作为关系者前项（或后项）的项，在结论中也应相应地作为关系者前项（或后项）。

违反其中任何一条规则的混合关系推理，都是无效的。例如：

有的学生喜欢看足球比赛，
他是学生，
──────────────────────
所以，他喜欢看足球比赛。

这个混合关系推理的形式为：

有些 a 与有些 b 有 R 关系
c 是 b
──────────────────────
所以，有些 a 有些 b 有 R 关系

这个混合关系的媒概念在大前提特称，小前提肯定，没有周延一次，是无效的。它违反了第一条规则，是无效的。

练 习 题

1. 下列关系属于何种关系？

(1) 甲概念包含于乙概念。

(2) 张某控告了王某，王某控告了刘某。

(3) 概念 A 包含概念 B。

(4) 中国支援过越南。

(5) 甲和乙是邻居。

(6) 太原在北京之西。

(7) 甲个子比乙高，乙个子比丙高。

(8) 李白早生于白居易，白居易早生于苏轼。

(9) 老王是大王的父亲，大王是小王的父亲。

(10) 中国队战胜了日本队，日本队战胜了韩国队。

2. 请指出下列关系命题各断定了什么具体关系，并用传递性、反传递性或非传递性推理方式确定其逻辑特性。

(1) "思维形式"真包含"命题"，"命题"真包含"性质命题"。

(2) a 校与 b 校相隔一条马路，b 校与 c 校相隔一条马路。

(3) 张某是李某的母亲，李某是王某的母亲。

(4) 概念 a 与概念 b 交叉，概念 b 与概念 c 交叉。

(5) 概念 a 与概念 b 全异，概念 b 与概念 c 全异。

(6) 甲队打败了乙队，乙队打败了丙队。

3. 下列各关系推理是否正确，若不正确，请指出错在哪里。

(1) 张山的家离学校很远，李华的家离学校也很远，所以，张山的家离李华的家很远。

(2) 小赵和小钱是同班同学，小钱和小孙是同班同学，所以，小赵和小孙是同班同学。

(3) 甲比乙年长两岁，乙比丙年长两岁，所以甲比丙一定不是年长两岁。

(4) 中文系的学生都要选修比较文学，中文系的学生不是历史系的学生，所以，历史系的学生不选修比较文学。

(5) 所有大四学生雅思分数高于所有大一学生，张三是大四学生，所以，张三雅思分数高于所有大一学生。

第六章 模态命题、规范命题及其推理

模态逻辑与规范命题是逻辑学的一个分支，它研究必然、可能以及表示事物发展状态的概念的逻辑性质。在写作过程中，要考虑这些模态词的适用语境和使用范围。

第一节 模态命题

一、模态命题的含义

模态命题历史悠久，亚里士多德的《解释篇》中就曾讨论过各种模态命题及其真假情况，在《前分析篇》中还研究了模态词和模态三段论，之后的欧洲经院逻辑学家在模态三段论上取得了新的成果。但是，总体而言，在亚里士多德之后的很长一段时间内，模态逻辑没有得到应有的重视。直到19世纪末至20世纪初才有位名叫H.麦科尔的逻辑学家迈出了近代模态逻辑研究的第一步，在他的著作中第一次指出了所谓"蕴含佯谬"，但是，麦科尔没有提出任何公理。因此，他的系统和当代的研究是迥然不同的。现代模态逻辑的公认奠基人是C.I.刘易斯，他用数理逻辑的方法对模态逻辑进行了系统的研究，使得模态逻辑进入了崭新的阶段。

模态命题有广义和狭义之分，广义的模态命题是指一切包含模态词的命题，狭义的模态命题主要是指其中包含"必然"和"可能"这类模态词的命题，换言之，模态命题是反映事物可能性或必然性的命题。

"模态"一词译自英文的"modal"，而"modal"又来自"modes of truth"（真的方式）中的"modes"一词。它有"形式的，情态的，语气的或模式的"等含义。从字面上看，模态词是一些是表示情态、语气等的特殊语词。例如：

(1) 社会必然不断进步。

(2) 明天不下雨是可能的。

在上面两个命题中出现的"必然"和"可能"就是模态词。命题（1）表示社会进步具有必然性。命题（2）表示明天下雨有可能性。

"必然"和"可能"这两个模态词也是重要的哲学概念，它们的哲学含义直接关系到对"必然性"和"可能性"这两个哲学范畴的解释。

从逻辑角度分析，上面两个命题如果没有模态词，它们都表达一个完整的命题，这些命题都有确定的逻辑值，它们或者为真，或者为假。但是，模态词的出现则使这些命题的逻辑值发生了变化。如果去掉模态词，它们就成为：

（1）社会不断进步。

（2）明天不下雨。

很明显，"社会不断进步"这个命题是真的，因为它所表达的符合事实。但是"明天不下雨"却未必为真。

在分析模态命题的形式时，把模态词放在命题的变项的前面。本书用符号"◇"表示"可能"，"□"表示"必然"。"◇""□"的符号称为模态算子。据此，模态命题的逻辑形式表示为：

$$可能 P$$
$$必然 P$$

或者用符号表示为：

$$\Diamond P$$
$$\Box P$$

二、模态命题的种类

根据命题所反映的是事物的可能性还是必然性，可以把模态命题分为可能命题和必然命题；可能命题和必然命题又可以根据质的不同分为肯定命题和否定命题。

（一）可能命题

可能命题是反映事物情况可能性的命题。规范算子"可能"通常可以用这样一些语词来表达，如"或许""也许""大概"等。可能命题又分为肯定可能命题和否定可能命题。

肯定可能命题：反映事物情况可能存在的命题。例如：

（1）火星上可能有生命存在。

（2）今天可能下雨。

命题（1）反映火星上存在生命具有可能性，命题（2）反映今天下雨具有可能性。

公式："S 可能是 P"或"S 是 P 是可能的"，也可简化为：

$$可能 P$$

用符号表示为

$$\Diamond P$$

否定可能命题：反映事物情况可能不存在的命题。例如：

（1）明天可能不下雨。
（2）他可能不是学生。

命题（1）反映"明天下雨"这种情况可能不存在，命题（2）反映"他是学生"这种情况可能不存在。

公式："S可能不是P"或"S不是P是可能的"，也可简化为：

$$可能 \neg P$$

用符号表示为

$$\Diamond \neg P$$

（二）必然命题

反映事物情况必然存在的命题是必然命题。例如，"这些弊端使培养出的本科毕业生必然难以适应在信息技术迅速发展条件下，面对创新创业＋、互联网＋、文化＋的形势"。规范算子"必然"通常可以用这样一些语词来表达："必定""一定"等。必然命题又分为肯定必然命题和否定必然命题。

肯定必然命题：反映事物情况必然存在的命题。例如：
（1）生物必然进行新陈代谢。
（2）我国的四个现代化必然能实现。

命题（1）反映了"生物进行新陈代谢"的必然性，命题（2）反映了"我国实现四个现代化"的必然性。

公式："S必然是P"或"S是P是必然的"，也可简化为：

$$必然\, P$$

用符号表示为

$$\Box P$$

否定必然命题：反映事物情况必然不存在的命题。例如：
（1）经济规律必然不依人的意志为转移。
（2）谎言必然不能长久骗人。

命题（1）反映了经济规律依人们意志为转移这个情况是必然不存在的。命题（2）反映了"谎言能长久骗人"是必然不存在的。

公式："S必然不是P"或"S不是P是必然的"，也可以简化为：

$$必然 \neg P$$

用符号表示为

$$\Box \neg P$$

综上，我们把模态命题表示如下（图6.1）：

$$\text{模态命题}\begin{cases}\text{必然命题}\begin{cases}\text{必然肯定命题}\\\text{必然否定命题}\end{cases}\\\text{可能命题}\begin{cases}\text{可能肯定命题}\\\text{可能否定命题}\end{cases}\end{cases}$$

图 6.1　模态命题的分类

三、模态命题的真假

命题的真假特性考察在欧洲近代哲学史上产生了一个跳跃。德国哲学家莱布尼茨最先发现真假评判所对应的命题不止一种。由于真的性质的不同，人们所面对的命题可以分作两类，这就是必然获得的命题和由事实来支持的命题。真由此可以分为必然的真和事实的真两种；必然的真依据完备的演绎推理规则，从一个命题出发必然获得另外一个命题；事实的真，按照莱布尼茨的断定，一定要给其一个充足的理由。

从这个角度上来说，莱布尼茨是最早表述逻辑规律中的充足理由律的逻辑学家。他认为模态命题有真假，但是其真假和一般命题逻辑中命题的真假是不同的。在命题逻辑中，命题的真假可以用真值表来刻画；而模态命题由于有模态词，所以不能用真值表来表示其真假。在模态命题中引进了"可能世界"来确定其真假。所谓"可能世界"是指能够为人们合乎逻辑地设想出来的各种场合。现实世界只是许许多多可能世界中的一个可能世界。例如，"西方极乐世界""世外桃源"都是可能世界。我们生活着的现实世界只不过是可能世界的一种。莱布尼茨用可能世界的概念去界定模态词"必然"和"可能"。"必然"意味着"在所有可能世界里为真"；"可能"意味"在有的可能世界里为真"。

根据命题 P 在每个可能世界中的真假就可以确定模态命题"必然 P"和"可能 P"的真假：

当 P 在所有可能世界里都真时，"必然 P"就是真的，否则就是假的。

当 P 在所有可能世界里都假时，"必然 ¬P"就是真的，否则就是假的。

当 P 至少在一个可能世界里为真时，"可能 P"就是真的，否则就是假的。

当 P 至少在一个可能世界里为假时，"可能 ¬P"就是真的，否则就是假的。

各种模态命题的真假情况可列表（表 6.1）表示：

表 6.1　模态命题的真假情况

真值　可能世界 命题种类	P 在所有可能世界里为真	P 在所有可能世界里可真可假	P 在所有可能世界里为假
□P	＋	－	－
□¬P	－	－	＋
◇P	＋	＋	－
◇¬P	－	＋	＋

例如，命题"事物是发展变化的"在所有可能世界里为真，所以"事物必然是发展变化的"和"事物可能是发展变化的"为真，而"事物必然不是发展变化的"和"事物可能不是发展变化的"为假。

又如，命题"张三和王五是同事关系"在所有可能世界里可真可假，所以"张三和王五必然是同事关系"和"张三和王五可能不是同事关系"是真的。

再如，命题"地主阶级的法是永存的"在所有可能世界里为假，所以"地主阶级的法必然不是永存的"和"地主阶级的法可能不是永存的"为真，而"地主阶级的法必然是永存的"和"地主阶级的法可能是永存的"为假。

需要指出的是，模态命题中的"事实"是很宽泛的，既可以有外在的事实，即客观事实；也可以是人们的心理世界。罗素的一段话揭示了这两者之间的区别：

> 把伦理句和陈述句作一比较，这个问题也许会更清楚些。假如我说"所有的中国人都是佛教徒"，那么举出一个中国人是基督徒就能把我驳倒。假如我说"我相信所有的中国人都是佛教徒"，那么任何来自中国的证据不能把我驳倒，除非是证明我不相信我所说的话；因为我在断言的只是关于我自己精神状态的某种事情。①

而事实命题和价值命题的区分，最先是由英国哲学家休谟提出来的。休谟在其1739年出版的《人性论》一书中，在讨论推理问题时，阐释了这样一个观点：

> 可是突然之间，我却大吃一惊地发现，我所遇到的不再是命题中通常的"是"与"不是"等联系词，而是没有一个命题不是由一个"应该"或一个"不应该"联系起来的。这个变化虽是不知不觉的，却有着极其重大的关系。因为这个应该或者不应该既然表示一种新的关系或肯定，所以就必须加以论述或说明；同时对于这种似乎完全不可思议的事情，即这个新关系如何能由完全不同的另外一些关系推出来，也应当举出理由加以说明。不过作者们通常既然不是谨慎从事，所以我倒想向读者们建议要留神提防；而且我相信，这样一点点的注意就会推翻一切流俗的道德学体系，并使我们看到，恶和德的区别不是单单地建立在对象的关系上，也不是被理性所察知的。②

四、事物的模态和认识的模态

对于模态命题，还必须注意区分事物的模态和认识的模态。

一方面，人们使用模态命题是用以如实反映事物本身确实存在的可能性和必然性。例如，我们前面所举出的"社会必然不断进步""明天可能下雨"这两个模态命题，它们就分别反映了客观事物确实存在的必然性和可能性，是客观事物在其发展过程中必定

---

① 罗素：《宗教和科学》，徐奕春、林国庆译，商务印书馆1982年版，第126页。
② 休谟：《人性论》，关文运译，商务印书馆1983年版，第509—510页。

遵循的规律或者可能显现出来的趋向，可以说这是一种事物的模态，又叫客观的模态。

另一方面，由于我们对事物是否确实存在某种情况，一时还不确定，因而只好用可能命题来表示自己对事物情况反映的不确定的性质。例如，"罪犯可能会潜逃"，"张某可能是教师"，这些可以说是一种认识的模态，只表示人认识的确定程度，又叫主观的模态。

第二节　模　态　推　理

一、模态推理的含义

模态推理是根据模态命题的性质和关系进行的推理。它的前提中至少有一个模态命题，结论是模态命题。例如：

（1）所有在历史上产生的东西最终必然灭亡，封建主义制度是历史上产生的东西，所以，封建主义制度最终必然灭亡。

（2）是人必然就会有缺点，所以，人不可能没有缺点。

这两个推理都是模态推理，它们前提中有模态命题，结论必然是模态命题。

模态推理是一个极其复杂的问题，古往今来已经有许多模态逻辑系统，早在古希腊，亚里士多德就详细研究过模态三段论。其学生泰奥弗拉斯多也创造了一个不同的模态三段论系统。此后的麦加拉-斯多阿学派也对必然与可能这些模态概念进行过较深入的探讨。在公元9~12世纪，阿拉伯逻辑学研究者又将古希腊的模态逻辑思想吸收并加以发展。12~15世纪的欧洲经院哲学家又将命题模态和事物模态作出区分并加以发展。本书只介绍传统逻辑中的三种模态推理的基本形式：对当模态推理、"必然""实然""可能"三种命题间的推演和模态三段论。

二、对当模态推理

对当模态推理就是根据模态逻辑方阵中的模态命题之间的对当关系进行的推理。四种模态命题◇P、◇¬P、□P、□¬P之间的关系也有规律可循。其关系类似于直言命题的对当关系，也可以用逻辑方阵图（图6.2）表示：

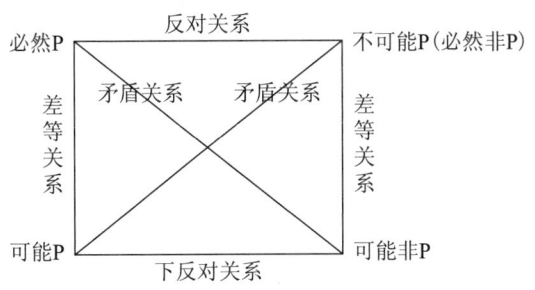

图 6.2　逻辑方阵

（一）反对关系

反对关系在模态命题中是□P和□¬P之间不同真、可同假的真假关系。可以由其中一个真推知另一个假，不可以由一个假推知另一个真。根据反对关系进行的推理有：

（1）必然P，所以，不必然非P。（□P→¬□¬P）。例如：

今天必然下雨，所以，今天不必然不下雨。

（2）必然非P，所以，不必然P（□¬P→¬□P）。例如：

好学生必然不会偷懒，所以，好学生不必然会偷懒。

（二）下反对关系

下反对关系在模态命题中是◇P和◇¬P之间不同假、可同真的真假关系。可以由其中一个假推知另一个真，不可以由一个真推知另一个假。根据下反对关系进行的推理有：

（1）不可能P，所以，可能非P（¬◇P→◇¬P）。例如：

明天不可能下雨，所以，明天可能不下雨。

（2）不可能非P，所以，可能P（¬◇¬P→◇P）。例如：

明天不可能不下雨，所以，明天可能下雨。

（三）矛盾关系

矛盾关系在模态命题中是□P和◇¬P、□¬P和◇P之间不同真、不同假的真假关系。可以由其中一个真推知另一个假，也可以由一个假推知另一个真。根据矛盾关系进行的推理有：

（1）必然P，所以，不可能非P（□P→¬◇¬P）。例如：

事物必然运动，所以，事物不可能不运动。

（2）不必然P，所以，可能非P（¬□P→◇¬P）。例如：

得癌症不必然死，所以，得癌症可能不死。

（3）必然非P，所以，不可能P（□¬P→¬◇P）例如：

谎言必然不能长期骗人，所以，谎言不可能长期骗人。

（4）不必然非P，所以，可能P（¬□¬P→◇P）例如：

张三的病不必然治不好，所以，张三的病可能会治好。

同理也可以由可能P，可能非P的真假，推出必然非P与必然P的假真。所以，矛盾关系的模态推理简化为以下四种：

$$□P \leftrightarrow ¬◇¬P$$
$$¬□P \leftrightarrow ◇¬P$$
$$□¬P \leftrightarrow ¬◇P$$
$$¬□¬P \leftrightarrow ◇P$$

（四）差等关系

差等关系在模态命题中是□P 和◇P 之间，□¬P 和◇¬P 之间可同假、可同真的真假关系。还是"自上而下的真，自下而上的假"。根据差等关系进行的推理有：

（1）必然 P，所以，可能 P（□P→◇P）。例如：

某人必然是党员，所以，某人可能是党员。

（2）必然非 P，所以，可能非 P（□¬P→◇¬P）。例如：

规律必然不依人的意志为转移，所以，规律可能不依人的意志为转移。

（3）不可能 P，所以，不必然 P（¬◇P→¬□P）。例如：

明天不可能下雨，所以，明天不必然下雨。

（4）不可能非 P，所以，不必然非 P（¬◇¬P→¬□¬P）。例如：

2 的平方不可能不等于 4，所以，2 的平方不必然不等于 4。

三、"必然""实然""可能"三种命题间的推演

实然命题是在日常语言中不带模态词的命题，前面讲的直言命题都是实然命题。为了与模态命题一致，我们用"P"表示实然肯定命题，"非 P"表示实然否定命题。例如：

> 老王必然是公务员。
> 老王是公务员。
> 老王可能是公务员。

从上例中可以看出由"必然"到"实然"，再到"可能"语气越来越弱，"必然"的断定语气较"实然"强得多，"实然"的断定语气较"可能"强得多。因此，可以由必然 P 真推出实然 P 真。由实然 P 真推断可能 P 真。反之则不能。P 和必然 P、可能 P，非 P、必然非 P、可能非 P 之间，有以下四种有效推理形式：

（1）必然 P 真，则 P 真（□P→P）。

（2）P 真，则可能 P 真（P→◇P）。

（3）必然非 P 真，则非 P 真（□¬P→¬P）。

（4）非 P 真，则可能非 P 真（¬P→◇¬P）。

四、模态三段论

模态三段论是在三段论的基础上引入模态词构成的推理，就是以模态命题为前提和结论的三段论。模态三段论主要有以下形式：

（一）必然模态三段论

必然模态三段论是在三段论中引入必然这一模态词所构成的三段论。以 AAA 式为例，它的形式为：

$$所有 M 必然是 P$$
$$所有 S 必然是 M$$
$$所以，所有 S 必然是 P$$

例如：

$$所有的法律必然有阶级性，$$
$$经济法必然是法律，$$
$$所以，经济法必然有阶级性。$$

（二）必然和可能模态三段论

由必然和可能两种模态命题组成的三段论，其结论是可能模态命题，而不是必然模态命题。它的形式为：

$$M 必然是 P$$
$$S 可能是 M$$
$$所以，S 可能是 P$$

例如：

$$灵长类动物必然有比较复杂的大脑，$$
$$这种动物可能是灵长类动物，$$
$$所以，这种动物可能有比较复杂的大脑。$$

（三）必然和实然混合的模态三段论

必然和实然混合的模态三段论，其结论是必然命题，例如：

$$所有 M 必然是 P$$
$$所有 S 是 M$$
$$所以，所有 S 必然是 P$$

这里小前提肯定了 S 包含于 M 中，而 M 又必然包含于 P 中，所以，S 也必然包含于 P 中。例如：

$$所有旧事物必然会被淘汰，$$
$$封建制度是旧事物，$$
$$所以，封建制度必然会被淘汰。$$

（四）可能和实然混合的模态三段论

可能和实然结合的模态三段论，其结论是可能命题。例如：

> 所有 M 可能是 P
> 所有 S 是 M
> ———————————
> 所以，所有 S 可能是 P

这里小前提肯定了 S 包含于 M 中，而 M 又可能包含于 P 中，所以 S 也可能包含于 P 中。例如：

> 凡与被害者有仇恨的人都可能是作案的凶手，
> 张某是与被害者有仇恨的人，
> ———————————
> 所以，张某可能是作案的凶手。

模态三段论除了要遵守三段论的一般规则，还要根据前提的模态确定结论的模态。概括起来，模态三段论应遵守以下规则方能保证是有效推理：

（1）必须遵守三段论的一切规则。

（2）如果两个前提都是必然命题，则结论可以是必然命题。

（3）如果前提中有一个可能命题，或两个前提都是可能命题，则结论只能是可能命题。

（4）如果一个前提是必然命题，一个前提是直言命题，一般情况下，结论只能是直言命题或可能命题；但当小前提是肯定命题而大前提是必然命题，或者小前提是必然否定命题时，结论可以是必然命题。

第三节　规　范　命　题

一、规范命题的含义

价值命题，如前所说，是带有"应该"和"不应该"的价值命题。它不仅仅是对于事物的对与错、好与坏的评价，更重要的是这种评价在特定的时空环境中还会产生某种认同，这种认同的命题形式就是规范命题。作为 norm 的对译词"规范"，据说来源于罗马一种丈量土地的工具的名称，后来演化为人的行动准则的意义。中文的规范，在词源学上有大体相同的意义，所谓"无规矩，无以成方圆"。

规范命题无处不在，例如，人的自由只有在遵守规范的条件下才是有意义的。例如，西方的规范命题大都和宗教教义相关，而中国的规范命题则多与儒家的伦理相关。规范具有非常强烈的环境依赖特征。社会科学中常讨论的规范如：

（1）强制认同的规范，如国家意志或者暴力胁迫下的认同。法律规范是最典型的例子。

（2）习俗性认同规范，如中国"五里不同俗，十里不同风"之说。

（3）表决性的认同模式，投票表决是现代民主社会实现认同的最常见的模式。

（4）威权式认同模式，如诉诸权威、长辈、专家获得的认可。

（5）契约式的认同模式。

1870年，英国的伦理学家边沁，设想了一个关于意志和命令句的逻辑，这种逻辑处理的也是规范，命令就是应该，一个规范就是一个命令。边沁在这个命令句的逻辑设想中提出了一个规范命题的推导公式：

如果某个东西是一个命令，也就是说它是应该的，那么它就不是禁止的。

规范命题是指含有"必须"（或"应该"）、"允许""禁止"这些规范模态词的命题。

规范命题是一种特殊的模态命题，即模态词是规范模态词的命题。规范命题描述的是行为规范，即要求人们在特定条件下必须如此、可以如此或者不准如此行为的规定或命令。因此，规范命题往往以祈使句的形式出现。以下都是规范命题：

（1）所有教师上课必须讲普通话。
（2）70岁以上老人允许免费乘坐公交。
（3）开车禁止不系安全带。

从上面的例子我们看到，规范命题描述的是规定或命令。命题（1）表示教师上课讲普通话是必须的。命题（2）表示70岁以上老人免费乘坐公交是允许的。命题（3）表示开车不系安全带是禁止的。规范命题无所谓真假。如"所有教师上课必须讲普通话"不同于"所有教师上课讲的都是普通话"，它是对教师行为的规定，与事实无关。

二、规范命题的种类

在现代规范逻辑中，作为逻辑常项的规范模态词有三个："必须""允许""禁止"。相应的规范命题也可以分为三种：

一是必须规范命题。这类命题表达是要求承受者一定要如此行为的规范。规范算子"必须"通常可以用这样一些语词来表达："必须""应当""有义务""有责任"等，我们用"O"表示规范模态算子"必须"，必须命题的逻辑形式是"Op"。

二是允许规范命题。这类命题表达是规范承受者可以，或者说被允许如此行为的规范。规范算子"允许"通常可以用这样一些语词来表达："允许""可以""有权"等等。我们用符号"P"表示规范算子"允许"，允许命题的逻辑形式是"Pp"。

三是禁止规范命题。这类命题表达是禁止，或者说不允许规范承受者如此行为的规范。规范算子"禁止"通常可以用这样一些语词来表达："禁止""不得""不准""不可"等。我们用符号"F"表示规范算子"禁止"，禁止命题的逻辑形式是"Fp"。

这三种规范命题又根据质的不同可分为"肯定的"或"否定的"，这样规范命题就可分为6种：

（1）必须肯定命题：必须p（Op）。

例：我们必须认真学习逻辑学。

（2）必须否定命题：必须非 p（O ¬p）。

例：一切公民的行为都必须不违反现行法律。

（3）允许肯定命题：允许 p（Pp）。

例：允许一部分人先富起来。

（4）允许否定命题：允许非 p（P ¬p）。

例：允许部分学生不选修这门课。

（5）禁止肯定命题：禁止 p（Fp）。

例：禁止随地大小便。

（6）禁止否定命题：禁止非 p（F ¬p）。

例：禁止开车不系安全带。

由于禁止 p（Fp）同必须非 p（O ¬p）、禁止非 p（F ¬p）同必须 p（Op）其陈述是相同的，因而，我们可以用"必须 p"来表示"禁止非 p"；"必须非 p"表示"禁止 p"。这样一来，上述 6 种命题实际上可归结为以下四种命题：

四种主要规范命题：

（1）必须 p（Op）。

（2）必须非 p（O ¬p）。

（3）允许 p（Pp）。

（4）允许非 p（P ¬p）。

规范命题在写作中会体现出行文者的态度和情感色彩。我们看下面这段话：

> 学校必须建立健全门卫制度，建立校外人员入校登记或者验证制度，未经同意的校外人员和机动车不能入内。经同意入校的车辆限速限道行驶，并在指定地点停放。不能将非教学用易燃易爆物品、有毒物品、动物、管制器具和其他可能危及学校安全的物品带入校园。

这段话中，如果将"不能"改为模态词"禁止"，政策的推行强度就体现出来了。

第四节　规 范 推 理

一、规范推理的含义

所谓规范推理，就是讨论在这些相同素材不同规范命题之间存在着哪些有效的逻辑推演关系，这里还是依靠规范逻辑方阵之间的对当关系进行的推理。

二、四种主要规范命题之间的关系

四种主要规范命题之间也具有类似直言命题之间的真假关系，也可用逻辑方阵表示：

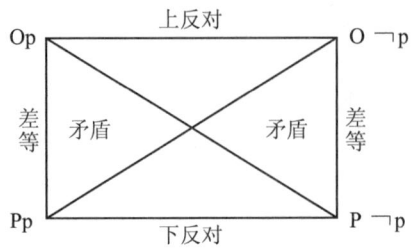

三、规范对当推理

根据四种规范命题的对当关系，它们的推理有如下四种（表6.2）：

表 6.2 四种规范命题的对当关系推理情况

反对关系	Op→¬O¬p
	O¬p→¬Op
下反对关系	¬Pp→P¬p
	¬P¬p→Pp
矛盾关系	Op←→¬P¬p
	O¬p←→¬Pp
	Pp←→¬O¬p
	P¬p←→¬Op
差等关系	Op→Pp
	O¬p→P¬p
	¬Pp→¬Op
	¬P¬p→¬O¬p

四、规范三段论

规范三段论就是在三段论中引入规范模态词的三段论。其大前提是规范命题，小前提是直言命题，结论是规范命题。

（1）必须规范三段论。

$$凡\ M\ 必须是\ P$$
$$凡\ S\ 是\ M$$
$$\overline{\qquad\qquad\qquad\qquad}$$
$$所以，凡\ S\ 必须是\ P$$

(2) 禁止规范三段论。

$$\frac{\text{凡 M 禁止 P}}{\text{凡 S 是 M}}$$
$$\text{所以，凡 S 禁止 P}$$

(3) 允许规范三段论。

$$\frac{\text{凡 M 允许 P}}{\text{凡 S 是 M}}$$
$$\text{所以，凡 S 允许 P}$$

练 习 题

1. 根据模态逻辑方阵，已知下列命题为真，推出同素材的其他命题的真假情况。

(1) 我市今年的发展目标一定能够实现。

(2) 历史的车轮必须不会倒转。

(3) 西安市的城市人口密度可能会增加。

(4) 小张可能不会开车。

2. 下列模态推理是否正确？为什么？

(1) 明天必然会下雪，所以，明天不可能不下雪。

(2) 明天可能不下雪，所以明天不一定下雪。

(3) 明天必然不下雪，所以，明天不可能下雪。

(4) 明天可能下雪，所以，明天不一定不下雪。

(5) 明天可能不下雪，所以明天必然不下雪。

(6) 明天可能会下雪，所以明天会下雪。

3. 请列出下列模态推理的形式，并说明它是否正确。

(1) 李明今年可能考上大学，所以，李明今年不必然考上大学。

(2) 今年的汽油价格不必然会涨，所以，今年的汽油价格必然不会涨。

(3) 患感冒的人不必然发烧，所以，患感冒的人可能发烧。

(4) 北方人冬天到南方来对气候可能不适应，所以，北方人冬天到南方来对气候不必然不适应。

4. 写出下列模态三段论的形式，并分析其是否有效。

(1) 凡与被害者有矛盾的人都可能是嫌疑人，张某是与被害者有矛盾的人，所以，必然张某是嫌疑人。

(2) 所有的猫必然不会飞，大雁都会飞，所以，大雁必然不是猫。

(3) 所有的动物必然不能永远活着，有的动物是人，所以，人必然不能永远活着。

第七章 非演绎推理

前面几章我们所研究的推理都是演绎推理。演绎推理的前提蕴含结论，从真前提必然能得出真结论，我们把研究演绎推理的逻辑叫作演绎逻辑。本章研究非演绎推理，其前提并不蕴含结论，从真前提只能或然地得出真结论。非演绎推理包括溯因推理、类比推理、归纳推理、求因果联系五法等。由于非演绎推理的结论具有或然性，因而归纳逻辑不用"有效"或"无效"作为评价非演绎推理的标准，而是研究推理的前提对结论的支持程度，并且研究如何提高结论的可靠性程度，这也就是或然性推理的逻辑性问题。

第一节 溯因推理

一、溯因推理的含义

19世纪，逻辑学家皮尔斯继承了亚里士多德关于"三段论"的思想，首次提出"假设推理"，认为"假设推理"有一个前提——要有一个异常现象或事实被观察到，需要提出假说来解释这些现象和事实，并提出了"假设推理"的模式。皮尔斯认为溯因推理的这种逻辑推理的意识很早就在人类的脑海中觉醒，特别是人们会自觉或不自觉地把它运用到科学的探索或者研究中。他对回溯逻辑展开了探索，被现代的逻辑学者们视为溯因推理这一概念的奠基人。皮尔斯之后的学者汉森在《发现的模式》中，再次提到了皮尔斯指出的溯源推理，认为这种思维形式是人类科学以至于知识成长的一般模式，并命名为"溯因逻辑"（retroduction）。西蒙结合了皮尔斯和汉森的溯因逻辑推理形式，并且用它推出了一种科学发现逻辑。他认为，溯因是与演绎和归纳推理不同的第三种重要形式。溯因关注的是为何提出最初的假设，而演绎和归纳并不是如此。溯因推理的标准形式为：

(1) P奇怪现象被观察到。
(2) 若H是真的，则正确地解释了P。
(3) 因此，有理由相信，H是正确的。

著名哲学家齐姆宾斯基在其著作《法律应用逻辑》中也强调："溯因推理的前提是由结论倒推出来的，对这个定义还必须作如下补充：推理的前提不是单独地由结论逻辑地推出来，而是由结论和通常被省略的其他前提结合起来逻辑地推导出来。"

溯因推理，又称回溯推理，有广义和狭义两种理解：广义的溯因推理是根据事物发展过程所造成的结果，推断形成结果的一系列原因的整个逻辑思维过程；而狭义的溯因推理则是指从结果出发，运用一般规律性知识，推测出该结果发生原因的推理。简而言之，溯因推理的思维方法就是一种"由果及因"的方法，即从事物的结果倒回到事物的原因。

我们可以借助溯因推理进行思维的锻炼和学习。阅读文学作品时，我们说作品是一种源于生活而又高于生活的艺术形式，我们可以通过阅读来更加直观地了解溯因推理在身边各种事物中的应用。关于溯因推理的应用，正如阿瑟·柯南道尔借笔下的人物福尔摩斯所说的："只有少数的人，如果你把结果告诉他们，他们就会通过内在的意识推断出所以产生这种结果的各个步骤是什么，这就是在我说到'溯因推理'或者'分析方法'时我所指的那种能力。"柯南道尔还举例说明："一个逻辑学家不需要看到或者听说过大西洋或尼亚加拉瀑布，他能从一滴水推测出它有可能存在。所以整个生活就是一条巨大的链条，只要见到其中的一环，整个链条的情况就可以推想出来了。"

二、溯因推理的逻辑结构

哲学家皮尔斯用三段论的形式，分"规则""情形""结果"三方面，对演绎、归纳和溯因三种推理进行了区分和比较。

演绎推理：
规则——这个袋子里所有的豆子都是白色的。
情形——这些豆子来自这个袋子。
结果——这些豆子是白色的。
归纳推理：
情形——这些豆子来自这个袋子。
结果——这些豆子是白色的。
规则——这个袋子里所有的豆子都是白色的。
溯因推理：
规则——这个袋子所有的豆子都是白色的。
结果——这些豆子是白色的。
情形——这些豆子来自这个袋子。

可见，演绎推理是根据规则从情形推出结论的过程，前提真，结论一定为真；归纳推理是从情形和结果产生规则的过程，前提真而结论未必真。

溯因推理则是在一个已知规则下，从一个观察信息推导出某种情形成立的过程，它的结论是根据观察结果和规则分析后得出的一种可能性假设情形，这种推理具有或然性。

溯因推理是揭示已知事实相关性范围的逻辑方法。只有在确定掌握这个现象产生的结果的各个因果联系，以及原因与结果之间是充分条件关系的情况下才能运用充分条件假言溯因推理作出推断。同一个结果可能由不同的原因造成，即一果多因。其逻辑结构是由一个充分条件假言判断为前提，而另一个前提则肯定充分条件假言判断的后件，从而结论或然地肯定充分条件假言判断的前件。其公式表达为：

$$\frac{\text{如果 } p, \text{那么 } q}{\text{所以，} p}$$

上式中，"q"表示已知的结果，"如果 p, 那么 q"表示一般规律性知识，"p"表示根据已知的结果和一般规律性知识推测出的导致结果发生的原因。

溯因推理作为一种独立的推理类型，区别于其他推理形式的特点在于思维的逆向性。以已知事实为推理的逻辑推理形式的主要特征，就在于它由一个或一组已知的事实为推理的逻辑起点，进而依据常识或相关背景知识等寻找导致该事实的原因、条件。一般溯因推理有两个前提。一是必须有已经产生的某种结果，即进行溯因推理的逻辑起点是要有客观现实存在的事实，而不是以真假不定或者虚假的事物作为前提。这是应用溯因推理的首要原则。二是必须有经过实践经验的总结得出来的知识作为理论基础。在进行因果分析的时候，没有正确的理论，只凭想象去建立事物间的联系，不可能推导出真实的结论。

不难看出，整个溯因推理的逻辑结构从演绎逻辑的角度来看是无效的，因为它是充分条件假言推理的肯定后件式，但我们不能说溯因推理不符合逻辑。因为我们在运用溯因推理时并没有按照演绎推理的规则来进行，所以溯因推理不受演绎推理规则的约束。溯因推理的根据在于客观现象之间的因果联系。在客观世界中，一个现象的发生必然存在一定的原因。正是由于这一点，人们才能根据已知的现象和已有的关于因果联系的知识而作出推测。然而由于客观世界的因果联系是复杂的，有一因一果，还有一因多果、一果多因等，所以，从结果出发，只能或然地回溯原因。归纳逻辑是在承认溯因推理结论是或然性的前提下，来研究如何提高推理结论的可靠性程度。

综上，溯因推理具有如下特征：

第一，溯因推理以已知事实作为推理的出发点。

由已知事实构成的命题，是整个溯因推理的逻辑起点。在实际推理中，必须以事实为依据，才能使整个溯因推理具有可信度。作为逻辑起点的 q 命题，即已知事实，是整个回溯推理赖以进行的逻辑基础，借此确保 q 命题的存在就是充分的。再由这个充分的 q 命题去寻找与 q 相关联的缘由，即 p 命题。回溯推理的目的就是要寻找 p 命题。为了推断出产生 q 命题的缘由，我们就需要断定有一个与 q 命题相关的命题 p，即在逻辑上断定有一个 p 命题是 q 命题的充分条件。

第二，溯因推理的结论具有或然性。

溯因推理中，肯定存在某种东西使已知事实产生联系，这是必然的，但是通常人们只断定某个或某些联系，它不一定与客观相符，就这点而言，它又是或然的。

第三，溯因推理的方向具有逆向性。

溯因推理是由已知事实作为逻辑起点，借助相关知识，去逆向推导使已知事实得以产生的某些联系，即从待解释的事实出发，通过分析各种相关知识和条件，往回探索。

第四，溯因推理规则的非逻辑性。

与充分条件假言推理相比较，溯因推理的逻辑形式不像演绎推理那样具有严格的逻辑规则，这种推理很大程度上依赖于推理者的相关知识。

三、溯因推理的作用

溯因推理虽然是或然性推理，但无论是在日常生活中还是在科学研究中，这种思维方法的应用极其广泛：

第一，运用溯因推理有助于推测事件发生的原因。

例如，由于地球和天体不仅存在的时间久远，而且体积硕大，因此人们不可能对它进行直接测试，大多是利用溯因推理的方法对它们进行研究。根据对陨石的测定，用溯因推理的方法推知银河系的年龄大概为140亿到170多亿年。又根据对地球上最古老岩石的测定，推知地球大概有46亿年的历史，而且是在漫长的演化过程中，经历过"天文时期"和"地质时期"两个阶段，才形成了原始的地球。

第二，溯因推理在刑事侦查工作或者推理小说写作中具有特别重要的作用。我们看一个李昌钰分析的案例：

> 12月一平常午夜，一对年轻恋人伊恩和阿达萨驾车来到绿礁，却发生了一件不幸的事——阿达萨被枪杀。警方在对现场勘察后认定，被害人被射中的两枪都是在车内形成的。警方的推理形式如下：
>
> 女孩在车内中枪死亡；
> 根据枪弹轨迹分析，要么车外持枪射击的人有3米高，要么子弹由车内的人射出，
> 那么女孩在车内中枪死亡；
> ———————————————————————————————————
> 所以，要么车外持枪射击的人有3米高，要么子弹由车内的人射出。
>
> 这是一种更复杂的溯因推理，在推理的过程中还使用了不相容选言推理的否定肯定式。
>
> 常识告诉我们，人类身高无法达到3米，所以射击应在车内发生。而嫌疑人伊恩则供述当时是一持枪蒙面人向他们勒索钱财，并发生打斗而开的枪。伊恩的律师要求聘请权威的专家李昌钰先生重新勘验此案。然而，李昌钰在调查后得出了和警方相同的结论。就在李昌钰例行向警局道别时，他发现现场勘察所拍摄的

汽车停泊的地形照片,那是一条通往山上的公路,汽车是在一斜坡上!李昌钰重新模拟了斜坡上的现场,证实车外的人完全有可能开枪击中车内的女孩,从而为伊恩洗清了冤白。

李昌钰的推理形式如下:

女孩在一停泊于斜坡上的车内中枪死亡;

根据枪弹轨迹分析,要么正常高度的人在车外持枪射击,要么子弹由车内的人射出,那么女孩在车内中枪死亡;

所以,要么正常高度的人在车外持枪射击,要么子弹由车内的人射出。

从这个案例中,我们可以看到有时仅依据一个或几个作为溯因推理的逻辑起点的事实并不能准确构建出命题。所以,在推理中,论据越充分,掌握的事实越多,结论才会越可靠、真实。因为溯因推理的结论必然与否是由能否穷尽可能原因和能否正确地排除非现实原因决定的,这就要求我们必须穷尽所有的可能原因,必须以严谨的科学证据排除非现实原因。

第二节 类 比 推 理

一、类比推理的含义

类比推理

类比推理也称类推、类比,我国古代《汉书》曾用过"类推"这个词,即"夫明暗之征,上乱飞鸟,下动渊鱼,各以类推"。这里的"类推"就是"由一事物而推度其他相类事物",是以关于两个事物某些属性相同的判断为前提,推出两个事物的其他属性相同的结论的推理。

本章研究的类比推理,也叫"比较类推法",就是依据两个(或两类)对象之间存在着某些类似或相似的属性,并且已知其中一个(或一类)对象还有某种属性,从而推出另一个(或一类)对象具有某一相应属性的推理。

与其他思维方法相比,类比推理的方向是由个别到个别,属于平行式思维的方法。与其他推理相比,类比推理属于平行式的推理。亚里士多德在《前分析篇》中指出:"类推所表示的不是部分对整体的关系,也不是整体对部分的关系。"

鲁班是春秋时鲁国的巧匠。传说他有一次承造一座大宫殿,需用很多木材,他叫徒弟上山去砍伐大树。当时还没有锯子,用斧子砍,一天砍不了多少棵树,木料供应不上,他很着急,就亲自上山看看。山非常陡,他在爬山的时候,一只手拉着丝茅草，一下子就把手指头拉破了，流出血来。鲁班非常惊奇，一根小草为什么会这样厉害？在回家的路上，他就摘下一棵丝茅草，带回家去研究。他发现丝茅草的两边有许多小细齿，这些小细齿非常锋利，用手指去扯，就划破了一个口子。这一下把鲁班提醒了。他想，如果像丝茅草那样，打成有齿的铁片，不就可以锯树了吗？于是，他就和铁匠一起试制了一条带齿的铁片，拿去锯树，果然成功了。有了锯子，木料供应问题就解决了。

这就是我国第一把锯子诞生的经过。在这把锯子诞生的过程中，类比推理的作用是显而易见的。

18世纪60年代初，英国人詹姆斯·哈格里沃斯和妻子一个织布，一个纺纱。一天，哈格里沃斯看妻子纺纱，不小心将纺车碰倒了。纺车上的纺锤从水平变成垂直，立了起来。有趣的是，纺锤仍然骨碌碌地转动着。哈格里沃斯望着直立转动的纺锤出神，他想：原来纺锤立着也能转动！如果在一个框子中并排立上这么几个纺锤，用一个纺轮带动它们同时转动，不就可以同时纺出几根纱来了吗？这个新发现使他十分兴奋。他马上动手做了一个立式纺锤的纺车，在一个框子上并排安置了8个纺锤，用手轮一摇，同时就纺出8根线来，工效提高了8倍。哈格里沃斯用他女儿的名字给这个纺车命名为"珍妮纺纱机"。

"珍妮纺纱机"成了"摇撼旧世界基础"的杠杆，孕育着一场新的工业革命。哈格里沃斯是从碰倒的纺车那里得到启发，由此及彼地类比而发明"珍妮纺纱机"的。

通过这两个案例可见，类比推理是根据两个对象在一系列属性上相同，而且已知其中的一个对象还具有其他属性，由此推出另一对象也具有同样其他属性的结论。

公式表示如下：

$$\frac{A \text{ 有属性 } a_1, a_2 \cdots\cdots a_n, b}{B \text{ 有属性 } a_1, a_2 \cdots\cdots a_n}$$

所以，B 也有属性 b

类比推理有以下两个特征：

第一，类比推理的推理方向是由特殊到特殊。类比推理不同于演绎推理和归纳推理，演绎推理通常是由一般到特殊的推理，归纳推理则是由特殊到一般的推理。类比推理通常是在两个（或两类）对象之间进行的，在推理方向上表现为从特殊到特殊的过渡。

第二，类比推理的结论具有或然性。因为类比推理是把某个（或某类）对象所具有的属性推广到与之相似的另一个（或一类）对象上去，以对象之间已知的相同和相似之点为根据，结论的范围超出了前提的范围，所以，类比推理的前提并不蕴含结论，从前提的真实不能必然推出结论的真实。它的结论不是可靠的，是带有或然性的。

二、类比推理的类型

类比推理的使用范围非常广泛,它既可在同类事物中进行,又可以在毫不相干的两类事物中进行。而且由于类比者自己的主观目的,类比者可把类比对象的任何属性作为类比属性。因此,类比推理的具体形式主要有如下两种:

根据类比中的断定不同,类比可分为正类比、负类比和正负类比等类型。

(1) 正类比推理。

正类比又叫肯定式类比,它是根据两个或两类对象有一系列属性相同或相似,并且又已知其中一个对象还具有其他属性,由此推得另一个对象也具有这个属性的推理。正类比推理的逻辑模式如下:

$$A \text{ 具有 } a, b, c \text{ 和 } d$$
$$B \text{ 也具有 } a, b, c$$
$$\overline{\text{所以,} B \text{ 也具有 } d}$$

这一推理形式反映在写作中,如毛泽东在《论联合政府》一文中,将批评与自我批评和打扫房间、洗脸进行类比来阐释其重要意义:

> 有无认真的自我批评,也是我们和其他政党互相区别的显著的标志之一。我们曾经说过,房子是应该经常打扫的,不打扫就会积满了灰尘;脸是应该经常洗的,不洗也就会灰尘满面。我们同志的思想,我们党的工作,也会沾染灰尘的,也应该打扫和洗涤。"流水不腐,户枢不蠹",是说它们在不停的运动中抵抗了微生物或其他生物的侵蚀。对于我们,经常地检讨工作,在检讨中推广民主作风,不惧怕批评和自我批评,实行"知无不言,言无不尽","言者无罪,闻者足戒","有则改之,无则加勉"这些中国人民的有益的格言,正是抵抗各种政治灰尘和政治微生物侵蚀我们同志的思想和我们党的肌体的唯一有效的方法。

再如邓小平在1979年《高级干部要带头发扬党的优良传统》讲话中,论证"干部选拔应该年轻化"这一论点时,也用到了类比推理的方法。

> 选拔接班人要越快越好,现在我们工作中真正的骨干大都是四十岁左右的人,三十岁左右的骨干还很少,我们应该把这层骨干大胆地提拔起来。在座的同志过去负重要责任的时候年龄都不大,当团长、当师长的,有的当军长的,也只是二十几岁,难道现在的年轻人比那个时候的年轻人蠢?不是。是因为被我们这些人盖住了,是论资排辈的习惯势力使得这些年轻人起不来。好多同志在他们没有到领导岗位以前好像不行,其实把他们一提起来,帮助他们一下,很快就行了嘛。

(2) 负类比推理。

负类比又叫否定式类比，是根据两类或两个对象在一系列属性上的不相同或不相似，而且已知其中一类或一个对象还不具有其他的属性，从而推出另一类或一个对象也不具有其他属性的方法。负类比推理的逻辑模式如下：

负类比推理的逻辑模式如下：

$$A 不具有 a，b，c 和 d$$
$$B 也不具有 a，b，c$$
$$\overline{\qquad\qquad\qquad\qquad\qquad}$$
$$所以，B 也不具有 d。$$

(3) 正负类比推理。

正负类比推理又叫肯定否定式类比，它是根据两个或两类对象在一系列属性上相同或相异，由此推得在另一些属性上也相同或相异。正负类比推理的逻辑模式如下：

$$A 具有 a，b，c，另有 d；不具有 e，f，g 和 h$$
$$B 具有 a，b，c；不具有 e，f，g$$
$$\overline{\qquad\qquad\qquad\qquad\qquad\qquad\qquad\qquad}$$
$$所以，B 也具有 d，不具有 h。$$

根据思维方向，类比可分为单向类比、双向类比和多向类比等类型。

(1) 单向类比。

单向类比是拿某个对象和另一个对象进行单方向类比。我们平常所说"铁不炼不成钢，人不运动不健康""良药苦口利于病，忠言逆耳利于行""路遥知马力，日久见人心"用的就是这种类比。

(2) 双向类比。

双向类比是既拿甲对象和乙对象进行类比，又拿乙对象和甲对象进行类比。例如，西汉董仲舒说，天有阴阳，人有卑尊；天有五行，人有五常；人有四肢，天有四方；人有喜怒哀乐，天有春夏秋冬；故人是一个小的天，天是一个大的人。

(3) 多向类比。

双向类比是在二者之间进行的，而多向类比是在三者以上对象之间进行的。例如，"羊有跪乳之恩，鸦有反哺之义，所以人应有孝敬父母之德"，"合抱之木，生于毫末；九层之台，起于垒土；千里之行，始于足下"等用的都是这种类比。

三、类比可靠性的提高方法

类比推理作为一种或然性推理，有明显的局限性。这就是其结论超出了推理前提所断定的范围；同时，类比法的根据是两个对象之间的相似性，而被人们忽略的差异性往往决定了类比的结果是不成立的。如果不注意类比法的局限性，就可能会犯"机械类比"或"庸俗类比"的逻辑错误。为了避免在运用类比法时犯逻辑错误，只有尽可能地提高结论的可靠性，才能更大限度地发挥类比的作用：

第一,《墨经》说:"异类不比,说在量。""木与夜孰长?智与粟孰多?爵、亲、行、贾四者孰贵?"因为衡量标准不一,不同类的东西不能在同一角度上相比。尽可能多地确认类比对象的相同或相似属性,相同属性越多,结论的可靠性就越大。因为类比对象之间相同属性或相似属性越多,它们的类别就越接近。这样,类比的属性就有较大的可能为两个类比对象所共有。例如:

乌兹别克生产长绒棉,新疆塔里木河流域和乌兹别克的日长、霜期和温度等都相似,科研工作者受到启发,将长绒棉移植到塔里木河流域,果然成功。

第二,力求从两个或两类事物本质属性进行类比。前提中确认的相同本质属性的东西越多,结论的可靠性就越大。因为对象的本质属性制约着其他属性,前提中确认的相同或相似的属性愈是本质的,这些属性与推出属性之间的联系就愈密切相关。

四、类比推理的作用

除了日常生活、科研,类比推理在其他方面运用得也非常广泛。

第一,类比推理是构造科学假说的重要途径。许多科学发现和科学理论的建立,都是先由假说开始的。科学假说是以已有的事实材料和科学原理为依据,对未知的事物作出规律性的推测性的论断。在科学研究中,人们为了缩短时间,总是要根据已确证的知识提出假说,来说明未知的现象。

1844年德国天文学家培塞尔研究天狼星在天空位置的变化时,发现天狼星的位移具有周期性的偏差度,忽左忽右地摆动。为什么会这样呢?这在当时是个未解之谜。培塞尔根据有关天狼星的观测资料和万有引力定律,对天狼星位置的摆动作出假定的解释,认为天狼星有一个我们未知的光度较弱而质量很大的伴星,它们两者围绕着共同的引力中心运行。这个伴星的引力使天狼星的位置忽左忽右,具有周期性的摆动现象。这就是培塞尔关于天狼星位置摆动所提出的假设。1862年,新的高倍望远镜生产出来了,天文学家看见天狼星旁边果然有个伴星。以后根据星光的光谱分析,又进一步证实了培塞尔关于天狼星摆动现象的假设。

培塞尔的假说就是把万有引力定律和天狼星的摆动两类对象作类比而提出的。

社会科学领域的研究者在对社会演变进行观察分析时,也会借用类比的方法进行推论。其中隐含的逻辑是:将历史上类似今天的人或事选出并罗列在一起,就应该能对现在的人或事的发展及其结局有所了解。借用英国哲学家L.S.斯泰宾的话来说,这就是类比逻辑。在《史记·吴太伯世家》中,伍子胥谏吴王不许越国投降时说:

> 昔有过氏杀斟灌以伐斟寻，灭夏后帝相。帝相之妃后缗方娠，逃于有仍而生少康。少康为有仍牧正。有过又欲杀少康，少康奔有虞。有虞思夏德，于是妻之以二女而邑之于纶，有田一成，有众一旅。后遂收夏众，抚其官职。使人诱之，遂灭有过氏，复禹之绩，祀夏配天，不失旧物。今吴不如有过之强，而勾践大于少康。今不因此灭之，又将宽之，不亦难乎！且勾践为人能辛苦，今不灭，后必悔之。①

伍子胥说当年有过氏放过少康，少康后来振作灭了有过氏，今吴国不如有过氏，勾践强于少康，如果不一鼓作气灭了勾践，后果不堪设想，当然历史果然证明了他的预见。

第二，类比推理是一种激发人们产生创造性思维的重要方法。类比法可以启发人们的思路，触发信息的直接转移，产生灵感。仿生技术就是类比方法在现代的一种推广形式。

一个经典的例子是人工牛黄的培育：牛胆有结石，并以结石为核，牛继续分泌液汁形成贵重药材牛黄；河蚌体内进入异物，并以异物为核继续分泌汁液形成珍珠。有人在河蚌体内植入某种异物培育出人工珍珠，根据牛黄与珍珠形成过程的相似，也可以在牛胆内植入异物，经过反复试验、研究，成功培育出了人工牛黄。

第三，类比推理是人们论证思想、说服教育的强有力工具。由于类比推理的结论是或然的，因此它的论证作用不是从已知推出未知，而主要是通过强调类似对象的相似特征和不同特征，来精确地阐明已知的事实，或借助某一具体的、典型的、形象的感性事物，起到启发思路、举一反三、触类旁通的作用，同时使抽象的道理变得深入浅出，通俗易懂。著名地质学家李四光在对我国的地质结构进行长期、深入的调查研究后发现，我国的东北松辽平原的地质结构与中亚细亚的地质结构极其相似。他推断，既然中亚细亚蕴藏大量石油，那么，我国的松辽平原也很可能蕴藏着大量的石油。后来，大庆油田的开发证明了他的推断是正确的。李四光在思考的过程中所运用的推理就是类比推理。

再如《战国策》中《邹忌讽齐王纳谏》的故事：

> 于是入朝见威王，曰："臣诚知不如徐公美。臣之妻私臣，臣之妾畏臣，臣之客欲有求于臣，皆以美于徐公。今齐地方千里，百二十城，宫妇左右莫不私王，朝廷之臣莫不畏王，四境之内莫不有求于王：由此观之，王之蔽甚矣。"

邹忌进谏时用自己的生活环境与齐王的生活环境进行类比，将自己的"妻妾"与齐王的"宫妇左右"，将自己的"臣之客"与齐王的"朝廷之臣"两两类比，推出结论："王之蔽甚矣。"

柳宗元在《捕蛇者说》一文中，也是由孔子"苛政猛于虎"的思想，运用类比推

---

① 司马迁：《史记》，中华书局1959年版，第1469页。

理，在文中推导出"赋敛之毒有甚是蛇"的结论。

五、比喻和类比的关系

比喻是一种常用的修辞手法，用跟甲事物有相似之点的乙事物来描写或说明甲事物，是修辞学的辞格之一，也叫"譬喻""打比方"，中国古代称为"比"或者"譬"（辟）。类比是一种推理的方法，将两个本质上不同的事物就其某一共同特质进行对比和推理，得出结论。在思维过程中两者有着千丝万缕的联系。

如亚里士多德在其《诗学》中提出："隐喻是用一个陌生的名词替换，或者以属代种，或者以种代属，或者以种代种，或者通过类推，即比较。"亚里士多德认为"隐喻"作为一种具体的思考和表达方式是通过"类推"实现的。写作过程中，二者融合在一起使用也是可以的。如鲁迅先生在《故乡》一文结尾写道："希望是本无所谓有，无所谓无的。这正如地上的路；其实地上本没有路，走的人多了，也便成了路。"

写作构思中的类比思维，就是由此及彼，把具有某种相似点的不同领域、不同事物勾连起来，便于理解，提出观点。具体做法是：

第一，找准类比的连接点。一个概念出现在面前，如果引起写作者的注意，就会唤醒其用敏锐的感觉及既有的图式去同化它。这是从人自身出发所进行的直觉类推，感觉所运用的同化方式就是连接点，经过一系列由此及彼的联想，形成某种程度的抽象，写作者从自然中寻找表达思想感情的客观对应物。

第二，通过比较找出事物间的同一性。德国著名接受美学家沃尔夫冈·伊瑟尔说过："想象是人类活动的伟大源泉，人类进步的主要源头。"通过想象，凭借类比突破实际语境的栅栏，突破时空的限制，构建整体的对象意识。

第三节 归纳推理

一、归纳推理的含义

归纳推理是由已知的个别性命题为前提，推出一般性命题的结论的推理。传统逻辑根据前提所考察对象范围的不同，把归纳推理分为完全归纳推理和不完全归纳推理。完全归纳推理考察了某类事物的全部对象，属于必然性推理的范围，不完全归纳推理则仅仅考察了某类事物的部分对象，属于或然性推理的范围。并进一步根据前提是否揭示对象与其属性间的因果联系，把不完全归纳推理分为简单枚举归纳推理和科学归纳推理。现代归纳逻辑则主要研究概率推理和统计推理。本书主要介绍传统逻辑的分类方法。

例如:

狗是胎生的,
马是胎生的,
羊是胎生的,
虎是胎生的,
……
狗、马是、羊、虎……都是哺乳动物,

所以,哺乳动物都是胎生的。

这就是一个归纳推理。当人们将无数种哺乳动物考察完后,发现都是胎生的,就理所当然得出了"哺乳动物都是胎生的"的结论,但后来人们发现鸭嘴兽虽是哺乳动物,却不是胎生的。这一发现就推翻了上述结论。从这一例子可以看出,归纳推理的结论是或然的。

归纳推理不仅是推理的方法,也是我们后文探讨的论证方法的一种。例如:

> 盖文王拘而演《周易》;仲尼厄而作《春秋》;屈原放逐,乃赋《离骚》;左丘失明,厥有《国语》;孙子膑脚,《兵法》修列;不韦迁蜀,世传《吕览》;韩非囚秦,《说难》《孤愤》;《诗》三百篇,大底圣贤发愤之所为作也。此人皆意有所郁结,不得通其道,故述往事、思来者。乃如左丘无目,孙子断足,终不可用,退而论书策,以舒其愤思,垂空文以自见。

司马迁《报任安书》中的这段经典论述就是从诸多现象中归纳出一般原理,其优点在于用很多真实的例子去吸引注意力,事实胜于雄辩。

二、归纳推理和演绎推理的关系

既然归纳推理的结论不可靠,那为什么人们还研究这种推理呢?因为人们通过归纳,可以使已有的知识得到扩大和推广,可以发现新的知识,而且演绎推理是离不开归纳推理的,在演绎推理中,表达一般知识的大前提是靠归纳得来的。当然,归纳推理也离不开演绎推理,归纳推理的结论有待于用演绎推理加以论证,或者要用演绎推理推出可供实践检验的命题,由实践来证明其为真或为假。总之,在认识现实的思维进程中,归纳推理和演绎推理都有着不可或缺的作用,二者互相联系、互相补充,正如恩格斯所言:"归纳和演绎,正如分析和综合一样,是必然相互联系着的,不应当牺牲一个而把另一个捧到天上去,应当把每一个都用到该用的地方,而要做到这一点,就只有注意它们的相互联系,它们的相互补充。"归纳与演绎,既有区别,又有联系。

它们的区别在于:第一,思维的方向不同。演绎是一般到个别,归纳则是由个别到一般。演绎推理的大前提通常是一般原理,因此,同经验没有直接的关系。归纳推理的前提常常涉及个别的事物,因而,它们直接与经验相关。第二,结论断定的范围不同。演绎推理的结论没有超出前提的范围。归纳推理的结论一般都超出前提的范围(完全归纳除外)。第三,前提与结论之间的联系不同。演绎推理的结论和前提的联系是必然的,归纳推理的结论和前提的联系不一定都是必然的,有的结论是确实可靠的,有的结论只具有一定程度的可靠性。演绎推理的前提蕴含结论,一般来说归纳推理的前提不蕴含结论。

它们的联系在于:第一,演绎推理离不开归纳推理,其大前提要靠归纳推理来提供。第二,归纳推理也离不开演绎推理。因为进行归纳推理并不是盲目的,要有科学知识作指导。提高归纳推理结论的可靠程度,也要应用科学知识来分析所研究的现象。不论以一般性的知识作指导,或者对归纳推理的前提进行科学分析,都要应用演绎推理。

在实际思维过程中,并不只有单纯的归纳或者单纯的演绎,而是归纳之中有演绎,演绎之中有归纳,两者相互依赖相互补充,只不过有时以归纳为主,有时以演绎为主罢了。

例如,在生活中,我们判断自己对海鲜过敏都是通过归纳的手段。但是在医院测试过敏原却使用的是一种演绎推理。

严复在自己的著作中,讲过一个故事来破除人们对逻辑的神秘感。

> 有个小孩子,看到燃烧的蜡烛,其火焰突突晃动,好似跳舞,忍不住用稚嫩的小手去碰,结果当然是被烫得马上把手缩了回来;又见到燃烧的一堆柴火,不接受教训,又好奇地用脚去踩,结果又是被烫得缩了回来。当他向妈妈哭诉这一切的时候,妈妈告诉他,记住,那是火,火会伤人,使你疼痛。如此往复,不出三次,小孩子记住了这个结论,以后再见到这种"烘烘而热,炎炎而光"的东西,再也不敢触碰。这个孩子足够聪明,也够坏。他想,火能伤人,他举起一根燃烧的木柴(这是火),往别的孩子胳臂上杵去,这个孩子哇的一叫,果然被烫疼了。严复总结说,这个孩子被燃烧的蜡烛、柴火烫疼了,概括出"火能伤人"这个结论,用的是归纳法。他用燃烧的木柴去烫别的小孩,用的是演绎法。

三、收集和整理经验材料的逻辑方法

归纳作为一种由个别知识前提推出一般知识结论的推理不等于认识由个别到一般的整个研究活动。显然,人们先要搜集到一定的事实材料,有了个别的知识作为前提,然后才能进行归纳推理。所以收集事实材料是归纳推理的第一步。而收集事实材料必须依靠经验的认识方法,即观察、实验、分析、综合和抽象概括等。

(一)观察

观察就是人们有目的、有计划地通过感觉器官去认识事物现象的一种经验方法。

观察不同于一般的感知,它有其自身的特点。其一,观察是一种有目的、有计划的活动;其二,观察有选择性。

  一位师傅带了两个徒弟。有一天,师傅想考考这两个徒弟,他把两个徒弟叫到面前说:"给你俩每人一麻袋花生去剥皮,看看每一粒花生仁是不是都有粉衣包着,看谁能先回答我的问题。"大徒弟一听,就快步流星地抱着麻袋往家跑,连饭也顾不上吃,从早晨一直剥到傍晚,才把一麻袋花生剥完。他发现所有花生都有粉衣包着。二徒弟不慌不忙地端着麻袋走回家去。他先对着花生观察了一会儿,伸手拣了几个饱满的,拣了几个干瘪的;拣了几个熟了的,又拣了几个没熟的;拣了几个三个仁的,还拣了几个一个仁、两个仁的,总共不过一把花生。他把这几种不同类型的花生剥开了皮后,发现也都有粉身包着。大徒弟剥完后,连歇也没歇就急忙去向师傅报告。到那里一看,师弟早已在那里了。这里大徒弟使用的是完全归纳推理,二徒弟使用的是不完全归纳推理。结论是一样的,但是效果有很大差别。差别就在于二徒弟在收集经验材料的过程中,观察更具有选择性。

人们通过观察可以收集各种事实材料,但是,由于观察者的知识水平、社会背景、个人取向不同,往往同一件事物,让不同的人来观察就会得出不同的结论。而且,单纯依靠感官所能观察到的范围毕竟是有限的。随着观察范围的不断扩展,人们在观察中愈来愈多地利用起仪器,如望远镜、显微镜等。通过这些科学仪器,人们就可以做到精确测量和精确记录。

(二) 实验

实验是人们根据科学研究目的,应用一定的科学仪器,使对象在自己的控制之下,按照自己的设计发生变化,并通过观察和思索这种变化来认识对象的方法。

尽管观察的方法日益精确化,然而对自然现象的观察仍有很大局限性。因为自然现象所表现出来的规律常常要受到很多偶然因素的干扰。所以,人们就要创造条件去排除干扰,"纯化"被研究的现象,这就要求人们用实验的方法。

实验有三个特征:一是简化和纯化自然现象,二是强化和再现自然现象,三是延缓和加速自然过程。由于实验有以上特征,所以实验比观察有更大的意义。实验可以按以下标准分类:一是按目的和在科学中的作用可分为探索性实验和验证性实验。探索性实验是指对未知领域进行的实验;验证性实验是指对已有理论、假说通过实验来进行检验。二是按实验手段是否直接作用于被研究对象可分为直接实验和间接实验。直接实验就是直接作用于被研究对象的实验,间接实验是通过模拟被研究对象的功能所进行的实验。

但是,通过观察、实验而得到的经验材料,往往是零散的,还需要进行整理和加工,使之形成正确真实的经验性命题,这便要运用理性思维的方法,即分析、综合等。

（三）分析和综合

分析是在思维过程中把客观对象分成各个部分、方面、特性等进行认识的方法。综合是在思维过程中将原有的关于客观对象的各个部分、方面、特性的认识结合起来，形成关于客观对象的统一整体的认识方法。例如，白色的光经过三棱镜，分解成红橙黄绿青蓝紫七色光，就是光谱的分析。反过来，七色光又合成白色光，这就是光谱的综合，由此可以解释彩虹的成因。分析和综合是两个相反的认识过程，但它们是相互联系、不可分割的。分析是综合的基础，而综合是分析的目的。为了综合，必须进行分析。没有分析就没有综合；分析也依赖综合，没有一定的综合知识，就不能对事物进行深入的分析。分析和综合是理性认识当中两种重要的认识方法。

（四）抽象与概括

抽象是人们在研究活动中，应用思维能力，排除对象次要的、非本质的因素，抽出其主要的、本质的因素，从而得以认识对象本质的方法。

概括是在思维中把对象本质的、规律性的认识，推广到所有同类的其他事物上去的方法。

《黄帝内经》中记载了这样一个故事：

> 有一个患头痛的樵夫上山砍柴，一次不小心碰破脚趾，出了一点血，但头部不疼了。当时没有引起他的注意，后来头疼复发，又偶然碰破原处，头疼又好了。这次引起了他的注意，以后头疼时，他就有意刺破该处，都有效应。这个樵夫碰的地方，就是"经络学"上所称的"大敦穴"。

这个故事里的樵夫就是根据自己以往的个别经验作出了一个有关碰破脚趾能治好头痛的一般性结论了。

在这里，樵夫所运用的推理形式就是一个不完全的归纳推理。具体过程是这样的：第一次碰破脚趾某处，头痛好了；第二次碰破脚趾某处，头痛好了；与此同时，没有出现相反的情况，所以，凡碰破脚趾某处，头痛都会好。这样一个从全面筛选，到舍去无用的材料、拣出有用的信息的过程，就是一个抽象和概括的过程。

四、完全归纳推理

完合归纳推理是根据某类的每一个对象具有（或不具有）某种属性，推出一个关于某类的一般性知识的结论。从前提和结论之间的联系程度看，完全归纳推理的特点是在前提中考察了一类事物的全部对象，结论没有超出前提所断定的知识范围。因此，其前提和结论之间的联系是必然的。

完全归纳推理既是一种发现的方法，同时又是一种论证的方法。作为发现的方法，可以用下面的事例来说明。

德国著名数学家卡尔·弗里德里希·高斯在很小的时候就表现出非凡的数学天赋。他十岁那一年还是一个小学生，有一次上数学课，几十个顽皮的孩子不认真学习，老师就给他们出了一道能消磨时间的算术题，他要孩子们计算一下：
$1+2+3+4+\cdots\cdots+97+98+99+100=?$

老师想，要加的数目这么多，可得费些劲呀！而且稍不小心，答案就会弄错。但是，小高斯想了一会儿，就报出答案：等于5050。高斯是怎样算出来的？他告诉大家，他发现1到100这一百个数，有一个特点，那就是依次把头尾两个数加起来都等于101，即：

$$1+100=101$$
$$2+99=101,$$
$$3+98=101,$$
$$\cdots\cdots$$
$$50+51=101$$

在1到100中有50对101，因此，这一百个数的总和就是
$$101\times50=5050$$

高斯的解题方法就是对完全归纳推理的运用。

完全归纳推理的逻辑形式是：

S_1 是（或不是）P，
S_2 是（或不是）P，
S_3 是（或不是）P，
$\cdots\cdots$
S_n 是（或不是）P，
S_1，S_2，S_3……S_n 是 S 类的全部对象，
_____

所以，所有的 S 都是（或都不是）P。

例如：

直角三角形内角和是 $180°$，
锐角三角形内角和是 $180°$，
钝角三角形内角和是 $180°$，
直角三角形、锐角三角形、钝角三角形是三角形的全部类型，
_____

所以，三角形的内角和是 $180°$。

这个例子从直角三角形、锐角三角形和钝角三角形内角和都是180度这些个别性知识，并且"直角三角形、锐角三角形、钝角三角形是三角形的全部类型"，推出了

"三角形内角和都是180°"这样的一般性结论,就属于完全归纳推理。

完全归纳推理在前提中考察的是某类的全部对象,结论的知识范围没有超出前提的知识范围,因此,前提与结论的联系是必然的。应用完全归纳推理要获得正确的结论,必须遵循以下两点:

第一,前提中的每一个经验命题必须是真实可靠的。如果前提中有不真实的命题,那么就不能得出真实的一般性结论。

第二,完全归纳推理必须毫无遗漏地考察到一类事物中的全部对象,否则得出的结论就不是必然的了。

完全归纳推理最大的局限性是考察的对象有限时可以使用,考察的对象众多甚至无限时就难以使用。上例中对三角形内角和的断定就可以使用完全归纳法,但是如果考察中国家庭经济状况等就很难使用完全归纳法。

此外,完全归纳推理既是一种发现的方法,同时又是一种论证的方法。我们看下面几个例子:

1. 很久以来,人们见不到西汉前期的书法遗迹,但根据东汉碑刻书迹概论汉朝书法,不免与历史原貌错位,康有为推断"西汉未有隶体"(《广艺舟双楫·分变第五》)。现在,伴随秦朝及西汉早期书法实物出土量的增加,马王堆汉墓出土的隶书等都证实西汉早期书吏所写的书法样式必是"秦书八体"之类。

2. 由"今天中国的年轻人,多半处在物质生活沉重的压迫之下",进而分别论述说明:对于经济状况较好的青年,总有更昂贵、更奢侈的东西可去追逐,对虚荣与物欲的追求是没有止境的;对于经济情况一般的青年来说,买房买车、父母养老、子女教育均是压力重重;而对于经济状况较差的青年来说,打工维持生活、赚钱贴补家用则成了生活的全部主题。

经济状况好的青年,追逐满足更高级的物欲;

经济状况一般的青年,努力过得更好;

经济状况较差的青年,努力维持生活;

以上三者是当今青年的全部类型,

所以,当今青年物质生活压力繁重。

五、不完全归纳推理

完全归纳推理只有在研究对象确定而且数目有限时才可以采用,因而它的适用范围就受到了限制。当人们所要认识的事物包含的对象数量极大,或者数量无限时,就很难或根本无法使用完全归纳推理,这就需要运用不完全归纳推理。

不完全归纳推理是根据某类事物的部分对象具有(或不具有)某种属性,从而得出一般性的结论。如"瑞雪兆丰年""自古长安东风不下雨"以及人们对于地震前兆

的许多认识等,都是由不完全归纳得出的结论。再如:

硫酸(H_2SO_4)中含有氧元素,

硝酸(HNO_3)中含有氧元素,

碳酸(HCO_3)中含有氧元素,

……

硫酸、硝酸、碳酸等都是酸,

所以,一切酸中都含有氧元素。

这是法国化学家拉瓦锡所进行的不完全归纳推理。

$$6=3+3$$
$$8=3+5$$
$$10=3+7=5+5$$
$$12=5+7$$
$$14=3+11=7+7$$

……

6、8、10、12、14是大于4的偶数,

所以,所有大于4的偶数都可以写成两个素数之和。

这是用不完全归纳推理提出的著名的哥德巴赫猜想。

不完全归纳推理的逻辑形式是:

S_1是(或不是)P

S_2是(或不是)P

S_3是(或不是)P

……

S_n是(或不是)P

S_1,S_2,S_3……S_n是S类的部分对象

所以,所有的S都是(或不是)P

不完全归纳推理的前提真并不能保证结论必然真。因为人们所观察到的事物是有限的,而且单凭观察所得的结论是不能证明事物的必然性的。例如,"乌鸦都是黑色的""天鹅都是白色的""血都是红色的""鸟都会飞""哺乳动物都是胎生的""鱼都是用鳃呼吸的"等,在一段时间里,人们都认为这些结论是正确的。后来陆续出现了反例:在日本发现白鸦;在澳大利亚发现黑天鹅;虾和蟹的血是蓝青色的,海边岩缝里的小环虫的血是绿色的;鸵鸟不会飞;鸭嘴兽是哺乳动物,却是卵生的;在南美洲还有用肺呼吸的鱼……事实上,人们用不完全归纳推理得到的许多结论,后来都因为遇到相反的事例,被证明是错误的。

数学家华罗庚对不完全归纳推理的或然性作过通俗而形象的说明:"从一个袋子

第七章 非演绎推理

里摸出来的第一个是红玻璃球,第二个是红玻璃球,甚至第三个、第四个、第五个都是红玻璃球的时候,我们立刻会出现一种猜想:'是不是这个袋子里的东西全部都是红玻璃球?'但是,当我们有一次摸出一个白玻璃球的时候,这个猜想失败了。这时我们会出现另一种猜想:'是不是袋子里的东西都是玻璃球?'但是,当我们有一次摸出来的是一个木球的时候,这个猜想又失败了。那时,我们又会出现第三个猜想:'是不是袋子里的东西都是球?'这个猜想对不对,还必须加以检验,要把袋子里的东西全部摸出来,才能见分晓。"

要提高不完全归纳推理结论的可靠性,应当主意的问题是:

第一,被考察的事物对象要尽可能多,范围要尽可能大。考察的对象越多,考察的范围涉及各种各样的环境条件,漏掉相反情况的可能性就越小,结论的可靠程度也就越高。反之,如果考察的对象很少,范围不大,漏掉相反情况的可能性就越大,结论的可靠性就越低,就难免会犯"轻率概括"或"以偏概全"的逻辑错误。

有这么一个故事:

> 有个土财主,几代人都不识字。有一天,土财主决心让儿子念书,于是请了一位老先生教他儿子识字。这位老先生写下一画,对这个小孩说,这是"一"字;写下两画,对这个小孩说,这是"二"字;写下三画,对这个小孩说,这是"三"字。这个小孩学会这三个字以后,得意地对他父亲说:"我全会了,可以把先生辞掉了。"土财主很高兴,认为儿子进步很快,就把先生辞退了。过了几天,土财主要请一个姓万的人吃饭,叫儿子写请帖。儿子从早上写到中午还没写完,土财主去催儿子,儿子却抱怨说:"天下的姓多得很,为什么你这位朋友偏要姓万?害得我从早上写到现在才完成五百画。"

土财主的儿子在进行归纳推理时犯了错误。他从"一"字一画、"二"字二画、"三"字三画这些个别现象中归纳出了这样一个结论:"凡表示多少数目的字就有多少画。"这在逻辑上就叫犯了"轻率概括"的错误。

还有这么一则故事:

> 有一次,苏东坡去看望王安石,恰好王安石出去了。苏东坡在王安石的桌子上看到了一首咏菊诗。诗中开头写道:"西风昨夜过园林,吹落黄花满地金。"苏东坡认为"西风"就是秋风,"黄花"就是菊花,菊花最能耐寒、耐久,怎么会被秋风吹落呢?于是抬笔续了两句:"秋花不比春花落,说与诗人仔细吟。"王安石回来以后,看了这两句续诗,心里很不高兴。他为了用事实教训苏东坡,就把苏东坡贬为黄州团练副使。苏东坡在黄州住了将近一年。到了九月重阳,苏东坡发现菊花纷纷落瓣,满地铺金。这时他想起给王安石续诗的往事,才知道原来是自己错了。

这里，苏东坡犯的是"以偏概全"的错误。他平时看到的菊花都是只会枯萎，不会落瓣的，因而他就得出了"天下的菊花都是不会被秋风吹落的"这样一个一般性结论。

第二，注意考察有无反面事例。进行不完全归纳推理时，只要出现一个反例，就不能得出结论。如果在一些可能出现相反情况的场合，注意了反例并且真的没有发现反例，那么就说明结论的可靠性程度较高。

第三，对被考察的对象与某属性存在因果联系确定越多，则结论的可靠性程度就高。例如，当我们观察到铜受热之后体积膨胀，铝受热之后体积膨胀，通过分析，认识到这些金属受热之后体积膨胀的原因在于：它们受热之后，分子之间的凝聚力减弱，相应地分子间的距离就会增大，从而导致体积膨胀。在上述观察及分析之后得出结论：所有金属受热后体积都会膨胀。这样的结论就比仅靠观察更多的金属受热情况而得出的结论可靠性高得多。在这种情况下，前提的数量不具重要作用。恩格斯说得好：十万部蒸汽机并不比一部蒸汽机能更多地证明热能转化为机械运动。

不完全归纳推理突破了完全归纳推理的局限性，虽然它的结论具有或然性，但它在人们的科学研究和实际工作中，仍然起着重要作用。

推理小说的精髓在于推理。推理小说中归纳推理被普遍运用。香港小说家倪匡的《卫斯理系列之眼睛》一书中，描写一种像眼睛的活体煤精对人类的危害时就运用了不完全归纳推理：

> 蔡根福是中国人，他的脸和思维被像眼睛的活体煤精所占据，成为其"移居体"；奥干古达是非洲人，他的胸口和思维被像眼睛的活体煤精所占据，成为其"移居体"；花丝是非洲人，她的脸和思维被像眼睛的活体煤精所占据，成为其"移居体"；蔡根福、奥干古达、花丝分别属于不同人种和性别，他们身体的任意部分都可以被一种像眼睛的活体煤精所占据，这种生物不仅能控制他们的身体，还能操控他们的思维。所以，人类可以成为这种似眼睛的新型生物的"移居体"，从而被其操控。

在推理小说中，使用不完全归纳时，非常有趣的一点是，不完全归纳一方面使得作品妙趣横生、通俗易懂而且有"代入感"；另一方面，恰恰由于不完全归纳推理的或然性特征，一旦出现与研究现象相反的情况，结论就有可能被推翻了。这就给了作者再论证、再推翻的空间，从而使得作品不断地峰回路转、引人入胜。

归纳推理的方法在写作中经常用来论证观点，我们看这样几段话可以归纳出什么结论：

（1）章士钊早年在英国留学，被一位英国教授力邀去学习逻辑，章士钊学成回国后，在20世纪40年代著有《逻辑指要》一书。章士钊认为王充的《论衡》"开东方逻辑之宗，尤未宜忽"。

（2）北京师范大学历史系教授白寿彝先生说："王充的《论衡》充满了形式逻辑。"

(3)《中国逻辑史》主编李匡武先生在一次编书讨论会上说:"王充是中国的培根,他的《论衡》讲归纳。"

第四节 求因果联系的逻辑方法

原因和结果是揭示客观世界中普遍联系着的事物具有先后相继、彼此制约的一对范畴。所谓"物有本末,事有始终",辩证的因果规律决定了客观世界中任何现象和事物之间都有必然的因果性。它是对自然界和社会领域中普遍存在的一种必然联系的哲学概括和反映。原因是指引起一定现象的现象,结果是指由于原因的作用而引起的现象。

休谟说:"一切关于事实的推理,看来都是建立在因果关系上面的。只要依照这种关系来推理,我们便能超出我们的记忆和感觉的证据以外。"凭借因果推理,人们追溯过去、预测未来。因果推理包含两个方向。一是从结果到原因:由观察到的一些现象,追溯导致它发生的原因,从而对现象进行解释。二是从原因到结果:从现有的事物状态,预测可能出现的结果。

因果联系是一种普遍的、客观的联系,是世界万物之间普遍联系的一个方面。科学研究的一个重要任务就是要把握事物之间的因果联系,以便掌握事物发生、发展的规律。而任何一种现象的出现都必然存在其产生的原因,同时又存在其产生的结果。无因之果或无果之因都是根本不存在的。

在原始社会时期,人类对因果关系的认定,往往带有偏差。例如,给孩子吃了有毒的红色果子,孩子死了。这两个现象之间是可以有因果关系的。但是吃了敌人的心脏,战士变得强大。这两个现象之间的因果关系却是没有根据的。后一种现象之间的主观因果,就被视为"物神崇拜"。

因果联系具有以下几个特点,这些特点是探求因果联系逻辑方法的客观标准。

首先,原因和结果是前后相继的,原因先于结果,结果后于原因。这是因果联系在时间上的特征表现,也是最直观、最具体的特征表现。所以我们在寻找某一现象的原因时,一定要在先于它的现象中去寻找;寻找某一现象的结果时,一定要在后于它的现象中去寻找。因果联系虽然在时间上先后相继,但并非时间上先后相继的现象都有因果联系。例如,白昼和黑夜,在时间上虽是先后相继的,但它们之间并不具有因果联系,它们都是地球自转和绕太阳旋转所引起的结果。因此,在探求因果联系时,如果只是根据两个现象在时间上是先后相继的,就作出它们之间具有因果联系的结论,就会犯"以先后为因果"的逻辑错误。再如,19世纪有一位英国改革家说,每一个勤劳的农夫都至少拥有两头牛。那些没牛的,通常是好吃懒做的人。因此,他的改革方式便是国家给每一个没牛的农夫两头牛,这样整个国家就没有好吃懒做的人了。这位改革家也是明显犯了一个"以先后为因果"逻辑错误。

其次,因果联系是确定的。因果联系的确定性从质的方面来说,就是在同样的条件下,同样的原因会产生同样的结果。例如,在通常的大气压下,水的温度降到零度以下就会结冰。而且把纯水加热取一百摄氏度,它就必然会产生气化的结果。

最后,因果联系是复杂多样的。有一因一果、多因一果、合因一果、一因多果和多因多果等情形。例如,日光、二氧化碳和水是植物叶子能进行光合作用的原因,而这三者则是植物的叶子能进行光合作用的不可缺少的条件,这种原因叫做复合原因。忽视原因的多样性,在实践上会导致有害的后果。例如,一块地里的农作物生长不好的原因,可以是水分不足,可以是肥料太少,也可以是病虫害等。如果我们忽略了原因的多样性,只注意一种原因,比如,只注意施肥料,那就可能导致减产的后果。因此,探求因果联系是个复杂的认识过程。

我们来看一段母子间直接的对话:

母:就是因为你学习不用功,所以这次考试成绩这么差。
子:我很用功了,我这学期晚上 11 点前都没有休息过。
母:胡说,你要是真的用功,你自然会考好的。

母子之间的矛盾在于对学习用功和成绩好之间关系的认定存在差异。在母亲看来,两者之间应该是充分条件,如果用功,就一定会有好成绩。但是在实际学习中,两者是一组必要条件,好的成绩不单单依靠用功,还有赖于有恰当的学习方法等复合原因。

因果联系是人们认识客观事物的一个重要方面,而因果联系的认识是一个很复杂的过程,那么究竟如何把握这种联系呢?近代英国逻辑学家穆勒提出了五种探求因果联系的方法,这五种方法都是一些比较简单的,但又具有一般性的方法。它们是求同法、求异法、求同求异并用法、共变法、剩余法。逻辑史上称之为"穆勒五法"。

一、求同法

求同法又称契合法。它的内容是如果在被研究的那类现象出现的几个场合中,其他有关情况都不相同,只有一个情况是相同的,那就得出结论:这个唯一相同的情况与被研究的那类现象之间有因果联系。

《中华护理学辞典》定义求同法时,使用了这样的方法:"指异中求同,求同除异,即在错综复杂的不同情况下,排除不相干的因素,找出共同的因素,确定与被考察现象的因果联系。例如,通过考察被研究的肺病人,在各个工种的环境里发现有一种情况相同,那就是吸烟。这样吸烟与肺癌之间就有可能有因果联系。"

类似的例子还有,在 19 世纪,人们还不知道为什么某些人的甲状腺会肿大,后来人们对甲状腺肿大盛行的地区进行调查和比较时发现,这些地区的人口、气候、风俗等状况各不相同,然而有一个共同情况,即土壤和水流中缺碘,居民的食物和饮水也缺碘,由此得出结论:缺碘是引起甲状腺肿大的原因。

再如,1960年,英国某农场十万只火鸡和小鸭吃了发霉的花生,在几个月内得癌症死了。后来,用这种花生喂羊、猫、鸽子等动物,又发生了同样的结果。1963年,有人又用发了霉的花生喂大白鼠、鱼和雪貂,也都纷纷得癌症而死,上述各种动物患癌症的前提条件中,对象、时间、环境都不同,唯一共同的因素就是吃了发霉的花生。于是,人们推断:吃了发霉的花生可能是这些动物得癌症死亡的原因。后来通过化验证明,发霉的花生内含黄曲霉素,黄曲霉素是致癌物质。这个推断就是通过求同法得出的。

还有人做过一个十分有趣的统计:过去几百年间流传至今的466幅圣母玛利亚的画像中,有373幅画里的耶稣是在左边吮吸圣母的乳汁的,这一数字是全部被统计的画的80%左右。艺术是生活的概括,如果稍微注意的话,就会发现,大多数母亲喂奶时,也是把婴儿抱在自己的左边。据心理学家统计,80%的母亲都是把婴儿抱在左边的。为什么会这样?为此,心理学家做了这样的实验:让一些婴儿间断地听每分钟72次心跳录音。结果发现,这些婴儿在不听录音时啼哭时间是60%,而在听录音时,就比较安静,啼哭的时间降至38%。在这个实验中,心理学家运用的就是求同法,通过实验证明听到母亲的心跳声对婴儿有某种抚慰的作用。

求同法可用下列图式表示:

场合	有关情况	被研究现象
(1)	A,B,C	a
(2)	A,D,E	a
(3)	A,G,F	a
……	……	……

所以,A 与 a 之间有因果联系

求同法的特点是"异中求同",即在各种不同的情况中寻求唯一相同的情况。由于事物的相关因素往往是复杂的,很可能表面相同而实非相同,或表面相异而实非相异。而且,求同法没有考察所有场合,也没有考察各个场合中所有的情况,所以,求同法得出的结论是或然的。

要提高求同法结论的可靠性,就要注意以下两点:

第一,各场合是否还有其他的共同情况。人们在应用求同法时,往往忽略了不同情况中隐藏着另一个共同情况,而这个比较隐蔽的共同情况又恰好是被研究现象的真正原因。例如,某甲晚上看了半个小时的书,喝了几杯浓茶,结果失眠了;第二天,他同样看了半个小时的书,抽了几根烟,又失眠了;第三天,他仍然看了半小时的书,喝了几罐咖啡,又失眠了。他根据求同法,似乎可以得出这样一个结论:晚上看半个小时的书容易引起失眠。这个结论显然是不对的。事实上,兴奋性的东西如浓茶、烟、咖啡才是真正的原因。

第二，要尽量增加可比较的场合。进行比较的场合越多，结论的可靠程度就越高，如果比较的机会少了，往往可能有一个不相干的现象恰好是它们共有的，人们便会产生误解。随着观察场合的增多，各场合共有一个不相关现象的可能性便会随之减少。例如，把自己的生死福祸归于无所不在、无所不能、无所不为的神灵，把疾病归罪于符咒的作用，把灾祸归罪于报应，把死亡归罪于敌对者的魔力，把生看作灵魂的复归等，这些迷信的说法正是利用少数场合的偶然巧合，把一个不相干的现象与被研究现象联系起来了。

有人认为，新加坡的成功与儒家文化关系极大，也有不少文章对此加以论证，比如《新青年·权衡》曾刊文，标题为"新加坡：以儒家文化为内核的威权主义国家"，也有论者认为李光耀与儒家文化渊源颇深，如《海峡通讯》曾载《李光耀与儒家思想》一文，认为李光耀以儒学核心价值观为治国理念，在天然资源十分缺乏的情况下，推进新加坡经济腾飞，创造了现代化建设的奇迹，使新加坡在20世纪80年代一跃成为"亚洲四小龙"之一。但是越南、朝鲜也是我们所说的儒家文化圈，经济落后，这就反驳了原命题。

二、求异法

求异法，又称差异法。它的内容是：比较被研究现象出现和不出现的两种场合，若其他情况完全相同，只有一个情况不同，而唯一不同的这个情况在被研究现象出现的场合中是存在的，在被研究现象不出现的场合中是不存在的，那么可以得出结论：这两个场合中唯一不同的情况与被研究现象之间有因果联系。

例如，心理学家关于条件反射的实验就是把一群生活条件相同、饲养方法相同的同种的狗分成两组，对其中一种狗做手术，切除它们的大脑皮质，另一组则不施行这种手术。心理学家发现，做了手术的那一组狗失去了条件反射，另一组未做手术的狗有条件反射。于是得出了这样的结论：狗的大脑皮质的功能是狗有条件反射的原因。

再如，一百多年前，一艘远洋帆船载着五个中国人和几个外国人由中国开往欧洲。途中，除五个中国人外，其他人全病得奄奄一息。经诊断，他们都患有坏血病。同乘一只船，同样是人，一样是风餐露宿，受苦挨饿，漂洋过海，为什么中国人和外国人却判若两类呢？原来这五个中国人都有喝茶的嗜好，而外国人却没有。于是得出结论：喝茶是这五位中国人不得坏血病的原因。这个结论也是用求异法得出的。

求异法可用图式表示如下：

场合	有关情况	被研究现象
(1)	A, B, C	a
(2)	—, B, C	—

所以，A 与 a 之间有因果联系

求异法的特点是"同中求异",它要求被研究现象出现的场合与不出现的场合中,只有一种情况不同,其余的情况完全相同。这一般只有在人工控制的条件下才能做到,因此,求异法的应用一般是以实验为基础的。从而求异法的结论要比求同法可靠得多。但是,求异法也不能保证它考察了所有的情况,结论仍然是或然的。

应用求异法时应注意以下两点:

第一,两个场合是否还有其他差异情况。求异法要求在被研究现象出现的场合和被研究现象不出现的场合中只有一个差异情况存在,其他情况必须完全相同。如果其他情况中还存在着另一个差异情况,那么很可能它就是被研究现象的真正原因。例如,在对生物的研究中,医务人员注意到,同样的医疗措施可能会得出不同的医疗效果,这往往与治疗的时间有关。糖尿病患者在早晨4时对胰岛素最敏感;人得传染病最可能死亡的时间与细菌最敏感的时间是一致的,在早晨5时左右。由此,他们认识到,在进行医学研究时,对试验组和对照组除了采取某种医疗措施、使用或不使用某种药物外,还必须注意时间的相同,而不要由时间的不同而使其他情况并不相同,从而导致错误的结论。所以,在使用求异法时应注意到有可能在表面上其他情况不同,实际上还隐藏着另一个差异情况的情形,严格遵守"其他情况完全相同"的要求。我们看下面两个例子:

> 2005年5月18日北京《竞报》有这样一个题目:"15%的爸爸在替别人养孩子",因为根据北京华大方瑞司法物证鉴定中心的统计数据统计,做亲子鉴定的近600人中,有15%排除了亲子关系。

> 在美国与西班牙作战期间,美国海军曾经广发海报,招募兵源。当时最有名的一个海军广告是这样说的:美国海军的死亡率比纽约市民还要低。海军的官员具体就这个广告解释说:"根据统计,现在纽约市民的死亡率是每千人有16人,而尽管是战时,美国海军士兵的死亡率也不过每千人只有9人。"可是,在纽约市民中包括生存能力较差的婴儿和老人。

第二,两个场合唯一不同的情况,是被研究现象的整个原因,还是被研究现象的部分原因。如果被研究现象的原因是复合的,而且各部门原因的单独作用是不同的,那么,总原因的一部分情况消失时,被研究现象也就不会出现。例如,农作物高产的原因是复合的,如天气条件、适当的管理、良种等。其中,良好的天气条件仅仅是农作物高产的部分原因,并不是总原因。如果把天气条件看成唯一的原因,那就会得出错误的结论。因此,只有找出被研究现象的原因,才能真正把握这些现象与被研究现象之间的因果联系。

> 一种流行的说法是,多吃巧克力会引起皮肤特别是脸上长粉刺。确实,许多长粉刺的人都证实,他们皮肤上的粉刺都是在吃了大量巧克力以后出现的。但

是，这种说法很可能是把结果当成了原因。最近一项科学研究指出，荷尔蒙的改变加上精神压力会引发粉刺。有证据表明，喜欢吃巧克力的人，遇到压力的时候会吃更多的巧克力。也就是说，吃巧克力不太可能引发粉刺，吃巧克力和粉刺都是精神压力大导致的结果。

求同法和求异法的题目解题思路如下：
第一步：确定题干中的原因和结果。
第二步：确定题干的求因果方法。
第三步：根据问题是支持还是反对考察题目有无它异（同）。
我们再看一个使用求异法的经典案例：

> 在19世纪及其之前，人们并不知道要随时洗手这件事情，因为关于微生物科学的研究微乎其微。19世纪40年代，在奥地利维也纳总医院担任助理医师的森梅威斯观察发现，维也纳总医院产妇死于产褥热的比例是10%，而在维也纳第二医院，这一比例要低得多。更让他无法理解的是，总医院接生的是正规科班出身的医学院学生，而第二医院则是土得不能再土的产婆。
>
> 森梅威斯仔细对比了两家医院的工作流程发现，医学院的学生往往是解剖完尸体就直接去接生的！于是他要求这些学生用次氯酸钙溶液洗手——这并非是森梅威斯由于发现洗手可以除菌，而是他认为这样可以除去"尸毒"和异味。
>
> 就是这一项简单的工作，奥地利总医院产褥热的死亡比例持续下降，从1847年4月的18.3%，降到了6月的2.2%，七月的1.2%，八月的1.9%，并在后面有两个月降到了0。
>
> 效果显而易见，但当时欧洲医学界的主流并不认可森梅威斯的理论，这些来自社会上层的医生认为，"手术前洗手"表示承认自己的手不洁，这是对他们绅士身份的侮辱。由于被医学界驳斥为异类，甚至不被自己的妻子理解，不断为自己的理论奔走呼号的森梅威斯医生，最终被关进了疯人院，然后被看守活活打死。
>
> 在此之后的一百年里，新的致病学理论启动，越来越多的研究发现致病的细菌原因和机制，也承认了森梅威斯的观点，于是1965年被联合国宣布为森梅威斯年。

在写作过程中，写作者采访一所高校，该校本科教学质量优秀、科研能力强、服务社会水平高。采访校办，对方一定会讲出许多条成功的措施和经验，如"教学改革""激励机制"、"重视人才"等。如果照记、照写，这篇文章的价值有多大呢？这些措施不是所有高校都在搞吗？其中一定有其他的原因，而这个"异"可能是这所高校真正的个性特点。怎样才能找到这个"异"？写作者就应有意识地把这所高校与其他同类高校进行比较，而且比较的面越宽越好，得出的结论、观点才会更吸引人。

三、求同求异并用法

求同求异并用法，又称契合差异并用法。它的内容是如果在被研究现象出现的几个场合中，都有某一情况出现，而在被研究现象不出现的几个场合中，都没有这个情况出现，那就得出结论：这个情况与被研究的那类现象之间有因果联系。

例如，我国唐代著名医学家孙思邈对脚气病进行了研究。他发现富人患这种病的较多，穷人患这种病的很少。他通过进一步的观察、比较后发现富人的性格、脾气、身体状况、生活习惯等情况各有差别，但有一个共同点是吃去净米糠、麸皮的细面白面；穷人的情况也各不相同，但也有一个共同点，即吃的多是含有米糠、麸皮的糙米、粗粮。于是他得出结论：富人得脚气病是由于食物中缺少米糠、麦麸。于是，他试着用米糠、麸皮来治脚气病，结果果真灵验。从孙思邈的推理过程来看，他实际上用了求同求异并用法。

再如，很久以来，人们发现有些鸟能远航万里而不迷失方向。人们对其原因曾作过不少的猜测，但都没有得到证实。近年来，科学工作者发现每当天晴能见到太阳时，这些鸟都能确定其飞行的正确方向；反之，每当天阴见不到太阳时，它们就会迷失方向。由此，科学工作者得出结论说，有些鸟能远航万里而不迷失方向的原因是利用太阳来定向。

求同求异并用法可用以下图式表示：

场合	有关情况	被研究现象
正面 (1)	A，B，C	a
正面 (2)	A，D，E	a
正面 (3)	A，F，C	a
……	……	……
反面 (1)	—，B，G	—
反面 (2)	—，D，N	—
反面 (3)	—，F，G	—
……	……	……

所以，A与a之间有因果联系

求同求异并用法的特点是："两次求同，一次求异"。应用这种方法实际上经过三个步骤：第一步，比较被研究现象a出现的正面场合，运用求同法得知，凡有A情况就有现象a出现；第二步，比较被研究现象a不出现的反面场合，运用求同法得知，凡无A情况就无现象a出现；第三步，比较正反两组场合，根据有A就有a，无A就无a，运用求异法即可得知A与a有因果联系。由于求同求异并用法在考察有关情况时，可能忽视本是相关的情形，故而其结论也是或然的。

为了提高求同求异并用法结论的可靠程度，运用求同求异并用法时应注意以下问题：

第一，尽量在每组场合中考察更多的场合。因为考察的场合越多，就越能排除凑巧的偶然情形，就不大容易把一个不相干的因素与被研究现象联系起来。

第二，选择被研究现象不出现的反面场合时，应尽量与被研究现象出现的正面场合的其他情况相似。因为被研究现象不出现的场合是很多的，它们对于探求被研究现象的因果联系并不都是有意义的。反面场合组的情况与正面场合组的情况相似，结论的可靠程度就越高。

我们再看一个使用求同求异并用法的经典案例：
这是美国通用汽车公司售后服务部与消费者的真实故事。

一天，美国通用汽车公司售后服务部主管收到了一封投诉信。信中这样写道："这是我第二次给你们写信，但是我并不责怪你们上次没有答复我，因为连我自己都觉得我的投诉有些荒诞不经。我再次将投诉内容复述如下：我们家有一个传统，每天晚饭之后都要吃一点冰淇淋，当大家表决了吃什么品种的冰淇淋后，就由我驾车去买。不久前，我购置了一辆贵公司生产的庞蒂克汽车，使用没几天就出现一个问题：只要我买的是香草冰淇淋，我从商店往回返时这辆车就发动不起来，但是如果买的是其他品种的冰淇淋，汽车发动就很正常。对于这个现象，我始终搞不明白，所以尽管听起来有些荒唐，但我还是决定写下这封投诉信。

汽车发动正常与否与司机买什么品种的冰淇淋有何相干？主管对这样的投诉也觉得难以置信，不过他还是派了一名技术员去了解情况。技术员见到投诉者，发现他是一个受过良好教育，有着较高社会地位的人。为证实投诉的内容，技术员当晚与投诉者一道在晚餐结束后驱车去商店买冰淇淋。投诉者买的是香草冰淇淋。果然，回到车上，车子没有发动起来。

但是，技术员没有走，第二天晚上他和投诉者一道再次驱车去买冰淇淋。这回买的是巧克力冰淇淋。汽车发动正常。第三天晚上，买的是草莓冰淇淋，汽车发动正常。第四天晚上，买的是香草冰淇淋，汽车再次发动不起来。

技术员是一个不迷信的理性人。他多次走访投诉者的家，记录下汽车使用的次数、时间、汽油型号等，经过反复研究，最后终于发现了一个线索：投诉者买香草冰淇淋花的时间比买其他冰淇淋花的时间要少得多。为什么呢？因为香草冰淇淋是商店里最好销的冰淇淋，店主将它们单独放在柜台边最容易取的冰柜里，而其他品种的冰淇淋则全部放在远离柜台的另一个冰柜里，品种较多，取时花的时间就要多一些。

接着，摆在技术员眼前的另一个问题是：为什么时间短汽车就发动不了呢？

当问题从"作怪的香草冰淇淋"变成了"时间长短"后，技术员很快就找到了答案。这叫作"气阻现象"，是高温导致管路内气泡积聚，使燃油或刹车油无法通过而形成阻断的现象。但是，当投诉者买其他品种的冰淇淋时，因为花的时间长，引擎冷却，气阻现象消失，所以又能正常发动了。

一件看似荒诞的事情，经过认真分析，其实就是一个简单的现象。但是，如果因其荒诞而置之不理，简单的现象就会变得扑朔迷离，永远没有真相大白的那一天。

四、共变法

共变法的内容是如果在被研究现象发生变化的几个场合中，其他有关情况都不变化，唯有一个情况相应地变化，那就得出结论：这个相应变化的情况与被研究现象之间有因果联系。

例如，在其他情况不变的条件下，气温上升了，温度计里的水银柱也就上升了；温度下降了，温度计里的水银柱也就下降了。我们由此可以得出结论说：温度的升降是温度计里的水银柱升降的原因。

另外，还是通过实验证明听到母亲的心跳声对婴儿有某种抚慰的作用，这里心理学家使用的是共变法：任选四组婴儿，每组人数相同，把他们放在声音环境不同的房间里。第一个房间保持寂静；第二个房间放催眠曲；第三个房间放模拟的心跳声；第四个房间放真实的心跳声的录音。用这样的方法，试验一下哪一个房间的婴儿最先入睡。结果是第四个房间的婴儿，只用了其他房间中婴儿入睡所需时间的一半，就进入梦乡。然后依次是第三个房间、第二个房间、第一个房间里的婴儿先后入睡。这个实验不但证明心跳声是一种有很强镇静作用的外界刺激，而且表明模拟的心跳声的效果不如真的心跳声的效果。

共变法可用图式表示如下：

场合	有关情况	被研究现象
（1）	A_1，B，C	a_1
（2）	A_2，B，C	a_2
（3）	A_3，B，C	a_3

所以，A 与 a 有因果联系

共变法是以因果联系的量的确定性作为客观根据的，在特定的条件下，原因的一定量的作用只能引起完全确定的结果。当原因的作用扩大或缩小时，表现于结果的效应也必然扩大或缩小，原因和结果在量上是共变的。

共变法的特点是"同中求变"，即在其他有关情况都保持不变的条件下，寻求唯一与被研究现象发生相应变化的情况。如果许多情况都在变化，就很难确定哪个情况与被研究现象有因果联系。显然在自然条件下，要做到这一点是很困难的。所以，共变法通常是在人工控制的条件下应用的,因而其结论的可靠性程度也较高。但在最终的原因未得到证实之前,它的结论仍具有或然性。

运用共变法时应注意以下两点:

第一,与被研究现象发生共变的现象必须是唯一的,否则,结论便不可靠。例如,在研究温度变化与气体体积变化之间的关系时,必须以压力不变为前提。如果除了温度在变化,压力也在变化,所得的结论就会出差错。

第二,两个现象间的共变关系有一定的限度,超过这个限度,就会失掉原来的共变关系。例如,农作物的密植,在一定限度内,可以增产;但如果超过这个限度,就会适得其反。

共变法在写作中,也是一种常见的论证方法。借助共变法,我们可以发现孝道其实是一种具有自身发展演变规律的文化现象。通过共变法分析,我们可以用先秦社会的大量例证证实孝道与家庭组织之间存在因果联系。首先,家庭类型决定孝道的范围和对象:孝道只存在于父系家庭,而不存在于母系家庭当中。其次,家庭的社会地位和功能影响孝道的强度。换言之,当家庭在社会中占据主导地位、功能复杂时,孝道就相对强大,破坏孝道的行为就会引起人们的强烈反应;相反,当家庭在社会中不占据主导地位时,孝道就相对弱小,破坏孝道的行为也不会引起人们的强烈反应。最后,家庭规模和结构影响孝道的强度:家庭规模越大、结构越复杂,孝道就会越受重视,它的强度就越高;如果家庭规模越小、结构越简单,孝道就会受到轻视,它的强度也会降低。以上考察表明,家庭与孝道之间存在共变关系:当前者发生变化时,后者就会随之变化。由此可见孝道在本质上是社会的产物,它的目的在于维护父系家庭的稳固和利益,而不是某些思想家或道德家心灵的产物。正因为如此,解决现实社会中孝道问题的根本方法在于由社会组织入手,而不能简单地依赖于舆论宣传或说服教育。

再如,19世纪的英国作家狄更斯因创作《双城记》等作品闻名,但其本人却是一个抑郁症患者,而当时的医疗水平却不足以治疗这种病症,于是狄更斯自己想找出个解决办法:每当心情不好时,他就步行二三十英里。结果发现,运动越多,体内的血清基水平越高,而人的心情是由血清基的水平决定的。后来科学家们研发的抗抑郁药物百忧解就是通过提高血清基的水平来起作用的。

五、剩余法

剩余法的内容是如果已知某一复合现象与另一复合现象之间有因果联系,又知前一现象中某一部分与后一现象中某一部分有因果联系,那就得出结论:前一现象的剩余部分和后一现象剩余部分之间有因果联系。

例如,"镭"的发现就是剩余法的使用:居里夫人和她的丈夫为弄清一批沥青铀矿样品中是否含有值得加以提炼的铀,就对其中的含铀量进行测定。但他们发现,有几块样品的放射性甚至比纯铀的放射性还要大。这就说明这些沥青铀矿石中一定含有别的放射性元素。同时，这些未知的放射性元素只能是非常小量的，因为用普通的化学分析方法不能把它们检测出来。这就是说，它们一定具有很强的放射性。居里夫人在很原始的条件下以极大的毅力从几吨沥青铀矿石中寻找这些微量的新元素。1898年7月，他们终于分离出极少量的黑色粉末，这些黑色粉末的放射性比同等数量的铀强400倍。

剩余法可用图式表示如下：

  复合情况 A，B，C，D 与被研究的复合现象 a，b，c，d 有因果联系
    B 与 b 有因果联系
    C 与 c 有因果联系
    D 与 d 有因果联系
    ―――――――――――
    所以，A 与 a 有因果联系

剩余法的特点是"余中求因"，即已知两个复合现象之间有因果联系后，把其中已确定了有因果联系的部分除去，再从剩余的结果中分析原因。由于剩余法不能保证将各种因果联系都研究穷尽，可能还有其他因素未被研究，因而其结论也具有或然性。

应用剩余法时应注意以下两点：

第一，必须确知被研究的复合现象中的一部分现象（b，c，d）是由复合现象中的某些情况（B，C，D）引起的，并且剩余部分（a）不可能是这些情况（B，C，D）引起的。否则，结论就不可靠。

第二，复合现象的剩余部分（A）不一定是一个单一的情况，还有可能是个复合情况，在这种情况下，人们就必须进一步研究、探求剩余部分的全部原因。

练 习 题

1. 指出下列推理属于何种推理，并分析是否正确，写出推理形式。

（1）在航天科学研究发展过程中，人未正式乘坐航天器遨游太空之前，先用其他一些动物做实验，通过考察鼠、狗、兔等动物的身体在太空中能经受长时间失重的考验，于是得出结论："一切动物的身体在太空中都能经受长时间的失重考验。"

（2）水稻能够进行光合作用，大豆能够进行光合作用，松树能够进行光合作用，水稻、大豆、松树都是绿色植物，因此凡是绿色植物都能进行光合作用。

（3）水星是沿椭圆轨道绕太阳运行的，金星是沿椭圆轨道绕太阳运行的、地球、火星、木星、土星、天王星、海王星、冥王星也是沿椭圆轨道绕太阳运行的；而水星、金星、地球、火星、木星、土星、天王星、海王星、冥王星是太阳系的全部大行

星。所以，太阳系所有的大行星都是沿椭圆轨道绕太阳运行的。

（4）某医生之子在期中考试中不及格，而告诉父母说"及格了"。两天后，当医生的父亲知道了实情，便斥责儿子："为什么撒谎？"儿子说："爸爸，您不是常对那些本来病重的人说'你的病不重'吗？"

（5）达尔文和他的表姐埃玛结婚，生了十多个子女，无不体弱多病，大女儿早亡，二女儿和两个儿子终身不育。后来，他在科学实验中发现异花授粉的后代较优，自花授粉的后代较弱。于是，他进一步意识到子女体弱多病的根源在于近亲结婚。

（6）元素的排列，四季的交替，生物的进化，社会的发展，天体的运行，都有固定不移的基本秩序。这种秩序表明，一切物质的运动形态都是有其固有规律的，没有任何规律的物质运动是不存在的。

（7）自然科学来自人类的生产活动。最早的天文学是在人们的游牧活动和农业活动中，总结各种天象及日月星辰的观察材料而建立起来的；农业生产和商业交往活动，需要丈量土地、衡量器物、计数事物、测定时间，从而出现了古代数学；在手工劳动中，制造和使用各种工具、器械，从事建筑，进行推、拉、举、抛等活动，体验到一些机械运动原理，产生了古代力学；从畜牧和种植活动中，了解到动物、植物、微生物的性状和生长规律，获得了最早的生物学知识等。

（8）一支地质勘探队在勘察一个铁矿时，发现除了铁元素外，还有钴、硫、铜、镍等伴生元素；在勘探一个锡矿时，发现除了锡元素外，还有铌、钽、镉、矾、硒等元素；在勘探硫化镍矿时，除发现镍元素外，还有铂、铁、硒、金、银等元素；在勘探黄铜矿中，发现除了铜的元素外，还有金、铅、锌、硒、钴、锗、铟等元素。后来，进一步查明：一个矿区之所以会以某种元素为主，同时存在其他多种元素，是因为一种元素的原子构造中，原子粒子半径的大小总是和相近的一些元素相关，也就是说，元素与元素在各种化合物中相互区别又互相渗透。因而勘探队得出结论：每一个矿里往往都会有以某种元素为主同时含有多种元素的伴生现象。

（9）我国只有北京、天津、上海、重庆四个直辖市。北京的人口超过2 000万，重庆的人口超过2 000万，上海的人口超过2 000万。所以，天津的人口一定也超过2 000万。

2. 下列各题运用了何种探求因果联系的方法？

（1）国外文献报道，长期用1%阿托品滴眼，每天一次，可防止近视发展。上海某个眼防所在这方面做了大量研究工作。他们用1%的阿托品滴一只眼和另一只眼不滴阿托品作对照，经7个月治疗，滴药的眼睛近视度数平均降低0.88度，不滴药的眼睛视力无进步。但是这个疗法的缺点是患者畏光。后来他们将阿托品降低浓度治疗近视的学生，疗效和副作用也随阿托品浓度降低而减弱。

（2）在20世纪50年代，我国森林覆盖率为19%，60年代为11%，70年代为6%，80年代不到4%。随着森林覆盖率的逐年减少，大量植被遭到破坏，削弱了土地对雨水的拦蓄作用，一下暴雨，水卷泥沙滚滚而下，使洪涝灾害日益严重。可见，森林资源的破坏,是酿成洪灾的原因。

(3) 在一个有空气的密闭的玻璃瓶内,放一只老鼠,只见它在瓶内神态自若,情况正常。然后抽去瓶内空气,老鼠马上死亡。这可证明,没有空气是老鼠死亡的原因。

(4) 苏联科研人员在实验室中发现,有泪腺的动物伤口愈合得快,而摘除这些运动的泪腺愈合得不快,时间常常要等于有泪腺动物的七至九倍。于是可以得出结论,动物伤口愈合过程与泪腺功能关系密切。

(5) 地区磁场发生磁暴的周期经常与太阳黑子的周期一致。随着太阳黑子数目的增加,磁暴的强度会增大。当太阳黑子的数目减少时,磁暴的强度降低。所以科学家推测,太阳黑子的出现可能是磁暴的原因。

(6) 19世纪,人们从各种化合物中分离出来的氮,其密度总是相同。可是大气中的氮却比从化合物中得到的氮多出0.5%的重量,于是人们分析,这多出来的重量,一定有它另外的原因。经过对大气的反复测定,终于证明空气中的氮气加重是因为存在着氩气。

(7) 在一起中毒案件中,某甲报告说,他家里人发生了呕吐、昏迷现象;某乙报告说,他家里人发生了呕吐、昏迷现象;某丙也有同样的报告。现在我们要寻找呕吐、昏迷的原因。我们发现,这些住户的居住条件都不相同,中毒者的年龄、健康状况也不相同,但有一个情况则是共同的,就是同饮一口井的水。那么我们可以判断,井水可能是引起呕吐、昏迷的原因。

(8) 科学家通过对头发的化学成分进行分析,发现头发内含有大量的硫和钙。精确的测定表明,心肌梗死患者头发中的含钙量已降到了最低限度。假定一个健康男子头发的含钙量平均为0.26%,那么,一个患有心肌梗死的男子,他的头发的含钙量只有0.99%。据此,科学家们相信,根据头发含钙量的变化,可以诊断出心肌梗死的发展情况。

(9) 大约60年前,人们开始使用雷达对地球大气的电离层发射电波,通过对接收到的回波的分析来研究电离层对电波的影响。后来人们常常发现,接收到的回波往往有所增强。于是,当时就有人提出猜测说,这种反常现象可能是由于电波在空中遇到了能够反射电波的其他物体。后来人们发现,当许多看得见的流星经过头顶上空时,就会观测到非常强的无线电回波。从此,人们终于了解到,这些来历不明的无线电回波原来是由流星引起的。

(10) 意大利的雷地反复进行一个实验,在4个大口瓶里,放进肉和鱼,然后盖上盖或蒙上纱布,苍蝇进不去,一个蛆都没有。另外4个大口瓶里,放进同样的肉和鱼,敞开瓶口,苍蝇飞进去产卵,腐烂的肉和鱼很快生满了蛆。可见,苍蝇产卵是鱼肉腐烂生蛆的原因。

(11) 研究人员把栽种的向日葵植株,分为四组来做人工辅助授粉的实验。第一组不进行人工辅助授粉;第二组只进行了一次;第三组隔几天进行一次,共两次;第四组也隔几天进行一次,共三次。实验的结果是,第一组的产量与往年持平;第二组增产 13.5%;第三组增产 17.3%,第四组增产 25.1%。

(12) 丹麦有两艘钓鳗鱼船,船员、船上设备以及鱼竿、鱼饵等其他捕鱼条件完全一样,但 A 船钓得的鳗鱼较多,B 船钓得的鳗鱼只有 A 船的 1/4。原因何在?后来一位渔民发现:A 船的渔民不抽烟,B 船的渔民抽烟,抽烟的渔民满手烟味,装饵时把烟味沾到鱼饵上去了。于是他认为,鱼饵上有无烟味直接影响到捕鱼量。

(13) 种植马铃薯是选用大个的薯块作种好,还是选用小的好?有一个农业实验站曾做过这样的实验:用 10 克、20 克、40 克、80 克、160 克重的马铃薯分别播在同一块田里,施同样的肥料。结果 10 克重的产量是 245 克,20 克重的产量是 430 克,40 克重的产量是 565 克,80 克重的产量是 940 克,160 克重的产量竟达 1 090 克。这说明选用大个的薯块作种,可以提高产量。

(14) 长期生活在又咸又苦的海水中的鱼,它的肉却不是咸的,这是为什么呢?科学家们考察了一些生活在海水中的鱼,发现它们虽然在体形、大小、种类等方面不同,但它们鳃片上都有一种能含盐分的特殊构造,叫"氯化物分泌细胞"组织。科学家们又考察了一些生活在淡水中的鱼,发现它们虽然也在体形、大小、种类等方面不同,但它们鳃片上都没有这种"氯化物分泌细胞"组织。由此可见,具有"氯化物分泌细胞"组织是海鱼在海水中长期生活而肉不具有咸味的原因。

(15) 据载,某农场进行过一项实验。实验工作由植物学家斯密夫负责进行。自 1960 年春季开始,斯密夫首先利用两个温室来进行实验,即在两个温室同时种上两种庄稼——玉米与大豆。两个温室的土壤、湿度、温度和施肥的数量都是相同的。不同的是其中一个温室中设置了一架电唱机及扩音器,电唱机一天 24 小时都不停地播送优美的乐曲,而另一个温室则没有。

首次实验的结果,那些曾受音乐"熏陶"的庄稼首先发芽,而且颜色青绿,它们的茎比那些没有受音乐"熏陶"的庄稼更粗壮、更坚韧。十棵曾受音乐"熏陶"的玉米共重 40.2 克,而十棵未受音乐"熏陶"的玉米只重 28 克,十棵受音乐"熏陶"的大豆重 31 克,而没有听到音乐的十棵大豆只重 24 克。

五月来临时,在田野上实验,把玉米种子撒在两块土壤、面积都相同的田地上。在一块田地旁边的装上播送音乐用的扩音器,这块田地称为"音乐区",另一块田地则无音乐播送,称为"静寂区"。实验结果:"音乐区"的玉米比"静寂区"的玉米早 12 小时发芽,"音乐区"的庄稼长得特别壮实、丰满;收获的结果是"音乐区"每亩 185 公斤,而"静寂区"每亩只收 160 公斤。

第八章 逻辑规律

逻辑基本规律是各种思维形式的特殊规律或规则的依据。他们从不同方面体现了正确思维的主要特征——确定性。思维的确定性是客观事物相对确定性的反映,也是传统逻辑基本规律的客观基础。逻辑基本规律对人们的思维具有规范作用,不遵守这些规律的要求,思维就会出现混乱和错误。

正确的思维不是胡思乱想,人们的日常思维只有遵守了一定的逻辑规则,才能够是正确的;违反了这些规则的任何一条,就将导致思维错误。传统逻辑把这些在思维中运用得非常广泛的规则称为形式逻辑的基本规律。逻辑规律就是运用各种思维形式进行思维时必须遵守的最一般的准则。思维的确定性表现为概念、命题的自身同一,这就是同一律;思维的确定性表现为命题的前后一贯,不自相矛盾,这就是矛盾律;思维的确定性表现为在两个相互矛盾的思想之间作出明确的回答,排除中间的可能性,这就是排中律。思维的确定性表现为推理有逻辑性和论证有说服力。

正如歌德在《浮士德》中借土地神之口吟唱道:

生潮中,业浪里,淘上复淘下,浮来复浮去!生而死,死而生,一个永恒的大洋,一个连续的波浪,一个有光辉的生长。我架引时辰的机杼,替神性制造生动的衣裳。

诗中歌颂了客观世界发展的规律性,思维的基本规律在于客观世界的统一性和联系性。掌握逻辑的基本规律——同一律,矛盾律、排中律和充足理由律,在思考和写文章时,才能保证思维的确定性、不矛盾性和一贯性。

第一节 同 一 律

一、同一律的内容与逻辑要求

同一律的基本内容是:在同一思维过程中,即在同一时间、同一方面、关于同一个思维对象(概念或命题),应保持确定和同一。

公式:"A 是 A",用数理逻辑的符号表示,即"A→A"。

公式里的"A"表示任一概念或命题，A 是 A 表示在同一思维过程中每一概念、命题自身都具有同一性。也就是说，在同一思维过程中，每一个概念、命题的内容都要保持确定和同一，是什么内容就是什么内容。绝不能时而是这个内容时而又是与此完全不同的内容。

例如：

小孩对爸爸说："爸爸，我不会用格外造句。"
爸爸："你真蠢，这还不好造句？不要把字写到格外边。"

这里的"格外"在父子二人那里代表的内容完全不同，因此结论是荒谬的。

根据同一律的基本内容，我们可以将同一律的基本要求归结为以下两点：

第一，在同一个思维过程中，概念必须保持同一。

所谓概念必须同一，是说在同一思维过程中，必须保持概念的内容不变，原来在某种意义上使用某个概念，就应该已知按照这个意义使用这一概念，绝不能随便变换某一概念的含义，也不能把不同的概念加以混淆。为了避免在思维和论证中发生混乱，我们必须预先确定我们所运用的概念。不仅在社会问题的论战中要这么做，在各门科学研究中也要如此。对一些重要的基本概念、范畴或术语，都要预先明确其含义和适用范围，然后在这个确定的意义上加以使用。

我们看几组文章中的问题：

（1）某单位质检报告中有这样一句话：这批不合格品有近 200 多件。

解析：这句话同时肯定了两个不相容的判断，近 200 件是少于 200 件，200 多件是多于 200 件。

（2）某单位有关端正机关作风的文件中有这样一句话：基层单位反映的意见，主管部门必须在 2 天之内答复，若 3 天之内未答复，则视为同意。

解析：又说要求 2 天之内必须答复，又说 3 天之内未答复则视为同意，自相矛盾，到底要求是几天？可以改为：两天之内必须答复，否则视为同意。

（3）媒体调查全国不同时期的性别比，得出结论，想要男孩子的人越来越多。

解析：性别比和对性别的追求是两个概念。

第二，在同一思维过程中命题必须同一。

所谓命题必须同一，就是说在运用命题进行推理，或者在论证某一问题时，人们所适用的命题，必须保持它自身的同一，不能用另外的命题代替它。在思考问题和议论问题时，要有确定的对象，要始终围绕中心，以保持思维和论证的同一性。

写作过程中遵守同一律，给思维的野马拴上缰绳，就会减少"跑题""偏题"现象。在具体的写作训练过程中，要在理解同一律的基础上，精心设计、循序渐进地从题目、大纲、段落和篇章布局等不同角度去思考如何写作。

从选题的角度来看，确保题目前后的一致性，增强文章的说服力。每篇文章都有一个论题。观点就是要通过对论题的阐述或论证，从而证明论题的真实性，换言之，就是证明论题观点的正确性。为了证明论题的正确性，写作者必须从不同的角度进行论证，以增强文章的说服力和感染力。正是由于要从不同的角度展开论证，写作者必须按照同一律的要求始终围绕论题进行阐述，保证论题的前后一致性。进一步说，证明论题的时候，既不能扩大论题，也不能缩小论题，否则都会违反同一律的要求。

同一律要求写作准确地使用概念。这里列举了一些容易出现混用的概念，请分析这些概念间的区别：

(1) 其他、其它，他物、它物
(2) 象什么、像什么
(3) 好象、好像
(4) 想象、想像
(5) 想象力、想像力
(6) 影象、影像
(7) 形象、形像
(8) 假象、假相、假像
(9) 象征、像征
(10) 作什么、做什么
(11) 作出、做出
(12) 作了、做了
(13) 作到、做到
(14) 作成、做成
(15) 作法、做法
(16) 当作、当做
(17) 叫作、叫做
(18) 看作、看做
(19) 那么、那末
(20) 要么、要末
(21) 什么、甚么
(22) 以至、以致

(23) 成分、成份
(24) 惟有、唯有
(25) 思辨、思辩
(26) 旋涡、漩涡
(27) 谐调、协调
(28) 折中、折衷
(29) 毋宁、勿宁
(30) 融会、融汇
(31) 宫廷、宫庭

二、违反同一律的要求产生的逻辑错误

在运用概念、命题进行推理论证的过程中，如果违反了同一律的要求，那就会出现逻辑错误，这些逻辑错误包括混淆概念和偷换概念、转移论题和偷换论题。

（一）混淆概念与偷换概念

混淆概念是无意识地违反同一律的要求，把不同的概念当成同一个概念来使用所犯的逻辑错误。这种逻辑错误主要是由于思想模糊、认识不清或缺乏逻辑素养、不善于准确使用概念来表达思想。混淆概念的错误常常在词义相近或一词多义的情况下发生。例如，《韩非子》中有这样一则故事：有一个姓卜的人裤子破了一个洞。他买了新布，回家让妻子为他做一条新的裤子。妻子问他怎么做，他说"照原样"，于是他妻子把裤子照原来的样式做好后，照样在裤子原来的地方剪了一个洞。从逻辑的角度来说，"原样"在丈夫的那里指的是原来的样式、尺寸，绝不是有破洞的原样。他的妻子是无意地犯了同一律"混淆概念"的错误。

再如，2016 年 6 月 23 日，凤凰网报道了一则关于"英国首相卡梅伦宣布举行决定英国是否脱离欧盟的全民公投"的新闻，该则报道的标题为《为什么英国人总想脱离欧洲？》。显而易见，标题中将"脱欧"错误地阐述为"脱离欧洲"，此处含混了"脱欧"的概念。欧盟是一个由众多成员国组成的欧洲国家联盟，简称欧盟，是欧洲的经济、政治共同体。在公投中，英国所要脱离的是欧盟而不是欧洲。该新闻犯了"混淆概念"的错误，从而产生了概念谬误。

如果说混淆概念是由于无意识违反同一律而发生的逻辑错误，那么，偷换概念则是故意违反同一律的要求，将不同的概念当作同一概念来加以运用。偷换概念是辩论中经常使用的诡辩手段之一，其目的在于颠倒黑白，混淆是非，使人上当受骗。例如，司马光夫人说："我要去看花灯。"司马光说："家中这么多灯，何必去看？"司马光夫人说："我要去看游人。"司马光说："家中这么多人，何必出去看？"

再如，苏格拉底领了一个青年到智者欧底姆斯那里去请教。这个智者为了显示自

己的本领，给了这个青年一个下马威，他劈头就提出了这样的问题：你学习的是已经知道的东西还是不知道的东西？这个青年当然回答说，学习的是不知道的东西。于是这个智者就向这个青年发出了一连串的问题：

"你认识字母么？"
"我认识。"
"所有的字母都认识吗？"
"是的。"
"而教师教你的时候，不正是教你认识字母吗？"
"是的。"
"如果你认识字母，那么他教你的不就是你已经知道的东西吗？"
"是的。"
"那么，或者你并不在学，只是那些不识字母的人在学吧！"
"不，我也在学。"
"那么，如果你认识字母，就是学你已经知道的东西了。"
"是的。"
"那么，你最初的回答就不对了。"

这个青年就这样被智者欧底姆斯搞晕了，于是承认自己的失败，而甘心拜欧底姆斯为师。

其实，智者欧底姆斯使用的就是"偷换概念"的方法，把这个青年弄得昏头昏脑的。

从以上对混淆概念和偷换概念的分析可以看出：二者的共同之处在于都是违反了同一律对概念确定性、同一性的要求；二者的不同之处在于无意与故意，混淆概念是无意识的，偷换概念是故意的，二者在性质上有所不同。

在写作过程中，经常会出现违反同一律的问题，试举例如下：

> 在某单位的工作总结中有这样一段话："借鉴国际先进理念，实现企业和谐发展，遵循安全第一、环保优先、执行有力、科学发展的原则，加强生产、检修全过程污染控制，形成科学有效的安全管理体系，严肃安全生产问责制和事故责任追究制，严格员工安全生产档案打分，强化红黄牌预警，重点关注边边角角、隐蔽作业、地下作业、偏远作业的安全管理，对安全环保管理混乱、业绩较差的单位，追究领导责任。"

解析：公文中的标题必须与公文内容保持同一性，这段话的小标题是"借鉴国际先进理念，实现企业和谐发展"，展开内容中却并没有提到借鉴了什么样的国际理念，而只是提到具体的安全管理措施，总大于分，属于漏题。

（二）转移论题与偷换论题

按同一律的要求，在人们的同一思维过程中，不仅要保持概念的同一性，而且要保持论题的同一性，不能随意改变论题，否则也同样会发生逻辑错误。

转移论题是指无意识违反同一律的要求，使议论离开论题所犯的逻辑错误。在我们的日常生活中，一些人非常喜欢发议论，但是由于缺乏逻辑训练，所以在发议论的时候，往往东拉西扯，使人不知所云。

一个汽车司机险些把一位上了年纪的路人撞伤，两人因此争吵起来。司机说责任在走路的人，因他走路不小心；走路的人说责任在司机，因司机开车不小心。争论到后来，司机说："责任不在我，因为我已经开了五年车。"走路的人很不高兴，回敬道："你开了五年车有什么了不起，我已经走了五十五年路了！"这两个人开头争论的是"这次事故是谁的责任"，两人都把责任推给对方，后来却争论起开车与走路资历长短的问题，这两个人在逻辑上都犯了"转移论题"的错误。

再如侯宝林传统相声中的一个经典故事：父亲外出，告诉孩子说，如果有人来问自己，就说"外出未归，请进喝茶"。并把这两句话写在纸条上，放在孩子袖子里，说如果忘了就看看。第三天，这个孩子看没有人来问，就把纸条烧了。第四天，来人问：你爸爸呢？孩子看看袖口说"没了"。"什么时候没的？""昨天已经烧了。"这个小孩转移了论题。

鲁迅在其杂文里曾经谈论到一位不懂逻辑的排长。他写道："这排长的天真，……他以为不抵抗将军下台，'不抵抗'就一定跟着下台了。这是不懂逻辑：将军是一个人，而不抵抗是一种主义，人可以下台，主义却可以仍旧留在台上的。"鲁迅提到的这位"天真"的排长之所以犯了错误，是因为他把"不抵抗将军下台"和"不抵抗主义下台"混为一谈，违反了同一律的要求，犯了"转移论题"的逻辑错误。

与转移论题不同，偷换论题是故意违反同一律的要求，故意把议论的论题改换为另外一个论题，是有意违反同一律要求的一种诡辩方法。例如，甲乙丙丁四代人，乙老批评儿子不争气，儿子说，你为什么老批评我，我的父亲比你父亲强，我的儿子比你儿子强。这里儿子犯的就是"偷换论题"的逻辑错误。

某新闻报道，警方捣毁一假币制造窝点，涉案金额约200万元。犯罪嫌疑人交代，他每天休息三四个小时，其余时间都在"工作"。当问为何要制作假币时，他回答：因为真币做不出来……这个案例中，警察问的是"你为什么要做假币"。嫌犯回答的是"为什么做的是假币"。这就是属于偷换命题的错误。

鲁迅在厦门大学任教时，校长林文庆经常克扣办学经费。在一次校务会议上，林文庆又提出要克扣一笔经费，教授们纷纷反对。林文庆说："关于这件事，不能听你们的。学校的经费是有钱人拿出来的；只有有钱人，才有发言权！"鲁迅一下站起来，从口袋里摸出两个银币拍在桌上："我有钱，我也有发言权。"在这里，鲁迅就是有意违反同一律。

同一律是逻辑学中一条最基本的规律，也是人们正确思维中的一条最基本的原则，它是人们保持思维确定性的前提。遵守同一律是正确认识事物的必要条件。人们在认识事物的过程中，总是离不开概念、命题、推理等思维形式，概念、命题、推理构成人们的基本知识和知识体系并进而形成科学的理论体系。如果我们不能保持思想的确定性，不能准确地在同一意义上运用概念、判断和推理，就无法认识事物、把握事物。同时，遵守同一律有助于人们正确地交流思想。在日常交际和交流思想的过程中，必须准确地表达思想，这就要求人们遵守同一律，保持所使用的概念和命题的确定、同一。如果违反了同一律，就会造成概念混乱，思想模糊，从而无法有效地进行思想交流。

当然，我们强调同一律的作用，并不等于要夸大同一律的作用。我们必须明确，同一律只是一条逻辑思维规律，而不是世界观。它只是要求在同一思维过程中，人们所使用的概念和命题要保持同一，不得随意变换。如果否认这一点，单纯指客观事物永远与自身绝对同一、永远不变，就会导致形而上学。

第二节 矛 盾 律

一、矛盾的内容和逻辑要求

矛盾律（the law of contradiction）又称不矛盾律（the law of noncontradiction）。有效思维的重要标准之一就是一致性，无论是在逻辑思维研究上，还是在应用、在写作的实践思想活动中，都具有重要意义。矛盾律的基本内容是：在同一思维过程中，两个互相否定的思想不能同真，必有一假。可以用公式表示为："A 不是非 A"，即"¬(A∧¬A)"。

从矛盾律的内容，我们可以引申出关于矛盾律的两点基本要求：

第一，在词项方面，矛盾律要求在同一思维过程中，不能同时用两个相互否定的词项"A"和"非 A"指称同一对象。例如，我们不能同时说某图形既是"圆形"，又是"非圆形"。

例如，某厂《关于表彰第一车间的通报》中写道：

> 第一车间自今年以来，安全管理面貌有很大改观。虽然不是目前安全管理最好的单位，但是较去年管理水平有很大提升，值得表彰和学习。

这段话中，有一组矛盾，第一车间既然不是做得最好的，为什么还要发文表扬？这实际就是"说甲好，其实甲也不好"，立场不明确，令人不知所云。可以直接表明立场进行修改，改为"第一车间自今年以来，安全管理面貌进步较快，值得各单位认真学习"。

第二，在命题方面，矛盾律的要求是不能同时肯定两个互相矛盾或互相反对的命题同真，必须肯定其中有一个是假的。

第二节 矛盾律

1948年8月,日本宣布无条件投降以后,蒋介石一方面命令八路军所属部队"原地驻防待命",一方面又命令国民党军队"加紧作战努力""积极推进""勿稍松懈"。毛泽东发现这两个包含着逻辑矛盾的命题。

> 我们从重庆广播电台收到中央社两个消息,一个是你给我们的命令,一个是你给各战区将士的命令。在你给我们的命令上说:"所有该集团军所属部队,应就原地驻防待命。"此外,还有不许向敌人收缴枪械一类的话。你给各战区将士的命令,据中央社重庆十一日电是这样说的:"最高统帅部今日电令各战区将士加紧作战努力,一切依照既定军事计划与命令积极推进,勿稍松懈。"我们认为这两个命令是互相矛盾的。(《毛泽东选集》第四卷第1141页)

蒋介石不让八路军接受日本投降,企图独吞抗战胜利果实的想法也就由此看得出来。

再如,某公司颁布的条例中写道:"本次会议要求全体公司员工必须无条件参加,但确实有事的同志可以请假。"这句话里"无条件参加"和"但可以请假"是一组矛盾的命题,制度制定得不严密,会导致具体工作中出现漏洞。

二、违反矛盾律的要求所产生的逻辑错误

根据矛盾律的内容,矛盾律对人们的要求是:在同一个思维过程中,也就是在同一时间、同一关系下,对于具有矛盾关系和反对关系的两个命题,不应该承认它们都是真的,二者必有一假。如果违反这一要求,在同一思维过程中对一个对象既予以肯定,又予以否定,就会犯"自相矛盾"的逻辑错误。

韩非子在《韩非子·难一》中所讲的故事,最为生动地反映了自相矛盾这种错误。该故事描写了一个既卖矛又卖盾的楚国人,他吹嘘自己的矛是世界上最为锋利的,以至于"任何东西都能被它刺透";继而,他又炫耀自己的盾,是世界上最为坚固的,是"没有任何东西能刺透它"。旁边有好事者问他:"若以你的矛刺你的盾,其结果又如何呢?"这个卖矛又卖盾的楚国人只能张口结舌,无以为答。其所以不能对答,就在于他在宣传自己的矛与盾的过程中所陈述的两个命题"任何东西都能被它刺透"和"没有任何东西能刺透它",二者构成了一对逻辑矛盾,因而犯了"自相矛盾"的逻辑错误。

需要注意的是,在现实的思维过程中,违反矛盾律的要求所产生的逻辑矛盾表现形式是多种多样的,有的是赤裸裸的,两个互相否定的命题紧紧相连,有的常常是相隔甚远,需要经过推导才能发现。例如,一个年轻人对大发明家爱迪生说:"我有一个伟大的理想,那就是我想发明一种万能溶液,它可以溶解一切物品。"爱迪生听罢,惊奇地问:"什么!那你想用什么器皿来放置这种万能溶液?它不是可以溶解一切物

品吗?"这个年轻人的想法包含了逻辑矛盾。因为他一方面承认"万能溶液可以溶解一切物品",另一方面又承认"作为存放这种溶液的器皿是万能溶液所不能溶解的",这两个判断是互相矛盾的。由此,我们必须对矛盾律有一个深入的理解,一方面在自己的思想、言论中尽量避免自相矛盾;另一方面善于运用矛盾律揭露他人思想和言论中的逻辑矛盾。

平时在说话写文章时,稍不注意,也会出现逻辑矛盾,例如:"蓝蓝的天,万里无云,一丝微风也没有,只见树梢轻轻地摆动着,天空飘着朵朵白云。""他是多少个死难者中幸免的一个。""船桨忽上忽下拍打着水面,发出紊乱的节奏声。""他的意见基本正确,一点错误也没有。""作业做完了,还有一点。""深夜,抬头望去,整个大楼漆黑一片,只有五楼上一个房间还亮着灯。"

矛盾律保证思维无矛盾性即思维的前后一贯性,从而是保证正确思维的必要前提。矛盾律也是我们进行反驳的一个重要理论依据。人们在反驳一个假命题时,常常是间接地去证明这个假命题的矛盾命题或反对命题为真,从而根据矛盾律去说明原命题的假。而在确立某个命题的真时,也可以去证明该命题的矛盾命题的假,从而根据矛盾律去说明原命题的真。

特别需要指出的是,在写作过程中,矛盾律不仅要求语言严谨,更要求行文要讲究首尾的一贯性。所谓首尾一贯性就是在同一篇文章中,不能够出现不同的立场。思想、立场的自相矛盾一旦出现,将会破坏思想的完整性和严密性。如列宁所言:"'逻辑矛盾'在正确的逻辑思维的条件下——无论在经济的分析中或在政治分析中都是不应当有的。"

即便是文学写作,也强调形象思维、意境描绘的一致和协调,既重视对作品所描写的具体情景求真求实,又看其是否包含逻辑错误和矛盾。否则,难以对某一作品的艺术性、内容的合理性作出评价。例如,20世纪50年代,中国有一首打油诗:"一个南瓜像地球,架在五岳山上头,把它扔进太平洋,世界又多一大洲。"这首诗虽然读上去气魄非凡,但是却自相矛盾、破绽百出。地球比五岳大,怎么会架在五岳上,太平洋和地球是部分与整体的关系,怎么能将地球扔进太平洋?

在看下面这段话,出现两个立场,写作者声明自己不相信迷信邪说,但又认为鬼神是一种客观存在:

> 迷信邪说我是不信的,但要说起鬼神就由不得你不信了,因为在我看来,这些东西实际上是人类尚未知晓的奇异现象,同许多尚未为人了解的现象一样是一种客观的存在。

但是,文学创作中的艺术夸张不存在逻辑矛盾。作为修辞手法,艺术夸张可以把事物放大,但它的客观基础是真实的,符合文学创作要做到生活真实这一要求,并不存在逻辑矛盾。李白诗里"燕山雪花大如席"是夸张,但诗里的燕山在今河北蓟县东南,诗句中泛指我国北方,是下雪的地方,用夸张的手法描述雪大的事实。但是如果说"广州雪花大如席",就不符合逻辑了。所以,鲁迅曾说,前者是夸张,后者是笑话。

第三节 排 中 律

一、排中律的内容和逻辑要求

排中律的内容是:在同一思维过程中,两个互相矛盾的思想不能都假,必有一真。排中律可以用公式表示为"A 或者非 A",即"A∨¬A"。

排中律

从排中律的内容可以看出,排中律与矛盾律作为逻辑思维的基本规律,二者是有其不同适用范围的。矛盾律适用于不可同真的两个命题,即适用于具有矛盾关系或反对关系的两个命题;排中律适用于两个不可同假的命题,即适用于具有矛盾关系或下反对关系的命题。

在亚里士多德创立的形式逻辑中,排中律对西方哲学的走向具有举足轻重的地位。同一律、矛盾律离开排中律,则是不完整的。因为只有排中律才能彻底切断矛盾双方之间的联系,才使得矛盾双方都成为绝对自在,也才会有绝对同一,绝对不矛盾,才会使同一律、矛盾律完全站稳脚跟,使形式逻辑成为西方哲学坚实的基础。根据排中律的内容以及排中律与矛盾律的区别,我们可以将排中律的要求概括为以下两个方面:

第一,在词项方面,排中律要求在同一思维过程中,在用两个具有矛盾关系的词项指称同一对象的情况下,必须承认其中有一种情况是真的,而不能对两者都加以否定。

第二,在命题方面,排中律要求在同一思维过程中,不能同时否定两个具有矛盾关系或下反对关系的命题,不能对两者都加以否定,必须肯定其中有一个是真的。

在写作过程中,根据排中律要求,在"是"与"非"面前,不能采取居中态度。这就要求在两种或更多相互矛盾的命题之间,要作出明确的选择,不能似是而非、不置可否。如果这些相互矛盾的命题都是错误的,也应该表明自己的观点,提出另外的正确的命题。例如,在很多学术论文写作过程中,有些作者陈述学界对某一观点认知不统一,将争论陈述在文本中,但是既不分析优劣,也不给出自己的断定,也是违反排中律的。

二、违反排中律要求所产生的逻辑错误

在同一思维过程中,如果对两个互相矛盾的思想既不承认这个,又不承认那个,就违反了排中律的要求,违反排中律的要求所产生的逻辑错误被称为"模棱两不可"。

违反排中律或者是由于在"是"与"非"面前含糊其词，持骑墙态度；或者由于认识模糊，把具有矛盾关系的思想混为一谈。

违反排中律而产生的"模棱两不可"错误，有的明显一些，有的隐蔽一些。例如，"这篇文章的观点不能说是全面的，也不能说是片面的"，"说世界上有鬼，这不对，这是迷信；但要说世界上没鬼，也未免武断，因为有些现象还真不好解释"。

艺术家们常常运用排中律这一方法来塑造作品中的人物形象。如莎士比亚的悲剧《哈姆雷特》中哈姆雷特和波乐纽斯两人的对话：

哈：你看见那朵云有点像一头骆驼吗？
波：可不是，还真像一头骆驼哩！
哈：我看倒像一双鼬鼠。
波：弓起了背，正像一双鼬鼠。
哈：还是像一条鲸鱼。
波：很像一条鲸鱼。

御前大臣波乐纽斯不愿与王子哈姆雷特相矛盾，所以就自相矛盾，百般迁就。莎士比亚把御前大臣对权贵极力迁就献媚的丑恶个性刻画得淋漓尽致。

三、矛盾律与排中律的区别

第一，适用范围不同。

矛盾律适用于矛盾关系的命题和反对关系的命题。排中律适用于矛盾关系的命题和下反对关系的命题。例如，两人下棋，若甲说这盘棋我既赢了又输了，就违反了矛盾律，若甲说这盘棋我既没有赢也没有输，就没违反逻辑规律。

第二，要求不同。

排中律要求人们在互相矛盾的判断中间，不能都否定；而矛盾律则要求人们在互相矛盾或互相反对的判断中间，不能都肯定。如果把排中律与矛盾律的要求结合起来，那就是在两个互相矛盾的判断中，必须肯定一个，否定一个，既不能都否定，又不能都肯定。有一则寓言，说凤凰是百鸟的领袖，碰到凤凰生日，百鸟都去祝寿，只有蝙蝠没有去。事后凤凰责问蝙蝠："别的鸟都来了，你为什么不来？"蝙蝠说："我有脚，能走，是兽，不属于你管的，所以我就不必来祝寿。"接着是麒麟的生日。百兽都去祝寿，蝙蝠还是没有去。事后麒麟也问蝙蝠："别的兽都来了，你为什么不来呢？"蝙蝠回答说："我有翅膀，能飞，是鸟，不属于你所管，所以我没有来祝寿。"把蝙蝠的话合起来就是——我既是鸟，又是兽；我既不是鸟，又不是兽；我是鸟也是兽。从逻辑上看，这不仅违反了矛盾律，而且也违反了排中律。因为对于蝙蝠这种动物来说，要么是鸟，要么是兽，二者必居其一，既不能都肯定，也不能都否定。蝙蝠说自己是鸟也是兽,违反了矛盾律;又说自己是既不是鸟也不是兽,违反了排中律。

第三,错误不同。

矛盾律是为了保证思维的首尾一贯性,在推理中可以由真推假。违反矛盾律的错误是"自相矛盾"的错误。排中律是为了保证思维的明确性,在推理中可以由假推真。违反排中律的错误是"模棱两不可"的错误。

排中律是正确思维的必要条件,它保证思想的明确性。在一定意义上,排中律比矛盾律更接近真理。因为矛盾律所遇到的命题,其中不一定有真命题,但排中律遇到的命题,其中必有一个是真的。

第四节 充足理由律

一、充足理由律的内容和逻辑要求

充足理由律的内容是:在同一思维和论证过程中,一个思想被确定为真,总是有充足理由的。即在思维过程中,任何正确的思想必然有充足的理由。

这里所说的思想通常是指其真实性需要确定的判断,因此充足理由律可以表述为:p 真,因为 q 真,并且由 q 能推出 p。

在这里,p 代表其真实性需要加以确定的命题,我们称之为推断,q 代表用来确定 p 真的命题,我们称之为理由。一个命题 q 真可以推出 p 真,那么,q 就是 p 的充足理由。

充足理由律的逻辑要求是:

第一,理由真实;

第二,推理有效,即理由与推断之间要有逻辑联系。

充足理由律的现实意义,正如莱布尼茨所说:"没有什么东西是没有理由的。"海德格尔也曾说:"没有什么东西无理由而存在。"在实际思维过程中,仅仅用同一律、矛盾律、排中律是无法完全解决思维逻辑中的论证问题的,要获得可靠有效的论断,必须遵循充足理由律。

二、违反充足理由律的要求所产生的逻辑错误

违反充足理由律的要求,就会犯"理由虚假"或"推不出"的逻辑错误。

(一)理由虚假

一个小偷偷了别人的手机,很快就被公安人员抓获了。公安人员问他:"你为什

么要偷别人的手机?"他回答说:"别人有手机,我没有手机,所以就偷了。"这里小偷所说的"理由"是不成其为理由的,也就是"理由虚假"。

(二) 推不出

有时,理由孤立地来看是真实的,但它同推断没有必然联系,从理由推不出推断。

战国时期,宋玉曾经写了一篇《登徒子好色赋》,用来证明他并不好色,真正好色的是登徒子。宋玉写道:

大夫登徒子侍于楚王,短宋玉曰:"玉为人体貌闲丽,口多微辞,又性好色。愿王勿与出入后宫。"王以登徒子之言问宋玉。玉曰:"体貌闲丽,所受于天也;口多微辞,所学于师也;至于好色,臣无有也。"王曰:"子不好色,亦有说乎?有说则止,无说则退。"玉曰:"天下之佳人莫若楚国,楚国之丽者莫若臣里,臣里之美者莫若臣东家之子。东家之子,增之一分则太长,减之一分则太短;着粉则太白,施朱则太赤;眉如翠羽,肌如白雪,腰如束素,齿如含贝,嫣然一笑,惑阳城,迷下蔡。然此女登墙窥臣三年,至今未许也。登徒子则不然。其妻蓬头挛耳,龋唇历齿,旁行踽偻,又疥且痔。登徒子悦之,使有五子。王孰察之,谁为好色者矣?"

宋玉的推理就是:美人爬在墙上偷看他三年,他还没答应娶她;那么难看的女人,登徒子竟然会喜欢她,和她生了五个孩子;到底谁好色呢?

这种推理的方法,从逻辑角度来看,是违反了充足理由律,犯了"推不出来"的逻辑错误。

充足理由律主要是有关论证的逻辑规律,但由于论证是复杂的思维过程,包括运用概念、判断和推理,如果违反充足理由律,也会影响到判断和推理的正确运用。因此,它同所有的逻辑形式,包括概念、判断、推理和论证都有关系,即使不是直接有关,也是间接有关。因而,可以说,充足理由律具有普遍意义,对任何一种逻辑形式都起作用。

练 习 题

1. 有一天,某市一家珠宝店被盗走一块贵重钻石,经过三个月的侦破,查明作案的人肯定是赵钱孙李四人中的某一个人。于是,这四个人被作为重大嫌疑犯拘捕入狱。在审讯中,这四人的口供如下:

赵:不是我作案的。

钱:李就是罪犯。

孙：钱是盗窃这块钻石的罪犯。

李：我不是罪犯。

现在我们假定这四个人中只有一个人说真话，请问：这案子里的罪犯是谁？

假定这四人中只有一个人说假话，请问：这个案子里的罪犯又是谁？

2. 有人向一家种子公司写了一封信。信上写道："请寄一些无核蜜橘的种子来。"为此，甲，乙、丙三个人议论开了。

甲：简直是无稽之谈！无核蜜橘怎么会有种子呢？认为无核蜜橘有种子，这在逻辑上是自相矛盾的。

乙：凡是种子植物都有种子，无核蜜橘是种子植物，所以也肯定有种子。这是逻辑推理的结论。但是，如甲说，无核蜜橘有种子又是逻辑不通，无核蜜橘一颗核也没有，因而，它事实上是没有种子的，所以，逻辑和事实是两回事。

丙：无核蜜橘当然有种子，这是不存在什么逻辑矛盾的。如果要从无核蜜橘中直接取得种子当然不可能，但是可以通过别的途径取得无核蜜橘的种子。认为无核蜜橘没有种子，在逻辑上才是不可设想的。

请问甲、乙、丙三人谁说得对？为什么？

3. 分析下列各题是否违反普通逻辑基本规律的要求，如有违反，请指出违反什么逻辑规律，犯了什么逻辑错误。

（1）甲：有人说，我国的刑法宽松，对打击犯罪分子不利，这种说法对吗？

乙：这种说法不够全面。我们运用刑法的目的从根本上来讲还是为了教育犯罪分子，改造犯罪分子。社会主义国家刑法的威力，既在于它的严厉性，也在于它的严肃性。也就是说，犯罪分子无论在何时何地蠢蠢欲动，捣乱破坏，都会受到刑法的惩罚。该严的我们就严，该宽的我们就宽。

（2）下雨既是好事，又是坏事。

（3）这个山洞从来就没有人敢进去过，进去的人，也从来没有出来过。

（4）这份检验报告已全部写完了，只差一个结尾。

（5）某村发生一起枪杀案。被害人的妻子说："凶手一定是张三，因为我丈夫被害的那天晚上，张三很晚才回家；而且他是民兵，打枪很准；加上我丈夫过去当队长时批评过他，有旧仇，所以，一定是张三挟嫌报复害死我丈夫。"

（6）或问文章有体乎？曰：无。又问无体乎？曰：有。然则果如何？曰：定体则无；大体则有。

（7）19世纪70年代英国资产阶级庸俗经济学家杰芬斯提出"太阳黑点论"。他把经济周期性危机说成由太阳周期性出现黑点所造成的。他认为，太阳黑点周期性的出现，会使气候发生变化，影响谷物收成，从而引起整个经济混乱。

（8）类人猿既不是人，又是人。说它不是人，是因为它还保留着许多猿的特征；说它是人，是因为它在许多方面像人。

（9）刚才几位专家就我市教育问题谈了一些不同的意见，尽管这些意见是有分歧

213

的，但对我都是有启发的。这几位专家各有专长，他们的意见都是中肯的，都是非常正确的。

（10）从古墓中出土的西汉陶俑，图案精致，颜色多样，可惜都有损坏，不能展出。经过考古工作者的努力，现在已将它们一一复制出来，终于使这些西汉陶俑能与广大市民见面。

（11）鲁迅说，创作的基础是生活经验，生活经验是在"所做"之外，还包括"所遇、所见、所闻的"。作者写出作品来，对于其中的事情，虽然不必亲历过，最好是经历过。对鲁迅的话，有人提出责难：那么写杀人最好是自己杀过人，写妓女还得去卖淫吗？

（12）在二次世界大战时，某国空军有一条军规："如果飞行员被医生断定有精神病，他可以不参加作战飞行，不过在他退出作战之前，其本人应提出不参加战斗的理由；而假如他意识到自己有病不能参加战斗，那就证明他头脑健全，没患精神病。"

（13）这是一张我国明初洪武年间（1368—1398）的纸币，一贯钱的大明通行宝钞。它是世界上最古老、最大的纸币，长 34.4 cm，宽 23 cm，币值 14 个铜钱。上面印着"户部奏准印造大明宝钞，与铜钱通行使用，伪造者斩。告捕者赏银贰伯（百）伍拾两，仍给犯人财产"。我国使用纸币要比欧洲早好几百年。在 7 世纪时，我国就有了用于祭献的纸币，这种祭献纸币是模仿真正纸币制造的，可见真正的纸币出现得更早。

（14）《吕氏春秋·审应览第六·淫辞》中记载这样一件事：

空雄之遇，秦赵相与约，约曰："自今以来，秦之所欲为，赵助之；赵之所欲为，秦助之。"居无几何，秦兴兵攻魏，赵欲救之。秦王不悦，使人让赵王曰："约曰'秦之所欲为，赵助之；赵之所欲为，秦助之'。今秦欲攻魏，而赵因欲救之，此非约也。"赵王以告平原君，平原君以告公孙龙。公孙龙曰："亦可以发使而让秦王曰：'赵欲救之，今秦王独不助赵，此非约也'。"

（15）教师：在人口统计中，不论是哪一个国家，不论是哪一个民族，也不论是哪一个时期的统计资料，都发现一个同样的规律：在新生婴儿中，男婴的出生率总是摆动于 22/43 这个数值上下，而不是 1/2。曾经发生过这样有趣的事情：某年，在法国某地发现男婴出生率同 22/43 有较大的偏差，后经验查是计算时出了差错。在正确地纠正了原始资料的计算错误后，发现男婴出生率仍是稳定在 22/43。这说明：随机事件是存在着统计规律性的。

学生：男婴出生率是 22/43，那就是说，男婴出生率要比女婴出生率高。可是，我看过许多材料，这些材料说明，许多国家和地区，如苏联、日本、美国、西德以及我国的台湾地区都是女人比男人多。可见，认为男婴出生率总是在 22/43 上下摆动，是不能成立的。

谁的说法错误？试分析之。

第九章 论证与论说文

论证包括证明和反驳，它是引用已知为真的命题来确定某一个命题的真实性或虚假性的逻辑方法。在论证的过程中综合运用概念、命题和推理。其中，推理是论证的基础，论证总是借助推理来进行的；论据相当于推理的前提；论题相当于结论；论证方式相当于推理形式。任何论证的过程都是运用推理的过程，没有推理就无法构成论证。

自逻辑学创立以来，论证就是其主要内容之一。亚里士多德在评价苏格拉底的贡献时明确提出，归纳论证和一般定义完全可以归功于苏格拉底，而"这两样东西都是科学的出发点"。亚里士多德明确把论证作为科学的出发点，他在《工具论》的《论题篇》《辨谬篇》和《前分析篇》，以及《修辞学》中都有所涉及。他将论证分为证明的论证、辩证的论证和争执的论证三类。

第一节 论证概述

一、论证的含义

拿到问题先思考。思考的必要条件之一是科学的论证方法。论证（Argument）这个概念的意义相当宽泛。英语 Argument 一词往往指称两个人之间的争论甚至争吵。在汉语中，论证一词则往往代表正规场合的陈述。

一方面，论证要建立在批判性思维基础上。在论证过程中，要思路清晰、概念明确无歧义、语言逻辑关系明确；同时，要求观点不能自相矛盾，对问题关注、识别，寻找充足理由等。另一方面，论证必须是一个推理。即论证实际上是围绕某个命题展现该命题与某些材料（论据）之间的推演。在日常生活中，人们无时无刻不在进行推理。人们平时对一些事物进行解释、判断、证实或是预言，都是靠推理来实现的。论证首先是一个推理，推理必有前提，推理的前提即是论证的理由，而理由的内在逻辑是严谨的。

科学论证能力是一种以科学知识为中介，根据收集到的数据资料提出主张和进行推理，反思自己和别人论点的不足以提出反论点，同时能反驳他人的质疑和批判为自己辩护的高级思维能力。作为一种言说形式，论证就是为了使他人接受某一主张而给出理由的文本或者语篇。

例如，课堂上有一个学生迟到了，会向教师解释："老师，我迟到了，因为我感冒了。"这句话不是论证，只是陈述了一个事实。但是再加一句："这是医生的诊断证明。"这就提供了一个权威的证明。

论证包括证明和反驳，证明包括以下内容：

第一，论题的提出和分析。论题的分析包括对论题的语义分析、语形分析及语用分析。语义分析指对论题基本含义的分析，包括对论题中所包含的主要概念的内涵和外延的分析，对论题中的各主要概念与论题以外的相关概念的比较分析，对论题的整体语义分析等。语形分析指对论题的结构、形式、类型等的分析。语用分析指对论题的语境、背景等的分析。对论题的语形分析必须同对论题的语义分析和语用分析结合起来，只有这样，才能真正地把握论题的实质，弄清论题的本来面目。

第二，论证方式的确立。即根据论题的类型，确定论证的方向、方法、过程和步骤等。论题类型的确定对论证方法的选择有重要意义。对不同类型的论题，可采用不同的论证方法，包括反证法。

第三，论据的收集和整理。即根据论题和论证方式收集有关的论据，并对论据进行筛选、分析、归类、整理。

第四，证明论证的组织。即按照既定的论证方式把论据组织起来，建立起完整、严密的论证过程。

第五，证明有效性的检验。包括对论题的检验，即是否明确、无歧义；对论据的检验，即是否真实可靠；对论证过程的检验，即是否合乎逻辑，是否有充分的论证性和说服力。

反驳主要有以下内容：

第一，对论题的反驳。首先对论题进行语义、语形及语用分析，然后在此基础上确定反驳的方式、方法。像证明一样，针对论敌的不同类型的论题，可采用不同的反驳方法。例如，对全称命题的论题可列举反例来反驳；对假言论题可采用破除条件法，即确定原有各类条件关系为假的可能性。

第二，对论据的反驳。找出要反驳的论证中所采用的虚假的或未经证实的论据，并根据这些论据的类型确定反驳的方法。

第三，对论证过程的反驳。查找在论证过程中存在的错误，如论据与论题不相干、论据不足等。反驳过程中可采用分析说明法、逻辑类比法等。

二、论证的结构

从逻辑结构来分析，任何论证都是由四个要素组成的，即论题、论据、论证方式和隐含的假设。

(一) 论题

论题就是通过论证确定其真实性的命题。论题所回答的是"证明什么"的问题，人们说话写文章，总要提出自己的观点和看法，表明赞成什么，反对什么。这里的观点或看法，就叫论题。

论题是论证的最终目标。它可以是一个描述性的，用来陈述事实是怎么样的；也可以是规范性的，用来陈述事实应该是怎样的。一个论证的论题具有唯一性。对一个论题的可接受性存疑时，才需要提出支持它的论据。若对一个论题没有疑问，就不必形成对它的论证。

论证在各种文体中都有应用。对于议论文来说，论证是主要的表达手段。一篇论说文就是一个大的论证，其论题往往不止一个，其中居于统率地位的叫中心论题。中心论题下面有若干分论题，分论题下面还可以有若干小论题。这些小论题为分论题服务，而分论题又为中心论题服务，归根到底，都是为中心论题服务的。

《左传·襄公二十四年》："太上有立德，其次有立功，其次有立言，虽久不废，此之谓不朽。"于是就有"三不朽"之说，即指立德、立功、立言。其中"立言"，就是要有自己的观点，重点在"立"。再有曹丕《典论·论文》中关于文章写作有"盖文章，经国之大业，不朽之盛事"之说。写议论性文章，第一步就是确定要提出的命题，然后进行论证。

表现在写作中，如冯友兰先生在其《中国哲学史》中所谈："'为天地立心，为生民立命，为往圣继绝学，为万世开太平'，乃吾一切先哲著书立说之宗旨。"著述容易，立说很难，很多人文社科的论文出现史料的堆积，但是不擅长运用、不擅长提炼出自己的观点。

另一个和写作相关的问题就是选题过大。学生在最初接触到学术论文写作的时候，遇到的第一个问题往往是选题。即便翻阅教材、典籍，确定一个自以为不错的题目，呈交上去，仍然不得不面临一个选题过大的问题，出现诸如韩非子法治思想研究、邓小平治国理念研究等的论文题目。题目过大，就希望在写作的过程中面面俱到，却往往浅尝辄止，说不出自己的观点。

面对大的题目，常见的方法一是做个案研究，二是本书第二章提出的概念分类的方法。例如，研究社会群体时可以按照经济基础把社会阶级分为"资产阶级和劳动阶级"。经济学家凯恩斯曾借助分类的方法进行研究，如他将阶级分为"资产家和实业者"，资产家是贵族和大贵族等掌握巨大资产的阶级，实业者则包括经营者和劳动者。这种分类方式带来不同的观点，"资产家"中包含了与该阶级性质不同的人，里面的经营者在从事生产劳动方面的性质和"劳动者"是相同的。与之相反，"资产家"就是掌握资产的人，一方面，他们不了解实际的生产活动；另一方面，对他们来说实现资产利益最大化是其最大目标。继而，凯恩斯认为资产家的这种欲望导致经济活动停滞。

再结合公文写作，我们有的公文文种明确要求一文一事，类似写请示要求一文一事，以免使原来分属不同上级领导或部门负责的若干事情混到一起，不便于上级批答处理。

（二）论据

论据是用来确定论题的真实性的那些命题，它回答的是"用什么证明"的问题。提出任何观点和看法，都不能没有根据，没有根据的论题是不能令人信服的。作为论据的命题可以是已经证实的关于事实的命题，也可以是科学概念的定义和公理、原理。

论据往往也有几个层级。用以论证中心论题的那些论据，有时候本身的真实性还有待论证。这样的论据同时也是分论题。分论题自有论据，但有时候分论题的论据又需要论证，它们就成为小论题。

例如鲁迅杂文《"丧家的""资本家的乏走狗"》，中心论题是"梁实秋是丧家的资本家的乏走狗"，论证这个中心论题的是三个论据：梁实秋是资本家的走狗；梁实秋是丧家的走狗；梁实秋是乏走狗。当然这三个论据本身的真实性还有待证明，所以它们是三个分论题。鲁迅用"遇到所有的阔人都驯良，遇见所有的穷人都狂吠"来证明梁实秋是资本家的走狗；用"无人豢养""不明白谁是主子"来证明梁实秋是丧家的走狗；又用以告密的方式助主子一臂之力，已经黔驴技穷，来证明梁实秋是乏走狗。这些论据都是分论题的论据，即二层论据。但是第三个分论据，即梁实秋以告密的方式助主子一臂之力还需要证明，所以它同时又是一个小论题。这样一篇论证文章就是由三层论据组成的有机整体。

这类文章通常结构一般是：开篇抛出论题，正文用论据进行证明，结尾再次对论题进行总结。

尽管形成论证的根本是论点，但一个论证发挥其功用的关键却是论据。论据不同于论点，如果二者重合，论证就成了"自证"。

如果使用虚假的前提进行论证，就无法论证论题的真实性。历史上有这样的故事：曹操攻灭袁绍，曹丕收了袁熙的妻子甄氏。孔融给曹操写信，称"周武王伐纣，以妲己赐周公"，即当年周武王灭纣后，把妲己赐给了周公。曹操大为纳闷，就问孔融典故的出处，孔融回答"以今度之，想当然耳"，即我看到当代的事情，推想古代一定也是一样的。

苏轼参加科举考试，在作文《刑赏忠厚之至论》中用了个典故："当尧之时，皋陶为士，将杀人，皋陶曰杀之三，尧曰宥之三。"说皋陶是尧的大法官，有一个案子，皋陶判了罪犯死刑，尧宽赦了他。皋陶连着判了三次死刑，尧连续赦免了三次。主考官是欧阳修，成绩揭晓后，问苏东坡作文中的典故何来，苏东坡就向欧阳修陈述了前面一段孔融的故事。

两个故事都是使用虚假论据进行的论证，在文坛中被视为美谈，但在实际的学习、工作中，却是无效的论证。

(三)论证方式

论证方式是指把论据和论题联系起来的方式。它回答的是"如何证明"的问题,论证是由论据的真实性推出论题的真实性,因此,仅仅有了论题、论据并不等于作了论证,必须有一个由论据到论题的推演过程。论证的推演过程总是借助于一定的推理形式完成的。因此,也可以说论证方式是论证过程中的所有推理形式的总和。

论证方式是论据对论题的支持关系,论证方式本质上是推理关系。但是,推理有多种形式,比如演绎推理、归纳推理或合情推理,它们对主张的支持力度是不同的。同时,由于论证的理由是多个,而每一理由对论点的支持关系可能不同,所以,在一个论证中有多种推理形式,这一点在下文会有介绍。

(四)隐含的假设

有论据和结论之后,我们有时会发现,整个论证过程中的论据链条并不完整。因此,需要找出一个能够在论据和结论之间建立联系的论据链条。

换言之,在大多数语境中,论证基于它所关涉的论证者和接受论证的对象具有共同的知识背景,而在陈述中省略了对某些信息的表达。当然,不能排除,某些论证者为了掩盖他所使用的前提的可疑性而有意不明确地陈述该前提。当我们发现了理由与论点之间的差距,即从已表达出的前提向结论的有效过渡还缺乏某些环节时,就应分析论证的隐含前提。我们看几个论证中隐含的假设:

> 我们都知道"一分价钱一分货",质量好的东西自然有贵的道理,但是质量好一定就要花费更多吗?如果将很多国产护肤品和海外很多大牌产品对比,你会发现品质一样,却花费更少。

我们将这段文字的论证结构梳理如下:

国产护肤品和国际大牌相比,质量一样但是价格实惠;

质量好的东西可以不花费更多的钱;
_____

所以,请选择国产护肤品。

例如,"不要让孩子输在起跑线上"这个风靡一时的口号乍一看是挺有道理的——起跑就输了,最后的结果可想而知。然而,从论证的角度看,这个口号是有问题的。它是基于以下前提推导出来的:人生是一场百米短跑(只有短跑才强调起跑)。这显然是一个错误的假设。事实上,人们更倾向于把人生比作一场马拉松似的长跑。但是,由于这个虚假的前提被省略了,人们因此辨不清这个口号的真伪,从而导致盲目附和。

再如,某人论证说:"应该节食。面对美味大吃大喝,虽然可以逞一时口腹之快,却容易造成身体过胖,由此带来各种疾病,如高血压、高血脂、高血糖等,严重影响人的寿命和生存质量。"从逻辑上看,"应该节食"这一结论是如何从给定的前提推导出来的呢?经仔细分析发现,该推理省略了如下前提:健康长寿比享用美食更重要。显然,要挖出这个隐含的价值观假设并非易事,没有一番思考的功夫是做不到的。

"随着年龄的增长,人体对卡路里的日需求量逐渐减少,而对维生素的需求却日趋增多。因此,为了摄取足够的维生素,老年人应当服用一些补充维生素的保健品,或者应当注意比年轻时食用更多的含有维生素的食物。"在这个论证中,题干的议论要成立,需要满足一个隐含条件,即年轻人的日常食物中的维生素含量,并非较多地超过人体的实际需要。否则,如果年轻人的日常食物中的维生素含量,实际上较多地超过人体的实际需要,那么,老年人只要维持年轻时的日常食物就可以了,无须服用一些补充维生素的保健品,或者比年轻时食用更多的含有维生素的食物。因为年轻时的日常食物中超过实际需要的维生素,可以用来补充老年人增长的需要。

"人们对搭乘飞机航班的恐惧其实是毫无道理的。据统计,仅在1995年,全世界死于地面交通事故的人数超出80万,而在自1990年至1999年的10年间,全世界平均每年死于空难的还不到500人,而在这10年间,我国平均每年罹于空难的还不到25人。"在这个论证中,因为在对航运和地面交通的安全性进行比较时,在事故罹难者的绝对数量之间进行比较是没有意义的,正确的方法应是在事故率和事故死亡率之间进行比较。为了进行这种比较,不仅要知道统计年限内航运和地面交通事故罹难者的绝对数字,而且要知道有多少人加入地面交通,有多少人加入航运。这类数字就是论证中的隐含假设。

隐含前提的特点一是隐蔽性,即作为论证前提的陈述没有被明确陈述出来,或者不经过思考发现不了;二是作为假设前提被先行承认或视为理所当然;三是隐含前提的强度会影响论证的结构与论题的确立;四是对论证的反驳可以通过对隐含前提的批判实现。

三、论证的类型

按照论证的论题内容,可以将论证分为事实论证、价值论证和实践论证等几种类型。

(一) 事实论证

事实论证是为澄清事实而进行的论证。在事实论证中,一方坚持认为某事是真的,而另一方则认为它是假的。法庭上,控辩双方常常进行事实论证。如"非法侵占他人财产罪""某某公司的行为侵犯了原告的肖像权"等,涉及是什么、真实的事件是什么的问题。人们经常讨论一些引人关注的问题,如"中国房价具备持续涨价的基础"等。

美国总统林肯曾经是一位能言善辩的律师。有一天,他获悉自己亡友的儿子小阿姆斯特朗被诬告犯了谋财害命罪。诬告者收买了证人福尔逊,福尔逊发誓说亲眼看到被告开枪打死被害者。于是林肯就主动担任被告的律师，查阅了案卷，勘查了现场，确认此案的关键问题在于证人作了伪证。在法庭上，作为被告辩护律师的林肯和作为原告证人的福尔逊，进行了一场面对面的对质：

林肯："你发誓说认清了小阿姆斯特朗？"

福尔逊："是的。"

林肯："你在草堆后，小阿姆斯特朗在大树下，两处相距二三十米，能认清吗？"

福尔逊："看得很清楚，因为月光很亮。"

林肯："你肯定不是从衣着方面认清的吗？"

福尔逊："不是的，我肯定认清了他的脸蛋，因为月光正照在他的脸上。"

林肯："你能肯定时间在十一点吗？"

福尔逊："充分肯定。因为我回屋看了时钟，那时是十一点一刻。"

林肯问到这里，就转过身，发表了辩护演说："我要告诉大家，证人福尔逊是个彻头彻尾的骗子，他的证词完全是一派胡言。因为十月十八日那天是上弦，晚上十一点钟月亮已经下山，根本不会有月光。退一步说，也许福尔逊把时间记错了，时间应稍有提前，当时还有月光，但那时的月光应是从西往东照，而大树在西边，草堆在东边，如果小阿姆斯特朗的脸朝着草堆，他就是背着月光的，这样，他的脸上就不可能有月光。"

这个案例中，从逻辑上来说，林肯的这段辩护词就是在对福尔逊的假证词进行事实论证。

在陈述事实的命题中，全称命题的主张很容易被质疑。"所有90后都是具有中年危机的"，对这个事实，即使有再多的证据，但只要有一个反例出现，也站不住脚了。

事实上在其他类型的论证中，也会经常包含事实论证。尤其是在涉及价值观的论证中，确定相关的事实是必不可少的。

(二) 价值论证

对事物对象存在与发展的价值倾向性进行的论证，称为价值论证。在价值性的辩论中，正方坚持认为某种价值观是正当的，反方则强调那个定义或标准是不适当的。一个价值论证，总是希望在以下方面寻求支持。

赞同某一价值。例如：

> 对所有公民来说，依法纳税是必须的。

在几种价值中，选择一种。例如：

> 和上涨的物价相比，高房价对年轻人的生活质量影响更大。

反对某一价值。例如：

知识产权保护不到位是抑制我国大学创新力提高最主要的原因。

价值评价时刻都在进行。当我们反思得出这些评价的原因时，会发现，对某些事物，评价标准相对容易建立，判断也容易实现。但是，有时候评价的标准不是那么明显，评价很难作出。有时候，一套标准适用于一项选择，而另一套标准适用于另一种选择。例如什么是好职业，什么是幸福婚姻？在进行这些评价性论证时，会面临各种标准。

评价性论证在结构上很像定义，在定义中，因为有了标准 a1、a2、a3……所以 A 是正确的（错误的）。很显然，在评价性论证中，最重要的是确立什么是可以利用的标准。在阅读时，要注意作者使用的评价标准。

（三）实践论证

意图改变某些事情或是阻止某些事情变化的论证，被称为实践论证，或称为建议性论证。它常采用的形式是：我们应该做什么或不应该做什么，我们应该怎样做。实践论证通常由四个部分组成。一是确认问题，二是陈述建议的方案，三是让对方有充分理由相信该建议方案是公正的，四是证明该方案的可行性。

四、论证的语言

就论证的角度而言，论证语言必须是适合对象的语言、清晰准确的语言。不当的语言会妨碍论证的目的。

需要指出的是，清晰和准确是语言的两个标准，通常只要论证双方对核心词、论题的理解一致，论证的语言就可被认为是清晰的。在论证中，论证语言要清晰，实际上就是逻辑基本规律中关于"同一律"的要求。"A 是 A"，即任一对象，在特定时间、空间和条件下，不会是与它自己不同的另外的某个概念或者命题，从而使得对词、句的含义的理解和把握成为可能。因此，语言清晰的要求是将"同一律"视为论证语言的一个隐含假设。第二章中谈到保持论证中的关键核心词清晰的方式是"下定义"。这个方法在论证过程中还需要联系论证的主题和语境并对它们加以准确的把握。语言不清晰导致的错误体现在两个方面，一是导致无意义的论辩；二是会误以为出现正确的论证。论争双方由于忽视了一个语词意义上或定义上的差异，导致了一场实质上并不包含冲突观点论争的论辩，这种现象时常有之。

从论证的最终效果来看，好的论证还要求使用针对性语言。针对性语言并不意味着一定要使用对象语言，而是针对不同的受众进行有区别的论证。这就是学术语言和科普语言的区别、公文语言和演讲语言的区别，语言的针对性可以增强论证的说服力。

将语言的论证性使用和其他使用方式区别开来的根据是，在一个语段中一些陈述是用来支持另一个陈述的可接受性的,它的外在标志就是论证连接词。论证连接词可以帮助阅读者在文字材料中快速识别出论据和论点。

论证联结词有两类:结论联结词和前提联结词。用以指明结论的标志词是结论指示词,用以指明前提的标志词是前提指示词。

常见的论证联结词有:

  论据指示词:因为……;由于……;依据……;理由是……;举例说来;支持我们观点的是……;这么说的缘由是……;等等。

  论题指示词:因此……;所以……;由此可见……;可以推断……;这样说来……;结论是……;简而言之……;显然……;其结果……;表明……;由此可得出……;这证明……;等等。

第二节　论证的方法

一、演绎论证和归纳论证

根据论证所用推理形式的不同,可以把论证分为演绎论证和归纳论证。

论证的方法

(一)演绎论证

演绎论证是运用演绎推理的形式所进行的论证,它是根据一般原理论证某一特殊论断。在演绎论证中,一般是以科学原理、定理、定律或其他一般性的真实判断为根据,运用演绎推理的形式,推导出某一论题。例如,毛泽东在《为人民服务》一文中写道:

  中国古时候有个文学家叫作司马迁的说过:"人固有一死,或重于泰山,或轻于鸿毛。"为人民利益而死,就比泰山还重;替法西斯卖力,替剥削人民和压迫人民的人去死,就比鸿毛还轻。张思德同志是为人民利益而死的,他的死是比泰山还要重的。

这段话就是一个演绎论证,论题是"张思德的死是比泰山还要重的",论据是司马迁说的话和张思德为人民利益而死的事实。其论证方式是三段论:大前提是一般原理,小前提是张思德同志为人民利益而死的事实,结论是"他的死是比泰山还要重的"。

这一部分内容的写作,要求运用抽象思维的方式,分析出事物(问题)的本质特征,写出切中要害、见解精辟、态度鲜明的语句。

由于演绎推理的前提与结论之间具有必然的逻辑联系，前提蕴含结论，因此，只要论据真实，演绎论证对论题真实性的确定就是完全有效的。

> 孟子曰："不仁哉梁惠王也！仁者以其所爱及其所不爱，不仁者以其所不爱及其所爱。"公孙丑问曰："何谓也？""梁惠王以土地之故，糜烂其民而战之，大败。将复之，恐不能胜，故驱其所爱子弟以殉之，是之谓以其所不爱及其所爱也。"（《孟子·尽心》）

孟子为证明"梁惠王不仁"，使用演绎的方法，即仁人把施与他所爱之人的仁德推及他所不爱的人身上；不仁者把加给他所不爱的人的祸害推及他所爱之人的身上。而梁惠王牺牲百姓，一战再战，就是把加给不爱的人的祸害推及所爱之人的身上。所以，"不仁哉梁惠王也！"

特别需要指出的是，好的演绎论证一定是有效的演绎推理，但有效的演绎推理却不一定是好的演绎论证。这是因为，推理和论证有一些不同属性。

第一，推理要确立命题之间的逻辑关系即真值（真假）关系。论证是为相信某论断提供充足理由，目的是使人接受该论断，论证要确立结论的可靠性、可接受性。

第二，推理的前提可以是假设性的，甚至可以为假，此时，仍可对推理进行有效性评估，因为真命题之间、假命题之间、真命题和假命题之间都可能有必然的真值关系。而论证的前提必须为真或认可为真，至少逻辑地可能为真，前提一旦被认为假，论证就被视为无效的。

关于这一点，演绎推理是否能从真实的前提出发推出真的结论，取决于演绎推理的有效性。任何事物都有内容和形式两个方面，演绎推理也不例外。所谓演绎推理的有效性是指演绎推理的形式是否符合推理规则的要求。凡是符合推理规则的就是有效的，否则就是无效的。

第三，推理的前提与结论是真值蕴含关系，考察的是前提与结论的真值关系。论证的前提与结论是一种支持、保证关系，回答结论怎样才能为真的问题。

因此，结论与前提相同、前提假或不可接受、结论是逻辑真理、前提是矛盾集等有效但违反论证本性的演绎推理都应排除于正确的演绎论证之外。

（二）归纳论证

归纳论证是运用归纳推理的形式所进行的论证，它是根据一些个别或特殊性论断论证一般原理。人们引用有关个别或特殊事物的判断作为论据来论证一般性的论题，就是归纳论证。归纳推理是那种其前提仅仅给予结论某种概率等级的而非必然支持的推理。几乎所有人类活动的领域，都需要运用归纳论证。

前面谈到的演绎推理结论所涉及的内容实际上并没有超出其前提的内容，其结论只是前提中所包含的信息的细化。但归纳推理的结论却显然超出其前提的内容。它能扩展人类的认知领域，使人类得到新知识。

演绎推理的前提对结论的支持力量或强度完全相同，即结论和前提一样真，评价标准只是是否有效。而且对于一个有效的演绎推理，增加新的前提之后，对其有效性也不会产生影响。即使加上一个与原前提矛盾的前提，也不会因此使其变成无效的。但归纳推理的强度却有可能因为新增的信息或前提而变化。

> 一项研究报告表明，随着经济的发展和改革开放，我国与种植、养殖有关的单位几乎都有从国外引进物种的项目。不过，我国华东等地作为饲料引进的空心莲子草，沿海省区为护滩引进的大米草等，很快蔓延疯长，侵入草场、林区和荒地，形成单种优势群落，导致原有植物群落的衰退。新疆引进的意大利黑蜂迅速扩散到野外，使原有的优良蜂种伊犁黑蜂几乎灭绝。因此引进国外物种可能会对我国的生物多样性造成巨大危害。

这个论证，考查的是归纳推理的能力。根据题干两个现象推出结论，即：
（1）我国华东等地引进的空心莲子草和沿海省区引进的大米草等，导致原有植物群落的衰退。
（2）新疆引进的意大利黑蜂迅速扩散到野外，使原有的优良蜂种伊犁黑蜂几乎灭绝。
这段话中可以作为归纳结果的是：引进国外物种可能会对我国的生物多样性造成巨大危害。

二、直接论证和间接论证

直接论证和间接论证是依据论证的论据对论题是否具有直接相关关系作出的区分。

（一）直接论证

直接论证是用论据的真实性直接推出论题真实性的论证方法。直接论证是最重要、最常用的一种论证方法。它的特点是：论题直接从论据中推导出来，论据蕴含论题，论据真则论题必真。

直接论证是用事实或道理说明一个论题的可接受性的方法。这种论证方法是使一个论题从提供的可接受的论据直接获得支持，可采用的论据包括典型事实、若干事物情况列举、对若干事例的科学分析、科学的比较或类比，以及相关公理、定理、定义、规律等。

> 不涉及文艺性的批评，不能算作真正的文艺批评。这是因为文艺批评是以文艺作品作为批评对象的，而文艺是以具有美感的形象来表现的。既然文艺批评的对象离不开形象，那么文艺批评又怎么能离开形象呢？离开形象分析，文艺批评

就会失去它的文艺特点，而不成其为文艺批评。

上面这段话的论题是"不涉及文艺性的批评，不能算作真正的文艺批评"。论证方式是一系列的演绎推理，我们将其整理为三段论：

$$\frac{\text{文艺作品是以美感的形象来表现的，}}{\text{文艺批评的对象是文艺作品，}}$$
$$\text{所以，文艺批评的对象是以美感的形象来表现的。}$$

第二个推理是充分条件假言推理：

$$\frac{\text{如果文艺批评的对象离不开形象，那么文艺批评也离不开形象；}}{\text{文艺批评的对象离不开形象；}}$$
$$\text{所以，文艺批评离不开形象。}$$

结合两个推理，进行换质位法的推理：

$$\text{文艺批评离不开形象；离开形象不是文艺批评。}$$

这样论题就得证了。

1971年，美国伦理学家韦尔曼在《挑战与回应：伦理学中的证成》一书中谈到权衡论证的模式。这是一种同时包含正面的、支持结论的理由与反面的、反对结论的理由的论证，其结论的证成源于正面理由的逻辑力量经过权衡胜过了反面理由，特征是"结论同时从正面理由与反面理由中得出"。

虽然家里储蓄不多，我想我们应该在某地买一套房子了，因为那套房子是学区房，我们的孩子马上要上小学了，而且开发商已经明确那个地段的房子要涨价。

这里，"我想我们应该在某地买一套房子"是结论，"那套房子是学区房"是为结论提供支持的正面理由，由"虽然"引导的"家里储蓄不多"则是反对结论的理由。在证成结论的过程中，论证者除了承认有支持结论的理由，也承认存在反对结论的理由，但通过对正、反两组理由的逻辑力量的权衡，最终认为正面理由胜过了反面理由，结论得以证成。

此外，图尔敏论证模式也是一种被越来越多地使用的论证模式。该模式有两大应用方向，一是评价对方论辩的合理性；二是组织一个有力的论辩。哲学家斯蒂芬·爱德斯顿·图尔敏受到法学论证方式的启发，考虑到不同场域中人们论证行为的差异，提出一种分析论证的模型。他的关注点是：如何对那些出现在不同学术研究和专业场域中的论证进行理性的阐述与评判。在其著作《论证的使用》中，图尔敏区分了实质性论证和分析性论证。即如果论证的"结论"中的信息没有被包含在"前提"中，那么这个论证就是实质性的；如果论证所依靠的"前提"明确地或隐含地包括了"结论"的内容，那么这个论证就是分析性的。图尔敏主要关注的是实质论证。他认为，传统的分析模式简要性的代价过高,并且忽视了论证结构要素之间的差异,对于论证过程中不同陈述所具有的逻辑功能忽视太多。因此,图尔敏通过研究论证实践,类比法学论证,概括论证的不同要素,构建出了一个新的论证的布局,即"图尔敏模型"。图尔敏在书中举了一个例子:

> 当论证者提出"亨利是英国人"这一主张时,质疑者会问:"你有什么根据?"论证者给出"亨利出生在百慕大"作为论据,但质疑者可以问:"你怎么得出这个结论的?"于是,论证者提出"在百慕大出生的人一般都应是英国人",而质疑者继续质疑:"一定是这样吗?"因为判断一个人的国籍需要考虑多种因素,论证者的陈述对主张的支持是有限的。接下来,论证者通过"一般情况如此"对主张进行限定。质疑者会继续追问:"什么时候一般规则不适用呢?"这样,论证者必须考虑到其他相关因素,如"亨利的父母是外国人","亨利已经加入美国国籍"等。当存在这些例外被提出后,质疑者可以质疑论证者之前给出的论据:"如何推出?"论证者辩称说:"根据英国的相关法律。"

我们将这段对话及质疑整理出来,如表9.1所示:

表9.1 事例整理

论证要素	论证者	质疑者
主张	亨利是英国人	你有什么根据?
资料	亨利出生在百慕大	你怎么得出这个结论的?
保证	在百慕大出生的人一般都应是英国人	一定是这样吗?
限定词	一般情况如此	什么时候不是这样呢?
反驳	亨利的父母是外国人; 亨利已经加入了美国国籍	你怎么从"某人出生在百慕大"推出"这个人是英国人"的?
支援	英国的相关法	

图尔敏的论证分析模型总共有六个组成部分,即资料(D)、主张(C)、保证(W)、支援(B)、限定词(Q)和反驳(R)。图尔敏在与他人合著的《推理导论》中,展示其论证的基本分析图(图9.1):

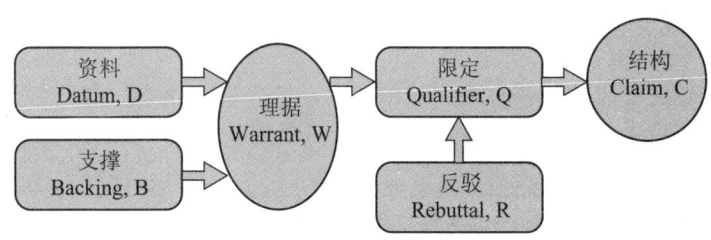

图9.1 论证基本分析图

(二) 间接论证

间接论证是通过论证与论题相关的其他论断为假，从而论证该论题为真的一种论证方法。间接论证又有反证法、归谬法和排除法。

1. 反证法

反证法就是通过论证与原命题相矛盾的反论题的虚假性来确定原论题真实性的间接论证方法。反证法的使用应注意：所选的反论题应与欲论证的主张是矛盾关系。

例如，有这么一首反迷信的诗："风水先生惯说空，指南指北指西东。倘若真有龙虎地，何不当年葬乃翁？"这就是一个反证法论证。它的论证过程是：倘若风水先生真的能找到龙虎地的话，那么他就会用这块地埋葬自己的先人了；事实上他并没有这样做，所以，风水先生是在用谎话骗人。

运用反证法的步骤大致为：第一，设与原题相矛盾的反论题；第二，通常是用假言推理的否定后件式推出矛盾或者荒谬，从而推翻反论题；第三，根据排中律（两个互相矛盾的思想不能同假，必有一真），由反论题为假，论证原论题必为真。

反证法的论证过程可表示如下：

$$\begin{array}{c} 论题：p \\ 反论题：非 p \\ 论证：如果非 p，那么 q \\ 非 q \\ 所以，非非 p \\ \hline 所以，p \end{array}$$

例如：

> 孟子曰："世俗所谓不孝者五：惰其四支，不顾父母之养，一不孝也；博弈好饮酒，不顾父母之养，二不孝也；好货财，私妻子，不顾父母之养，三不孝也；从耳目之欲，以为父母戮，四不孝也；好勇斗狠，以危父母，五不孝也。章子有一于是乎？"（《孟子·离娄下》）

这段话中，孟子证明匡章是孝子，使用的方法是反证法，匡章没有不孝，那么他是孝顺的。

2. 归谬法

归谬法是从被反驳的论题推出明显的荒谬结论，进而由否定错误的结论推出被反驳的论题为虚假的反驳方法。

归谬法的基本步骤为：首先，假设被反驳的论题为真，并以其作为假言命题的前件，从而推出后件，构成一个充分条件的假言命题；然后，由这一假言命题的后件明显荒谬否定假言命题的后件，进而根据充分条件假言推理否定后件式否定前件，最终达到反驳的目的。正是因为归谬法的这一特性，也将其称为"以退为进，引入荒谬"的反驳方法。东汉的唯物主义思想家王充在反驳"人死后会变鬼"时写了这样一段话："天地开辟，人皇以来，随寿而死。若中年夭亡，以亿万数。计今人之数不若死者多，如人死辄为鬼，则道路之上，一步一鬼也。"就是说，从古至今，死人极多，活人不如死人多。如果人死后会变鬼，那么满街满巷尽是鬼了。这样，人们在街上每走一步都会碰上鬼。但是事实上并非如此，所以人死后会变鬼是错误的。在这里，王充正是用归谬法反驳的。

鲁迅写文章经常使用到归谬法，例如《崇实》一文：

> 因为古物古得很，有一无二，所以是宝贝，应该赶快搬走的罢。这诚然也说得通的。但我们也没有两个北平，而且那地方也比一切现存的古物还要古。禹是一条虫，那时的话我们且不谈罢，至于商周时代，这地方却确是已经有了的。为什么倒撇下不管，单搬古物呢？说一句老实话，那就是并非因为古物的"古"，倒是为了它在失掉北平之后，还可以随身带着，随时卖出铜钱来。

这一段论述使用归谬法进行论证。

第一步，假设对方的观点为真，即认同古物古得很，是宝贝，应该赶快搬走。

第二步，由对方观点引申出荒谬的结论，即北平比一切现存的古物还要古，却被撇下不管。

第三步，引出自己的观点，即国难当头，搬走"古物"，是为了随时卖出铜钱来。

再如鲁迅在《咬文嚼字》中，揭露一些主张男女平等的男人其实并不真正想实行男女平等，活生生的事实是：

> 以摆脱传统思想的束缚而来主张男女平等的男人，却偏喜欢用轻靓艳丽的字样来译外国女人的姓氏：加些草头，女旁，丝旁。不是'思黛儿'，就是'雪琳娜'。西洋和我们虽然远哉遥遥，但姓氏并无男女之别，却和中国一样的，所以周家的姑娘不另姓绸，陈府上的太太也不另姓蔯。

鲁迅在这，那么以此为据，中国女人的姓氏就不应该姓周而姓绸、不应该姓陈而姓蔯，这显然是荒谬的。为了增强论证的力量，鲁迅进一步强调：世界上所有的姓氏并无男女之别。这些译作的男人看似尊重女性，事实上却仍然受到保守落后传统思想的束缚，骨子里反对男女平等。

关于归谬法和反证法的关系，从逻辑证明上说，它们是两种相似但并不完全相同的间接证明的方法。两者的相同之处在于都使用了充分条件假言推理的否定后件式。

其区别在于：

第一，反证法的逻辑依据是矛盾律和排中律，归谬法的逻辑依据是矛盾律。

第二，反证法在证明时所假设的前提是所要证明的命题的否定，即：如果我们要证明命题 A，则假设非 A；而归谬法在证明时所假设的前提，严格来说，不应看作所要证明的命题的否定，而只能看作与所要证明的命题有着矛盾关系的命题。因为假定要反驳 A（即证明非 A），归谬法所假设的前提是 A 而不是非（非 A）。从逻辑上看，非 A 的否定是非（非 A）而不是 A。

第三，从语义方面看，反证法所证明的是一个命题的真，而归谬法所证明的是一个命题的假。正是由于这个语义上的差别，人们在逻辑思维中对反证法和归谬法有不同的应用。反证法常常用于所谓的论证，目的在于确定一个命题为真；而归谬法则通常用于所谓的反驳，目的在于确定一个命题为假。

举两个例子：楚庄王的爱马死了，痛心之余，他命令群臣用大夫等级的礼节来埋葬这匹马。这遭到大臣们的反对。楚庄王非常生气，下令"有敢以马谏者，罪致死"。大臣优孟听说后，面见楚庄王，请求以君王之礼葬这匹马，并叫上各诸侯国，让大家都知道大王"贱人而贵马"的事。结果劝谏成功。

优孟谏楚庄王所用的就是反证法。他的论证论题是：不该用重礼葬马。为了论证这个论题，他先提出一个反论题——该用重礼葬马。继而，从这一反论题引出的命题是：各诸侯都知道大王贱人而贵马。

冯梦龙《古今笑史》记载：东汉南昌人徐孺子十一岁的时候，有一次同太原人郭林宗出游，游毕回到郭家时，因郭宅庭中有一树，郭欲将树伐去。郭伐树的理由是："为宅之法，正如方口，口中有木，困字不祥。"徐孺子对此进行了反驳：如果宅中有树，有不祥的"困"字就要把树砍去的话，那么"为宅之法，正如方口，口中有人，囚字何殊"？意思是：如果因"困"字不祥要砍树，岂不是要因为"囚"字不祥而把家中人杀掉吗？徐孺子对郭林宗砍树理由的反驳不是通过正面说理来进行，也不是以事实来说服郭林宗，而是顺着郭林宗的思路，以郭林宗的逻辑推理引出荒谬的结论，说服郭林宗不要砍树。这个反驳就是一个归谬反驳的过程，运用的是逻辑上的归谬反驳法。

3. 排除法

排除法，也称为选言证法，是通过论证选言命题所包含的除论题所指的可能性外，其余可能都是虚假的，从而推出论题真实性的间接论证方法。其论证步骤为：先找出与原论题有关的所有可能性，构成一个选言命题，然后论证原论题外的其他所有选言支不成立，从而根据选言推理的否定肯定式，推出原论题为真。

排除法的论证过程为：

$$\text{原论题：} p$$
$$\text{论证：或 } p, \text{或 } q, \text{或 } r$$
$$\underline{\text{非 } q, \text{非 } r \qquad\qquad}$$
$$\text{所以，} p$$

我们看几个选言证法的例子：

第二节 论证的方法

　　学习知识，要么踏踏实实地付出时间，要么马马虎虎应付了事。应付生活的人，迟早会被生活应付。因为任何一种知识都是学者们高级智力活动的产物，不是那么容易就掌握的。因此学习知识，只能踏踏实实地付出时间。

上面利用的是我们之前在复合命题一章讲的选言命题的否定肯定式。再来看论据，论据有两条：一条属于已经证实的关于事实的命题，即任何一种知识都是学者们高级智力活动的产物；另一条论据论证应付生活的人，迟早会被生活应付。这个论据是论证者的主观断定，这个论据的支持度就弱，很容易被质疑。再如：

　　马王堆一号汉墓女尸，年龄约 50 岁，皮下脂肪丰满，并无高度衰老现象，不可能是自然老死。经仔细检查，也未见任何暴力造成的致死创伤，故推测当是病死。但女尸营养状况良好，皮肤未见久卧病床后常见的褥疮，也未见慢性消耗性疾病的证据，而且消化道内还见到甜瓜籽。这些情况表明，墓主人当系因某种急性病或慢性病急性发作，在进食甜瓜之后不久死的。

"墓主人系因急性病而死"这个论题，是通过两个选言推理进行论证的：
(1) 墓主人或者老死，或者暴力致死，或者病死。直言前提否定了老死和暴力致死两个选言支，按照相容选言推理的否定式规则推出结论：墓主人是病死的。
(2) 墓主人或因慢性病而死，或因急性病而死。直言前提否定了因慢性病而死，因此推出墓主人系因急性病而死的结论。

鲁迅的《且介亭杂文》中的《拿来主义》对"拿来主义"的论证：把文化遗产比作祖上传下来的一所"大宅子"；指出对待这所"大宅子"有四种态度，即"徘徊不敢走进门"，"放一把火烧光"，"欣欣然地蹩进卧室，大吸剩下的鸦片"，而这三种态度都是错误的；第四种态度是"拿来主义"，它是鲁迅赞赏的态度：

　　我在这里也并不想对于"送去"再说什么，否则太不"摩登"了。我只想鼓吹我们再吝啬一点，"送去"之外，还得"拿来"，是为"拿来主义"。

　　但我们被"送来"的东西吓怕了。先有英国的鸦片，德国的废枪炮，后有法国的香粉，美国的电影，日本的印着"完全国货"的各种小东西。于是连清醒的青年们，也对于洋货发生了恐怖。其实，这正是因为那是"送来"的，而不是"拿来"的缘故。

　　所以我们要运用脑髓，放出眼光，自己来拿！

　　譬如罢，我们之中的一个穷青年，因为祖上的阴功（姑且让我们这么说说罢），得了一所大宅子，且不问他是骗来的，抢来的，或合法继承的，或是做了女婿换来的。那么，怎么办呢？我想，首先是不管三七二十一，"拿来"！但是，如果反对这宅子的旧主人，怕给他的东西染污了，徘徊不敢走进门，是孱头；勃然大怒，放一把火烧光，算是保存自己的清白，则是昏蛋。不过因为原是羡慕这宅子的旧主人的，而这回接受一切，欣欣然地蹩进卧宅，大吸剩下的鸦片，那当然更是废物。"拿来主义"者全不是这样的。

他占有，挑选。看见鱼翅，并不就抛在路上以显其"平民化"，只要有养料，也和朋友们像萝卜白菜一样的吃掉，只不用它来宴大宾；看见鸦片，也不当众摔在茅厕里，以见其彻底革命，只送到药房里去，以供治病之用，却不弄"出售存膏"售完即止的玄虚。只有烟枪和烟灯，虽然形式和印度、波斯、阿拉伯的烟具都不同，确可以算是一种国粹，倘使背着周游世界，一定会有人看，但我想，除了送一点进博物馆之外，其余的是大可以毁掉的了。还有一群姨太太，也大以请她们各自走散为是，要不然，"拿来主义"怕未免有些危机。

总之，我们要拿来。我们要或使用，或存放，或毁灭。那么，主人是新主人，宅子也就会成为新宅子。然而首先要这人沉着、勇猛、有辨别，不自私。没有拿来的，人不能自成为新人，没有拿来的，文艺不能自成为新文艺。

再如与之对应的反面例子：

> 赞成死刑的人通常给出两条理由：一是对死的畏惧将会阻止其他人犯同样可怕的罪行；二是死刑比其替代形式——终身监禁更省钱。但是，可靠的研究表明：从经济角度看，终身监禁比死刑更可取。人们认为死刑省钱并不符合事实。因此，应该废除死刑。

这个论证中赞成死刑的人给了两条理由，但是论证只谈到了其中一个理由，而且只是引述了某项研究的观点，并没有论证分析，因此，这不是好的论证。

第三节　反　　驳

反驳是运用真实命题来确定某一命题为假或某一论证不能成立的逻辑推演过程。反驳与证明是相辅相成的。"不破不立"，证明是确定某一命题的真实性，从而为"立"；而反驳则是确定某一命题的虚假性，从而为"破"。在一定意义上可以说，反驳是一种特殊形式的证明。证明与反驳在论证过程中往往是交互使用的，只不过其侧重点不同而已。

与证明的结构一样，反驳也是由三个部分组成的，即反驳的论题、反驳的论据和反驳的方式。具体方法同证明一样，可以是演绎反驳或归纳反驳，也可以是直接反驳或间接反驳。证明的理论和规则，同样适用于反驳。

反驳的论题是被确定为假的命题，回答"要反驳什么"的问题。反驳论题是证明对方论题的虚假性，这是反驳的主要着眼点。例如：

>都说陈景润这个人怪！陈景润确乎有他的"怪"处。他面对华厦高楼毫不动心，却甘愿住在一间烟熏火烤、只有6平方米的小房间里。他室内有电线，却不装电灯，宁愿点一盏小小的煤油灯。他不修边幅，没有时间去讲究衣着，穿的是一双"通风透气不会得脚气病"的鞋子。他走路心不在焉，神游数学之九天，竟至撞在树上，还问是谁撞了他。如此等等，等等。然而，让我们到陈景润的数学"王国"里去看一看吧。在他的工作室里，手稿积地3尺。他全身心沉浸在数学的海洋里，把自己的个人生活、衣食住行、生死安危都置之度外。即使疾病严重，生命垂危，他都没有想到，唯独牢记数论研究，专心攀摘数学皇冠上的明珠，一步步艰难地向科学顶峰攀登。这是"怪"吗？不！这是一种了不起的自我献身精神！

这种反驳通过证明"这是一种了不起的自我献身精神"这个命题的真实性，来证明对方论题的虚假性。属于间接反驳。

反驳的论据是用来确定论题虚假性的命题，即反驳的根据和理由，回答"用什么来反驳"的问题。例如：

>甲：张萌绣花水平很高。
>乙：张萌是个女的呀！

这段对话中有一个隐含的假设，我们补充隐含的前提完成一个推理：

>如果一个人绣花水平很高，那么这个人是一个女人；
>张萌绣花水平很高；
>──────────────────────
>所以，张萌是个女的。

这个前提是我们自己认为的常识，当然，事实是绣工水平高的人有男有女。如果这个前提不是假言命题，而是一个直言命题"绣花水平高的人是女人"，这个前提虚假的命题只要有一个反例就可以进行反驳。

反驳的方式是反驳过程中所运用的推理形式，回答"怎样反驳"的问题。

反驳的目的在于推翻对方的证明。由于证明是由论题、论据和论证方式三个部分组成的，因此，反驳的对象也就无非是上述论题、论据和论证方式。反驳论题就是通过反驳确定对方的论题是虚假的、不能成立的。反驳论据就是通过反驳确定对方的论据是虚假的或是没有得到证明的。反驳论证方式，就是指出对方的论据与论题之间不具有必然的逻辑联系，即对方的论证犯了"推不出"的逻辑错误。

如前所说，反驳是确立某个命题虚假性的思维和表达过程。反驳是用自己的证明来推翻别人的证明。在日常交际或者学术争鸣中，乃至在思想交锋中，它都是一种重要的证明形式。

驳论文是以反驳为主要手段的一种文体。通常先提出对方的错误证明作为反驳的对象，然后用自己的证明来推翻对方的证明，以实现反驳的目的。如鲁迅的一篇驳论文章《此生或彼生》：

> "此生或彼生"。
>
> 现在写出这样五个字来，问问读者：是什么意思？
>
> 倘使在《申报》上，见过汪懋祖先生的文章，"……例如说'这一个学生或是那一个学生'文言只须'此生或彼生'即已明了，其省力为何如？……"的，那就也许能够想到，这就是"这一个学生或者那一个学生"的意思。
>
> 否则，那回答恐怕就要迟疑。因为这五个字，至少还可以有两种解释：一、这一个秀才或是那一个秀才（生员）；二、这一世或是未来的别一世。
>
> 文言比起白话来，有时的确字数少，然而那意义也比较的含胡。我们看文言文，往往不但不能增益我们的智识，并且须仗我们已有的智识，给它注解，补足。待到翻成精密的白话之后，这才算是懂得了。如果一径就用白话，即使多写了几个字，但对于读者，"其省力为何如"？
>
> 我就用主张文言的汪懋祖先生所举的文言的例子，证明了文言的不中用了。

鲁迅这篇篇幅不长的驳论文章，综合地使用了反驳论题、反驳论据、反驳论证方式三个方面的反驳方法，体现了驳论和立论的统一。汪懋祖的论题是"文言文优越于白话文"，论据是"此生或彼生"这一文言表达比"这一个学生或那一个学生"的白话表达省力，论证方式是枚举归纳推理。鲁迅从反驳对方的论据入手，指出"此生或彼生"除上述意思之外，至少还可以解释为"这一个秀才或是那一个秀才"，"这一世或是未来的别一世"。要搞清它们的准确含义，需要给以注解和补充，实际并不省事。这里用的是直接反驳的手法，推翻了对方的论证方式。鲁迅指出，文言同白话相比，虽然字数少，但意义含糊，相比之下白话文意义明白，并非文言文优越于白话文，而是白话文优越于文言文。这是用证明与对方论题相矛盾的论题的真实性，来驳倒对方的论题。这是间接反驳的方法。

第四节　论证的有效性分析

论证的基本要求是证明要具有说服力，而遵守论证的规则是保证证明具有说服力的基础。由于证明是由论题、论据和论证方式三要素组成的，对论证有效性的分析就是检视这三要素的规则。

第一，论题应当清楚、明确，不能含糊其辞、存在歧义。

论题是证明的对象，证明的目的即在于确立论题的真实性。因此，清楚、明确的论题是证明的前提和基础。只有论题清楚、明白，才能使论证有的放矢，达到证明的效果。如果论题本身不明确，不仅使证明者自身的证明失去中心、漫无边际，而且使听众产生歧义、思想混乱，根本无法达到证明的效果，而且在争论中往往会产生不必要的误解。违反证明的这一规则将导致"论题不清"的逻辑错误。

例如这样一个推理："所有的鸟是有羽毛的，拔光了羽毛的鸟是鸟，所以，拔光了羽毛的鸟是有羽毛的。"这个错误的结论之所以产生，就在于两个前提中所共同使用的概念"鸟"是有歧义的。大前提中的"鸟"是有羽毛的，而在小前提中，则是就被拔光了羽毛这个意义而言的。为了使论题确切、明白，证明者在对论题进行表述时，应尽量选用意义明确的词语，对于一些关键性的概念，往往需要进一步做出明确的界定。

第二，论题应当保持同一，不得偷换或转移论题。

证明的这一规则要求同一证明中的论题只能有一个，而且整个论证应始终围绕其进行，不得改变。违反证明的这一规则将导致"偷换论题"或"转移论题"的逻辑错误。

> 欧洲国家不都在地中海周围，欧洲国家仅在地中海北岸，而东岸有土耳其、叙利亚等亚洲国家，南岸有埃及、摩洛哥等非洲国家。

要求论证的是"欧洲国家不都在地中海周围"，实际论证的是"地中海周围不都是欧洲国家"。

例如，王蒙的微型小说《雄辩症》以雄辩证病人为创作对象，完成一篇讽刺文的写作：

> 一位医生向我介绍，他们在门诊中接触了一位雄辩症病人。
> 医生说："请坐。"
> 病人说："为什么要坐呢？难道你要剥夺我的不坐权吗？"医生无可奈何，倒了一杯水，说："请喝水吧。"病人说："这样谈问题是片面的，因而是荒谬的，并不是所有的水都能喝。例如，你如果在水里掺上氰化钾，就绝对不能喝。"
> 医生说："我这里并没有放毒药嘛，你放心！"
> 病人说："谁说你放了毒药呢？难道我诬告你放了毒药？难道检察院起诉书上说你放了毒药？我没说你放毒药，而你说我说你放了毒药，你这才是放了比毒药还毒的毒药！"
> 医生毫无办法，便叹了一口气，换了一个话题说："今天天气不错。"
> 病人说："纯粹胡说八道！你这里天气不错，并不等于全世界在今天都是好

天气。例如北极，今天天气就很坏，刮着大风，漫漫长夜，冰山正在撞击……"

医生忍不住反驳说："我们这里并不是北极嘛！"

病人说："但你不应该否认北极的存在。你否认北极的存在，就是歪曲事实真相，就是别有用心。"

医生说："你走吧！"

病人说："你无权命令我走。你是医院，不是公安机关，你不可能逮捕我，你不可能枪毙我。"

……经过多方调查，才知道病人当年参加过"梁效"的写作班子，估计可能是一种后遗症。

第三，论据应当是已被确认为真的命题。

论据是被用来证明论题真实性的命题。论题的真实性要从论据的真实性中推论出来，如果论据自身的真实性未确定甚至虚假，则会使论题真实性的基础丧失，从而导致论题无法得到有效证明。

论据的可接受性是一个与论证的逻辑性密切相关的问题。一旦发现理由虚假或不可接受，推理形式再规范，结论也不能获得充分的支持。

在证明中，如果以虚假的命题作为论据，将导致"虚假理由"的逻辑错误。例如，亚里士多德认为"地球是宇宙的中心，因为日月星辰都是围绕地球转的"。在亚里士多德这个命题中，"因为日月星辰都是围绕地球转的"这一论据是假的，所以，这一论证就犯了"虚假理由"的错误。

在证明过程中，也不能以各种捕风捉影、道听途说的材料或科学假说等真假未定的命题作为论据，否则将导致"预期理由"的逻辑错误。

以做学问、写文章为例，胡适在《考证学方法之来历》中说："考一物，立一说，究一字，全要有证据，就是考证，也可以说是证据，必须有证据，然后才可以相信。"①既然证据的可信性如此高，在论据的选择和采用上，胡适是非常重视的。在《先秦名学史》的前言中胡适说："既然本书要进行历史的研究，首先必须解决的问题就是原始资料的选择。"②胡适认为对每一本著作可靠性的确认都要有非常充足的理由，否则是不会被运用的，哪怕是著作中的一个段落。这样一来，才能保证史料在运用上的可靠性和真实性。胡适是想以原始资料的可靠性和真实性来保证对历史上逻辑思想、理论阐述的准确性，在他看来，有证据的东西才能够进行研究和探讨，才能得出可靠的研究成果。

第四，论据的真实性不应依赖于论题的真实性。

在证明过程中，论题的真实性是从论据的真实性中推导出来的，如果论据自身的

---

① 欧阳哲生：《胡适文集》，北京大学出版社1998年版，第109页。
② 胡适：《先秦名学史》，《先秦名学史》翻译组译，学林出版社1983年版，第1页。

真实性要靠论题来证明，即意味着论题本身也没有得到论证。违反证明的这一规则将导致"循环论证"的逻辑错误。

例如，鲁迅在《论辩的魂灵》一文中，这样揭露了顽固派的诡辩手法："你说谎，卖国贼是说谎的，所以你是卖国贼。我骂卖国贼，所以我是爱国者。爱国者的话是最有价值的，所以我的话是不错的。我的话既然不错，你就是卖国贼无疑了。"

又如十七世纪经院哲学家阿奎那的证明："上帝是存在的，因为上帝是十全十美的。十全十美中首先就必须包括存在这种性质。因为，不存在是不完美的，存在才是完美的。"

这两段话都是循环论证。

第五，从论据应能推出论题。

证明的这一规则即要求论证方式必须合乎推理的规则，论据与论题之间具有必然的逻辑联系，从论据能够合乎逻辑地推出论题。违反证明的这一规则将导致"推不出"的逻辑错误，"推不出"的具体表现形式主要有两种：

一是推理形式不正确。例如，有人认为"我学习成绩不好，是由于我运气不好"，然而事实上"学习成绩"和"运气"两者之间并无必然联系。如果我们把这一错误的证明中包含的推理形式表述出来，那就是：

学习好的人运气都好，
我学习不好，

所以，我运气不好。

不难看出，这一推理违反了三段论的推理规则，犯了"中项不周延"的逻辑错误。这样，即使两个前提都是真的，但由于前提与结论之间无必然联系，结论并不一定真。因而论据虽真，但却证明不了论题的真，这就是证明中的"推不出"的逻辑错误。

二是论题与论据不相干。所谓论题与论据不相干，是指论据与论题之间根本不存在逻辑关系，从论据的真实性并不能推出论题的真实性，也即论据与论题风马牛不相及，理由不成其为理由。

论证的真前提不一定给结论的可接受性提供充分的支持，甚至根本就没有提供任何支持。这就产生了前提或理由的相干性问题。理由相干性一直是论证理论特别是谬误论的重要主题。如果论据和论题没有关系，就会出现通过指出论证者的人格缺陷来否定该论证的"人身攻击"的谬误。

论证逻辑对相干性的一般解释是：一个前提对结论肯定性相干，仅当接受它使得结论的可接受性增强；一个前提对结论否定性相干，仅当接受它使得结论的可接受性削弱；一个前提对结论不相干，仅当接受它对结论的可接受性没有影响。

例如，在昆剧《十五贯》中，无锡知县过于执，仅凭被害人尤葫芦养女苏戌娟年轻貌美这一点，便判定她是与熊友兰勾搭成奸，谋财杀死养父的凶手。过于执的论断是:"看你艳如桃李,岂能无人勾引?年正青春,岂能冷若冰霜?你与奸夫情投意合,自然要生比翼双飞之意。父亲拦阻,因之杀其父而盗其财,此乃人之常情。"这个推理中论题"苏戌娟杀人"和论据"她年轻貌美"不存在必然的联系,就属于"推不出"的错误。这个论证犹如现在在性侵犯中对女性衣着暴露的指责一样荒诞。

第五节 论说文的写作

从文种的角度而言,说明是说明文的主要表达手段,但说明不局限于说明文;说明文的逻辑主要表现为揭示概念。记叙是记叙文的主要表达手段,但记叙文不局限于记叙,记叙文的逻辑着眼于命题间的关系。论说文是一种论证的文体。其功用在于系统地阐明一个论题的可接受性。这是一种有规范的结构、最能代表论证水平的文体。论证是论说文的主要表达手段,论证需要应用推理,论证需要提出论断,阐明理由。但论证文也不局限于论说,论说文的逻辑则在于推理的运用。以通常所说的论证为主的议论文叫立论文。反驳是一种特殊的论证,以反驳为主的议论文叫驳论文。

此外,还有一种论辩行为,即展开于主体之间,通过单个命题或命题组合来证明自身观点,反驳对方观点,以消除争议,谋求共识的理性行为。论辩是普遍存在的思维现象和言语行为,它反映了基于主体间个性差异的思想的多样性和丰富性,以及不同思想在各自的论证中不断发展的客观事实。

论证的核心是论题。论题是对一个问题的回答,而问题的形成是从研究的主题开始的。主题是文章的灵魂和统帅,主题可被看成一个问题域,作者可以根据自己的情况选择合适的研究问题,如熟悉并且可以严密定义的。有了要研究的问题需要了解,对于所研究的问题,其他相关群体是如何论证的。专家的观点和民众的观点是需要考虑到的。继而须提供支持性的思想和证据,形成大纲。大纲的作用在于可以勾勒出需要研究的重点和规定的方向。

常见的论说文写作模式包括导言、论点陈述、证实和结论等基本部分。

导言:将读者拉进论题,建立共同基础,确立写作者的风格,树立写作者的信用;阐明主题的重要性,给出必要的背景信息。

论点陈述:细致地陈述写作者的核心主张。陈述过程中考察并反驳对立论证。尽可能察觉有缺陷的推理。证据是否支持写作者描述的结论?这些论据是不是由于能得出结论才被选择的?

证实:使用事实和权威统计数据等支持写作者的主张。要避免逻辑谬误,一旦有证实主要之点和支持的细节,就可以考虑排列的策略。哪一点先出现,哪个其次,哪个最后?一个有效的方法是按重要性优先原则,这样做的好处是,写作者的观点始终是有力的。

结论:与导言中的主张呼应,回顾写作者的主要观点,或呼吁人们行动起来,使人们反对对立观点。

此外，还可以选择不同于传统模式的一些模式，这需要根据写作内容确定。

以梁启超的《少年中国说》为例，分析论说文的结构。

  日本人之称我为中国也，一则曰老大帝国，再则曰老大帝国。是语也，盖译欧西人之言也。呜呼！我中国其果老大矣乎？梁启超曰：恶是何言？是何言，吾心中有一少年中国在！

  梁启超曰：我中国其果老大矣乎？是今日全地球之一大问题也。如其老大也，则是中国为过去之国，即地球上昔本有此国。而今渐灭，他日之命运殆将尽也，则是中国为未来之国，即地球上昔未现此国，而今渐发达，他日之前程且方长也。欲断今日之中国为老大耶，为少年耶？则不可不先明"国"字之意义。夫国也者，何物也？有土地，有人民，以后于其土地之人民，而治其所居之土地之事，字制法律而自守之；有主权，有服从，人人皆主权者，人人皆服从者。夫如是，斯为之完全成立之国。地球上之有完全成立之国也，自百年以来也。完全成立者，壮年之事也；未能完全成立而监禁于完全成立者，少年之事也。故吾得一言以断之曰：欧洲列邦在今日为壮年国，而我中国在今日为少年国。

  夫古昔之中国者，虽有国之名，而未成国之形也，或为家族之过，或为酋长之国，或为诸侯封建之国，或为一王专制之国。虽种类不一，要之，其于国家之体质也，有其一部而缺其另一部，正如婴儿自胚胎以迄成童，其身体之一二官肢，先行长成，此外则全体虽粗具，然未能得其用也。故唐虞以前为胚胎时代，殷周之际为乳哺时代，由孔子以来至于今为童子时代，逐渐发达，而今乃始将入成童以上少年之界焉，而不知皆由未完全、未成立也，非过去之谓，而未来之谓也。

  且我中国畴首，岂尝有国家哉？不过有朝廷耳。我黄帝子孙，聚族而居，立于此地球之上者既数千年，而问其国之为何名，则无有也。夫所谓唐、虞、夏、商、周、秦、汉、魏、晋、齐、梁、陈、隋、唐、宋、元、明、清者，则皆朝名耳。朝也者，一家之私产也；国也者，人民之公产也；文、武、成、康，周朝之少年时代也。幽、厉、桓、赧，则其老年时代也。自余历朝，莫不有之。凡此者，谓为一国之老也则不可。一朝廷之老且死，犹一人之老且死也，于吾所谓中国者何与焉？然则吾中国者，前此尚未出现于世界，而今乃始萌芽云尔。天地大矣，前途辽矣，美哉，我少年中国乎！

  玛志尼者，意大利三杰之魁也，以国事被罪，逃窜异邦，乃创立一会，名曰"少年意大利"。举国之士，云涌雾集以应之，辛乃光复旧物，使意大利为欧洲之一雄邦。夫意大利者，欧洲第一之老大国也，自罗马亡后，土地隶于教里，政权归于奥国，殆所谓老而濒于死者耶？堂堂四百余州之国土，凛凛四百余兆之国民，岂遂无一玛志尼其人者！

故今日之责任，不在他人，而全在我少年。少年智则国智，少年富则国富，少年强则国强，少年独立则国独立，少年自由则国自由，少年进步则国进步，少年胜于欧洲，则国胜于欧洲，少年雄于地球，则国雄于地球。

第一段是论说文的引言部分，梁启超通过日本人、西欧人对中国固有的看法——"老年中国"，引出一个完全相反的观点——"少年中国"，这是整篇论说文要论述的论点。

第二段至第五段是论证的主体部分。前面通过分析驳斥西方对中国持有的错误观点，从而树立自己的论点。对"国"这个概念的定义统领下面两段的论述。第三段梁启超仍然以"国"的标准来论述中国从古至今的形态，论证"少年中国"这一观点。第四段论证方式与二三段相同，进一步证明中国作为一个真正意义国家的"少年"特质。第五段使用了与前文不同的论证的角度，通过意大利发生的实例指出少年中国振兴的现实性和可能性，巩固和延伸了立论的观点，为结论的得出作了铺垫。

第六段是论说文的结语，通过以上论证得出结论：少年肩负着振兴古老中国的责任。这篇论说文有破有立，融驳论和立论为一体。

本章关于论证的学习部分需要指出的是，虽然实践检验在确定某一论断的真实性方面也具有相当重要的作用，而且往往与逻辑论证交织在一起，但实践检验不能代替逻辑论证。一方面，不仅科学命题的提出是一个逻辑的推演过程，而且已被实践检验的某种认识也只有借助于逻辑论证才能完成由实践到理论的过渡。另一方面，逻辑论证还是人们获取新知识的重要手段。人们可以在已有知识的基础上，通过论证获得新知识。此外，科学知识的传播也往往需要逻辑论证。

练 习 题

1. 一个好的论证应该满足这样的标准：命题确实无误；前提来源可靠或可以得到支持；前提与结论相干；前提对结论提供的支持要充分有力；论证的整个理由排除其他可能结论。请根据示例，分析并评价下列论证段落。

示例1：

自1940年以来，全世界的离婚率不断上升。因此，目前世界上的单亲儿童，即只与生身父母中的某一位一起生活的儿童，在整个儿童中所占的比例，一定高于1940年。

论点：目前世界上的单亲儿童，即只与生身父母中的某一位一起生活的儿童，在整个儿童中所占的比例，一定高于1940年。

论据：自1940年以来，全世界的离婚率不断上升。

隐含的前提：作为一般规则的认识，即离婚率上升会导致单亲儿童比例上升。

分析：这个论点和论据之间，论据是论点的唯一原因吗？例如，有没有可能是非婚生子女或者已婚人士意外死亡的原因存在？如果这个"他因"存在，会不会因为随着社会道德发展状况的好转，或者社会伦理感进步后，非婚生子女的减少使得单亲儿童的比例是更少而不是更多呢？

示例2：

一项关于婚姻状况的调查显示，那些起居时间明显不同的夫妻之间，虽然每天相处的时间相对要少，但每月爆发激烈争吵的次数，比起那些起居时间基本相同的夫妻明显要多。因此，为了维护良好的夫妻关系，夫妻之间应当注意尽量保持基本相同的起居规律。

论点：为了维护良好的夫妻关系，夫妻之间应当注意尽量保持基本相同的起居规律。

论据：调查研究显示，那些起居时间明显不同的夫妻之间，每月爆发激烈争吵的次数，比起那些起居时间基本相同的夫妻明显要多。

分析：这是什么样的调查，是否客观？是否有证据说明夫妻没有掩盖家丑而拒绝透露实际争吵次数？是起居时间不一致导致夫妻争吵，还是夫妻争吵后，用不一致的起居时间发起无声的抗议？起居时间不一致和夫妻争吵，可能是由于夫妻工作性质、家庭角色不同共同导致的结果。

示例3：

为了扭转邮政业务越来越不景气的局面，政府应该提高邮票价格。提价会产生更多收益，减少邮件流量，因此能舒缓对现有系统的压力，并改善员工的工作面貌。所以，这一做法必定是有效的。

其一，只有当邮政业的不景气是由于邮票价格太低造成的时候，提高邮票价格的做法才有效。也就是说，邮政业的不景气有可能是其他行业的快速发展给邮政业带来的挑战，邮票价格低可能只是一个原因。

其二，预期与现实之间将会出现矛盾，邮政业已经不景气，再提高票价，无异于雪上加霜。

其三，提价不一定带来更多的效益。要产生更多的效益，前提是邮政业务流量保持原有水平，但事实上，提价有可能导致业务量的流失。

其四，邮政流量的减少，可以减少系统的现有压力，但是不一定会改善员工的工作面貌。换言之，邮政流量和员工工作面貌之间没有必然的因果联系。工作面貌的内涵丰富，包括员工在任何状态下健康的工作状态，如果压力大，面貌就差，通过减少工作来改善面貌,是一种畸形的方式。

2. 毛泽东同志在《帝国主义和一切反动派都是纸老虎》一文中说:"我说一切所有号称强大的反动派统统不过是纸老虎。原因是他们脱离人民。你看,希特勒是不是纸老虎?希特勒不是被打倒了吗?我也谈到沙皇是纸老虎,中国的皇帝是纸老虎,日本帝国主义是纸老虎,你看,都倒了。"

3. 礼让,是中华民族的传统美德。我国自古以来就流传着许多关于让的佳话,如"尧舜让位""王泰让枣""孔融让梨""将相和"等,不胜枚举。

4. 短文章就没有分量?那不见得,文章不在长短,要看内容如何。内容有分量,尽管文章短小也是有分量的;如果内容没有分量,尽管文章写得像万里长城那样长,还是没有分量。所以不能用量压人,要讲求质。黄金只有一点点,但还是有分量的;牛粪虽然一大堆,分量却不见得有多重。说短文章没有分量是不切实际的。中国古代就有许多短文章,如《论语》《道德经》等。《论语》中有不少好的东西,《道德经》在那个历史时代也有它突出的地方。"三个臭皮匠,赛过诸葛亮"这样的话就很好,这十个字抵得过一大篇文章。类似的例子有的是。

5. 某被告的辩护人说:"被告在犯罪前工作积极,曾荣立三等功,希望法庭在量刑时考虑这一点,对被告从轻处罚或免于处罚。"公诉人答辩说:"赏罚分明,是我们党的一贯政策。功归功,过归过,一个人立功只能说明他的过去,不能说明他的现在,更不能拿过去立功抵消现在之过……如果过去立过功,今天就可以胡作非为,且可以从轻或免于处罚,怎么能够体现社会主义国家法律的严肃性呢?"

6. 为什么要搞对外开放,而不能闭关自守呢?道理很简单,我们的产品统统在国内销?什么都要自己制造?还不是要从外面买进来一批,自己的卖出去一批。没有对外开放,翻两番困难,现在任何国家要发达起来,闭关自守都不可能。我们吃过闭关自守的苦头,我们的老祖宗吃过这个苦头。恐怕明成祖时候,郑和下西洋还算是开放的。明成祖死后,明朝逐渐衰落,以后清朝康乾时代,不能说是开放的,如果从明朝中叶算起,到鸦片战争,有三百多年的闭关自守。如果从康熙算起,也有近200年的闭关自守。把中国搞得贫穷落后,愚昧无知。我们建国以后,第一个五年计划也是对外开放的,只不过是对苏联东欧开放。以后关起门来,没有什么发展。

7. 如果人们滥用DDT,那么它就向周围的地面和大气扩散开。如果它向周围的地面和大气扩散开来,那么它就随雨水降流到江河湖海中。如果它随雨水降流到江河湖海中,那么浮游生物吞噬后就积蓄到体内。如果浮游生物吞食后积蓄到体内,那么吞食浮游生物的鱼类就在体内积蓄较高浓度的DDT。那么长期食用这些鱼类的人体会发生病变(水鸟、海鸟也是如此)。所以,如果人们滥用DDT,那么长期食用某些鱼类的人体内就会发生病变。

8. 有人慨叹曰:中国人失掉自信力了……我们有并不失掉自信力的中国人在。我们从古以来,就有埋头苦干的人,有拼命硬干的人,有为民请命的人,有舍身求法的人……虽是等于为帝王将相作家谱的所谓"正史",也往往掩不住他们的光耀,这就是中国的脊梁。这一类的人们,就是现在也何尝少呢?他们有确信、不自欺;他们在前仆后继地战斗,不过一面总在被摧残,被抹杀,消灭于黑暗中,不能为大家所知道罢了。说中国失掉了自信力,用以指一部分人则可,倘若加于全体,那简直是诬蔑。

9. 有人认为,中国的民族文化遗产完全是文化垃圾,是前进的包袱,"早该后继无人"。这种极端错误的偏颇之论,每一个正直的中国人都是无法接受的。诚然,在中国文化传统中,毫无疑问地含有一些明显落后可憎的东西……但是中国传统文化中也有一些精湛的光辉的内容,确实存在着值得弘扬的优秀成分。例如中国医学,其理论虽然深奥难懂,但疗效却非常显著;中国的绘画独具特色,为西方人所珍爱;中国的园林艺术也受到西方人士的赞扬;中国的烹调更是为各国人民所欣赏。这些都是显而易见的。

10. 一个民族谋求文化的发展,必须具有坚定的民族自信心。如果一个民族丧失了自信心,全盘否定自己的文化传统,只知匍匐于外国文化的影响下,甘心接受人家的"同化",这势必丧失民族文化的独立性;而丧失了文化的独立性,也将丧失民族的独立性,哪一个真正的中国人愿意丧失掉自己民族的独立性呢?

11. 科学是无禁区的。科学是人们在社会实践基础上对客观世界的日益正确的反映,是关于客观世界及其规律性的知识体系,它随着社会实践的发展而不断发展。因此,凡是社会实践所涉及的客观世界的一切领域,都需要科学去探索它、研究它。自然科学和社会科学,就是人们在对自然和人类社会探索的过程中不断发展起来的。科学研究如果有禁区,就等于承认客观世界有不许接触、不能探索、不可认识的领域,这就是一种不可知论,就是蒙昧主义。斯大林说得好:"科学所以叫作科学,正是因为它不承认偶像,不怕推翻过时的旧事物,很仔细地倾听实践和经验的呼声。否则,我们就根本不会有科学,譬如说,不会有天文学,而直到现在还会信奉托勒密的陈腐不堪的地心宇宙体系说了;那我们就不会有生物学,而直到现在还会迷信上帝造人的神话了;那我们就不会有化学,而直到现在还会相信炼金术士的预言了。"

12. 倘若说,作品愈高,知音愈少。那么,推论起来,谁也不懂的东西,就是世界上的绝作了。

13. "还是杂文时代,还要鲁迅笔法。"鲁迅处在黑暗势力统治下面,没有言论自由,所以用冷嘲热讽的杂文形式作战,鲁迅是完全正确的。我们也需要尖锐地嘲笑法西斯主义、中国的反动派和一切危害人民的事物,但在给革命文艺家以充分民主自由、仅仅不给反革命分子以民主自由的陕甘宁边区和敌后的各抗日根据地,杂文形式就不应该简单地和鲁迅的一样。我们可以大声疾呼,而不要隐晦曲折,使人民大众不易看懂。如果不是对于人民的敌人,而是对于人民自己,那么,"杂文时代"的鲁迅,也不曾嘲笑和攻击革命人民和革命政党,杂文的写法也和对于敌人的完全两样。对于人民的缺点是需要批评的,我们在前面已经说过了,但必须是真正站在人民的立场上,用保护人民、教育人民的满腔热情来说话。如果把同志当作敌人来对待，就是使自己站在敌人的立场上去了。我们是否废除讽刺？不是的，讽刺是永远需要的。

14. 巴基斯坦影片《人世间》里的律师曼索尔为主人公拉基雅辩护：如果拉基雅是凶手，那么，她手枪中的五颗子弹最少必有一发打中了她的丈夫，而现在经过现场检查，她手枪中的五发子弹都打在对面的墙上，打在墙上，当然没有打中她丈夫。再有，如果拉基雅是杀死她丈夫的凶手，那么，子弹一定是从正面打进她丈夫的身体的，因为拉基雅是面对面地对她丈夫开的枪。但是，经过法医检查，尸体上的子弹是从背后打进去的。

15. 1961年，一个西方的记者以挑衅性的口吻问周总理：中国人口这么多，是否对别国有扩张领土的要求？周总理反驳说："你似乎认为一个国家向外扩张，是由于人的过多。我们不同意这种看法。英国的人口在第一次世界大战以前是四千五百万，不算太多，但是，英国在很长的时期内曾经是'日不落'的殖民帝国。美国的面积略小于中国，而美国的人口还不到中国人口的三分之一，但是美国的军事基地遍于全球，美国的海外驻军达一百五十万人。中国人口虽多，但是没有一兵一卒驻在外国的领土上，更没有在外国建立一个军事基地。可见一个国家是否向外扩张，并不决定于它的人口多少。"

16. 华中大学还算不上是一个成熟的学校。如果是一个成熟的学校，那么在一批老教授离开自己的工作岗位后，应当有一批年轻的学术人才脱颖而出，勇挑大梁。而华中大学去年一批老教授退休后，大批青年学者纷纷外流，一下子没了学术带头人。

17. 学习新知识，需要勤奋好学、老老实实的好学风。不管做什么事情，都要有一个老老实实的态度。不懂就是不懂，不能装懂。在学习过程中，会出现许多我们不懂的东西。不懂怎么办？承认就是了，承认不懂，才能从不懂变懂；承认不会，才能从不会变会。装，只能使自己永远是外行，永远不懂，永远无知。当然，转化是有条件的。这条件，就是靠做和学。勤勤恳恳地学，老老实实地学，努力使自己从门外汉变成有知识、懂技术、会管理的内行。如果不是这样，而是靠装混日子，长此下去，实践就会将你的军，社会就会将你的军，马脚就会越露越多，终将在社会发展过程中落伍。这个危害可就大了。

18. 形而上学认为："绝对静止是物质的本质属性。"这种观点是不正确的。辩证唯物主义认为，运动才是物质的根本属性。物质是运动的物质，绝对静止、脱离运动的物质是没有的。从日、月、星系的宏观世界到分子、原子、微观粒子的微观世界，从没有生命的无机界到有生命的有机界，一直到人类社会都处在永恒的变化之中，世界上没有绝对不动、凝固不变的东西。

第十章 谬　　误

　　亚里士多德在《辨谬篇》中,将谬误定义为虚假的或表面的反驳。这是用反驳定义谬误,即争辩过程中所出现的一切不符合真正反驳条件的和在其中使用了似是而非的推理的论证都是谬误。在现代汉语中,"谬误"泛指一般的错误性差错,也可用作真理的反义词,指与客观现实不一致的认识。但在逻辑学语境中,广义的谬误指在思维议论过程中发生的各种错误,包括思维形式上完全违反形式逻辑的错误,言词上与形式逻辑有关的错误,以及实质的即关于事实或内容的错误。狭义的谬误指违反形式逻辑规律、规则而产生的错误。

　　批判必须以公认的标准作出准确、公正的断定。我们使用批判性思维的目的并不是为了发掘思维中的缺陷或漏洞,而是为了完善、校正自己的思维,即老子所说的"知人者智,自知者明"。日常写作中出现的谬误,是不依据逻辑的言论,尤其是指论证中不符合逻辑的推论。逻辑谬误分为形式逻辑谬误与非形式逻辑谬误。形式逻辑谬误是指不依据形式逻辑推理规则进行推理、演绎、论证而导致的逻辑谬误;非形式逻辑谬误,实质上就是前提错误的谬误,这是指依据错误的前提进行推理、演绎、论证而导致的逻辑谬误。

　　一个论证是好的,必须同时满足下列三个条件:

　　第一,所有前提都必须是可接受的。违背这条规则的谬误有"不一致谬误""前提虚假谬误"和"预期理由谬误"等。

　　第二,前提与结论必须是相干的。违背这条规则的谬误被统称为不相干谬误,如"稻草人谬误""人身攻击谬误""诉诸权威谬误""诉诸情感谬误""诉诸武力谬误"和"非黑即白谬误"等。

　　第三,所有前提加起来必须给结论提供充分支持。在思维科学中,"谬误"通常被视为"真理"的对立面,即认为谬误是同客观事物及其发展规律相违背的认识,是对客观事物本来面目的歪曲反映,因此,"谬误"通常被用"错误"或"差错"来解释。然而,根据通常的逻辑学观点,谬误就是指看起来令人相信但实际上逻辑上并不可靠的论证。

　　虽然不同的逻辑学谬误通常被定义为逻辑上有缺陷的,但可能误导人们认为它是逻辑上正确的论证。换言之,谬误至少有三层含义:

　　第一,谬误也是一种论证;

　　第二,这种论证逻辑上是有缺陷的;

　　第三,这种论证会误导人们认为其逻辑上是正确的。

第十章 谬　　误

吕叔湘先生说过:"语言的确是一种奇妙的、神通广大的工具,可又是一种不保险的工具。听话的人的了解和说话的人的意思不完全相符,甚至完全不相符的情形是常常会发生的。"例如,论证"如果大学生小张是助人为乐做好事,那么,他应该抓到撞倒老太太的人;而现在小张没有抓到撞倒老太太的人;因此,小张不是助人为乐做好事"。虽然利用了充分条件的否定后件式,但是前提是错误的。大学生小张助人为乐做好事,不是应该抓到撞倒老太太的人的充分条件。

这一章中,探讨三种常见的谬误:含混谬误,相干谬误和预设谬误。

第一节　含　混　谬　误

含混谬误,是因语言的意义与所指模糊隐蔽而产生的。语言有指谓事物、表达思想的功能。正确思维和有效交际,应遵守语言明确性的原则。含混谬误则违反语言明确性原则,有碍于发挥语言的指谓、表达功能和进行有效的交际。在没有语境限制的情况下,同一语句可以陈述不同的内容,这就是语句的歧义性。那些在同一思维过程中用一个似是而非的论题来代替原来的论题的现象称作"混淆论题"的逻辑错误。

这类谬误是由于语言的多义词,即因同一个词有含混的含义而引起的。例如,"凡必然存在的都是善,而恶是必然存在的,因此恶就是善"。这个推论之所以是谬误,是因为"必然存在"这个词有歧义。针对含混谬误,我们列举常出现的几种情况。

一、歧义词

歧义词是在理解上会产生两种可能但在当时语境中只利用其中一种含义的语词。换句话说,就是可以这样理解也可以那样理解的语词,但不确定究竟是在表达哪种意思。当我们在同一论证中混淆了一个词或短语的不同意义时,就是犯了这种错误。歧义有主要由口语与书面的差别造成的,有主要由多义词造成的,如"某事物的终了意味着它的完善,死是生命的终了,因而意味着生命的完善",就属于这种谬误。有同相关的名词发生关系造成的,如"象是动物,因此,小象是小动物"。还有由语言组合造成的。

在文学领域,歧义词却另有意境:

三国时期,钟士季有精深的才思,先前不认识嵇康;他邀请当时一些才德出众人士一起去寻访嵇康,碰上嵇康正在大树下打铁,向子期打下手拉风箱,嵇康继续挥动铁槌,没有停下,旁若无人,过了好一会也不和钟士季说一句话。钟士季起身要走,嵇康才问他:"何所闻而来?何所见而去?"钟士季说:"闻所闻而来,见所见而去"。

下面，列举几个歧义词谬误：
（1）放弃爱情的女人让人心碎。
（2）我叫他去。
（3）开刀的是他父亲。
（4）公司领导对他的批评是有充分思想准备的。
（5）他抛下工作和孩子到公园玩。

二、语义双关

语义双关是对某一命题可以作两种解释，其中一种可能是正确的，另一种可能是谬误的。再看下面一段话：

> 物种灭绝是大自然的规律。据科学家估计，在人类使用最原始的工具以前，地球上曾经存在的物种就已经灭绝了大半。大自然的这种不断产生和消灭物种的恒常过程被那些指责人类使用技术而影响了环境，并由此而造成新近的物种灭亡的人所忽视。这些人必须明白：现代灭绝的物种即使没有人类技术的应用现在也会灭绝的。

这个论证把自然的物种灭绝与由于人类使用技术而造成的物种灭绝混淆，论证者没有提供明确的证据表明现代灭绝的物种与在没有人类技术存在的情况下将会灭绝的物种是同样的。

三、重读（强调）谬误

重读谬误是根据命题中关键概念的选择性重读或强调产生的谬误。此处，举几个例子：

例如"父在母先亡"这句话可以理解为"父在，母先亡"，即一人去世；也可以理解为"父比母先亡"，即二人都去世。

《韩非子·外储说左下》记载，鲁哀公问孔子说："我听说夔一足，你信吗？"孔子说："夔也是个正常的人，怎么会只有一只脚？他并没有其他特殊的地方，而只是特别精通音乐。尧说，夔有一个人就足够了，于是让他做管理音乐的长官。所以人们说，夔有一，足，并不是说他只有一只脚。"这种歧义即是由于断句导致的强调谬误。

例如，"我们不应讲我们朋友的坏话"和"我们不应讲我们朋友的坏话"两者重点不同，不能以此代彼。此外，还有强调谬误，对特定语句的强调会出现暗示的意义，例如，"你已经停止打老婆了吗"或者"你今天没喝酒啊"是不是意味着被谈话人经常打老婆或者喝酒？

四、合举谬误

合举谬误也叫合成谬误，是指由整体中的部分、个别属性不恰当地推断出整体、集合的属性。合举谬误常见的表现形式有以下几种：

第一，如果一个整体的每一部分都有某种性质，则该整体也有此种性质。比如因为某一部机器的每一个零件都是优质的，便推出整套机器也是优质的。再如，一辆公共汽车比一辆普通家用小汽车所用汽油多，因此这个城市公交车的耗油量大于所有家用小汽车的耗油量。再如，单纯的氯和钠都是有毒的，因此，由氯和钠组成的化合物氯化钠是有毒的。毫无疑问，单纯的氯是有毒的，单纯的钠也是有毒的，但是，氯与钠的化合物——氯化钠是食盐的主要成分，是无毒的。换句话说，这个论证的前提是真的，但结论是假的，即前提真推导不出结论为真，因此，犯了合举谬误。

第二，某一原因对个体来说是正确的，便据此推出这个原因对整体来说也是正确的。例如，当某一个人踮起脚尖来看户外演出对他个人是有益的，那么当所有人都踮起脚尖来看户外演出时，对大家都是有益的。这同样犯了合举谬误。

第三，当某个个体和或者元素对一个对象是有利的，那么这个个体和或者元素对这个对象来说，就越多越好。如维生素对身体好，就要多吃，越多越好。肥料对庄稼苗壮生长有利，就要多施肥，越多越好。这些也是犯了合举谬误。

五、分举谬误

分举谬误又叫分解的谬误，与合举谬误相反，分举的谬误是指由整体、集合的属性不恰当地推论到元素、部分的属性上。换句话说，如果整体或集合具有某种属性，则它的每一部分或元素也具有此种属性。例如，根据中国国民经济水平提高，推出每一个中国人的经济收入都在增加。分举的另一个谬误是越少越好，越瘦越美，吃得越少越美，导致厌食。

第二节 相 干 谬 误

在论证过程中，用不相关或者无关的理由或前提来支持结论，在逻辑上就属于相干谬误。相干谬误，首先论据应该是真的，论据应该是和前提有关系的。分两种情况：

第一种，论证前提应该是可以接受的。

（1）前提所描述的事件与客观事实不相符，即前提虚假谬误。这种情形是建立在符合真理理论基础之上的。2003年3月20日，以美国和英国为主的联合部队正式宣布对伊拉克开战，澳大利亚和波兰的军队也参与了此次联合军事行动。当时的美国政府发动对伊拉克战争的理由是什么呢？其中一个重要理由就是美国认为伊拉克拥有大规模杀伤性武器。但事实上，美国搜遍了整个伊拉克，并没有找到大规模杀伤性武器。事实证明，美国政府的"伊拉克拥有大规模杀伤性武器"这个理由是虚假的。

（2）前提的可接受性还有待被证实，即预期理由谬误。例如，用望远镜观察火星，可以发现上面有不少有规则的条状阴影，而这就是火星人开凿的运河，因此得出结论说火星上是有人的。这个论证就犯了预期理由的谬误，因为上述论据"火星上有规则的条状阴影是火星人开凿的运河"这个判断本身是否真实还未确定。

第二种，论据和前提之间的关系有相关度。

一个好的论证，前提必须与结论相关。不相关前提谬误是指论证者提出来证明其结论的前提与其结论是不相关的。这类谬误很多，如诉诸权威谬误、诉诸情感谬误、诉诸公众谬误和诉诸无知谬误等。

一、诉诸权威谬误

诉诸权威谬误，从字面上讲，诉诸威力是与棍棒有关的。通常其表现形式有滥用权威、不相关权威、有问题的权威、不适当权威等。这种论证的基本模式是：

（1）某甲是或被认为是某领域 A 的权威。

（2）某甲做了关于 A 的主张 B。

（3）因此，B 是真的。

在现实生活中，这种论证模式运用得当与否是区别谬误与否的关键。换句话说，如果论证模式运用得当，它就不是谬误，否则就是谬误。

诉诸权威是在论证中阻止他人对某个论证的批判而引证权威。这里的"权威"包括认识的、传统的、名人的权威，也可分为认识性权威（即专家）和制度性权威。诉诸权威的论证通常会应用一系列非形式的条件或规范，独断地将权威意见视为终极性话语，逃避或阻碍正视这些批判性问题，或不对这些问题作出恰当的回答。

那么，如何判断论证模式运用是否得当呢？一个可操作的标准就是：需要问它是否滥用权威、不相关权威、有问题的权威或不适当的权威。如果都不是，那么，这个论证就是合理的。如果它属于上述四种形式的某一种，那就犯了前提不相关谬误之诉诸权威谬误。

学生遭到不公正对待后，向辅导员投诉学校某机构，辅导员会说："如果你这样做，我希望你认真考虑，你今后各种评优还需要学校这个机关的支持吗？"辅导员为了劝说学生不要诉诸法律手段来解决问题，就诉诸威胁。但是，这犯了不相关前提谬误，因此，辅导员犯了诉诸权威谬误。

诉诸权威的另一种可能是，权威是 A 领域的权威，但是不能代表 B 领域。诉诸权威最常见的例子就是明星代言，事实上，明星代言是由于个人喜好，不能说明产品本身质量是好的，更不能论证它适合每一个人。

第十章 谬　误

本书中提到的批判性思维，也意味着摆脱权威，进行独立的思考。下面是关于清代学者戴震的故事：

> 先生是年（震十岁）乃能言，盖聪明蕴蓄者久矣。就傅读书，过目成诵，日数千言不肯休。授《大学章句》，至"右经一章"以下，问塾师："此何以知为孔子之言而曾子述之？又何以知为曾子之意而门人记之？"师应之曰："此朱文公所说。"即问："朱文公何时人？"曰："宋朝人。""孔子、曾子何时人？"曰："周朝人。""周朝、宋朝相去几何时矣？"曰："几二千年矣。""然则朱文公何以知然？"师无以应，曰："此非常儿也。"

老师教《大学章句》至"右经一章"以后，戴震问老师："这凭什么知道是孔子的话，而由曾子记述，又怎么知道是曾子的意思，而是学生记下来的呢？"老师回答他说："这是朱文公说的。"（他）马上问："朱文公是什么时候的人？"（老师）回答他说："宋朝人。"（戴震问老师）："曾子、孔子是什么时候的人。"（老师）说："周朝人。""周朝和宋朝相隔多少年？"（老师）说："差不多两千年了。"（戴震问老师：）"既然这样，朱文公怎么知道这些？"老师无法回答，说："这不是一个寻常的孩子啊。"

二、诉诸情感谬误

诉诸情感谬误是指借由操纵人们的情感，而非有效的逻辑，以求赢得争论的论证方式。诉诸情感谬误是诉诸情感论证的一种滥用形式。成功的广告在极大程度上基本是由精心编制的诉诸情感组成的。文学中的"共鸣"，在许多辩论与论争中，以感情倾诉和忠诚为基础，与纯粹地冷静地推理起着同等重要的作用。我们分析下面这段话：

> 舞蹈系的学生说："老师，我们学习写作这门课程非常辛苦。我们每天排练就很辛苦，回来还要做大量的练习，每次课之后要花 3~4 个小时。其他专业课都比这门课轻松，期末考试大多数同学都是九十几分。再说，如果这门课程分数拿不到九十几分，我 GPA 成绩不够，就没办法出国。"

这位学生希望老师给她期末成绩不少于九十分，给出三点理由：
其一，她每天练功回来学这门课程，学得非常辛苦；
其二，别的通识课程学起来很轻松且期末成绩分数很高；
其三，如果这门课程拿不到九十几分，她出国成绩就不够。
其中，第一点和第三点理由都是采取诉诸怜悯方式。但是，这种诉诸怜悯与结论是不相关的，因此，这位学生犯了诉诸怜悯谬误。

再如《水浒传》中李逵遇李鬼的一个桥段：

> 李逵一听大怒，将那汉子按倒在地，那汉子哭着喊着说：我叫李鬼，我上有九十老母，下有七岁小儿，放了我吧。

李鬼这段话就是利用语言激发受众的怜悯之心，而不是论据合理性的论证。

情感有多样性，因此诉诸情感的谬误也有多种表现形式。如诉诸恐惧，即某事会产生某种可怕的后果，因此我们应该反对某事或接受预防某事的建议；诉诸仇恨，即某事有令人不愉快的相关经验，因此不该支持某事；诉诸怜悯，即挑起对方的同情与愧疚，以使他人支持自己的想法等。

和诉诸情感类似的还有"以情害意"的谬误，即论者以某事物不具有语词 X 的联想意义 a，便认定该事物不属于 X 的外延。由于这里的联想意义很多情况下表现为情感意义，因此叫"以情害意"。例如，某甲的儿子不尽儿子的本分，因此他不能算是某甲的儿子；某乙是高明医术的医生，但是没有医德，所以某乙绝不是医生。事实上，我们可以称某甲的儿子为"不孝之子"，称医生某乙为"没医德的医生"，完全不必要因为其联想意义而破坏它们的应有之义，搞乱它们的语义。一个实例是否为某个语词或术语的外延，取决于它是否具备该语词的理性意义所反映的事物性状。

西方谬误论对所谓的"井中投毒"谬误的一种解释也与此相关。有人主张"人的本质是自私的，人的行为首先是为了满足自己的私欲"，当别人指出这一论断的一些反例时，比如，见义勇为者、牺牲的烈士、雷锋等，辩护者会说，这些人并不是他所说的那些人。不过，这种"井中投毒"的解释可以和伪科学的辩护方式联系起来，它表明，论者从根本上否认了对其论点加以检验或证伪的可能性。

三、诉诸公众谬误

诉诸公众谬误的拉丁文意为"挟众"。"诉诸公众"有若干形式，但共同之处是利用期望受到欢迎以及符合主流的这种大多数人的心理，从而赢得受众的支持。其最为常见的一种形式是"从众谬误"，即试图说服受众采取某一行动或接受某一说法，只因为或者"据说"大家都这样。为了赢得对结论的认同而诉诸大众热情或公众情感进行论证。这种论证通常有两种模式：

(1) 大多数人或每个人都接受 A 为真，因此，A 是真的；
(2) 大多数人或每个人都不接受 A 为真，因此，A 是假的。

例如，1995 年，在辛普森案宣判之后，美国盖洛普公司进行了一项民意调查，有 56% 的人不同意辛普森案的判决，36% 的人同意，因此，辛普森案肯定判错了。民意调查是诉诸公众的一种形式。这种形式显然并不总是谬误的。诉诸公众论证本身并不是一种必然性论证，即所有前提为真结论不必然为真。但是，如果我们把它当作一种必然论证来处理，那就犯了诉诸公众谬误。在上例中，结论是"辛普森案肯定判错了"，即把这个论证当成必然性论证处理了，因此，它犯了诉诸公众谬误。

新闻报道过这样的场景：

交警说："这里是禁停区，你停车了，因此，罚款 200 元。"司机说："大家都在这里停的啊！"司机诉诸的也是一种大众，但是，这与"他违章但不应该被罚"的结论是不相关的，因此属于诉诸公众的谬误。

"诉诸公众"严格来讲根本就不是一种逻辑推理，它实际上是一种宣传手段。它利用了个体的不自信、盲从等弱点，可以对人的心理起到很大的操控和迷惑作用，使人变成"羊群效应"中的一只羊。这种手段有心理学理论的支撑，就是人的"从众心理"：人总是倾向于让自己的观点得到多数人的认同。反过来讲，多数人认同的观点，也会让自己的判断产生心理上的从众压力。

和批判性思维相关的还有一种极端的"群体思维谬误"，指人们用源自某群体成员的自豪感来替代对某个问题所持立场的理由和慎思，该谬误的一种显而易见的形式就是极端的民族主义。

四、诉诸无知谬误

诉诸无知谬误是诉诸无知论证的一种滥用形式，即以无知为论据而引起的谬误。

(1) 不能证明或没有证明 A 为真，因此，A 为假；

(2) 不能证明或没有证明 A 为假，因此，A 为真。

其产生途径，一是某件事未被解释，或未被明确解释，所以它不是真实的。二是因为一个假设没有足够的证据来证实，所以另一个假设是正确的。但是这种论证模式并不总是谬误的。例如，在我国刑事审判中，根据无罪推定原则，对于被告人是否有罪采取"控方证明原则"，即辩方无须证明自己无罪。换句话说，如果把"被告人有罪"称为命题 A，那么，如果控方不能证明被告人有罪，那么其主张命题 A 不成立，即为假。在这种情形下，诉诸无知与论证结论是相关的，因此，没有犯诉诸无知谬误。只有当诉诸无知与论证结论不相关时，论证才犯了诉诸无知谬误。例如，鬼是不存在的，因为没有人证明过鬼存在。这里，论证者使用的是"没有证明 A 为真，因此 A 为假"这种论证模式。实际上，其前提与结论是不相关的。如果这个论证可接受的话，那么，我们必须接受这样的论证："鬼是存在的，因为没有人证明过鬼不存在。"还有一种情况，在医疗广告中常有这样的说法："这种保健品，短时间内看不出效果，而且效果这事也因人而异。"事实上，短时间内看不出效果和效果因人而异，最后这种保健品的效果我们是不确定的，此时它的结论是模棱两可的，也是诉诸无知的谬误。

诉诸无知的另一个表现是百分比谬误。我们在生活中，通常听过这样一句话"事实胜于雄辩"或者"用数据说话"。数据本身为真，但即便真实的数据也会推出虚假

的结论。对于铺天盖地的统计资料和数据,我们应该自我审视几个问题:

(1) 数据是谁给的——数据来源的合法性和权威性;
(2) 数据是谁得到的——样本是否可靠,揭示相关因素和比较基础是否可靠;
(3) 数据和结论是否相关——对概念的解释是否准确清晰;
(4) 这个资料是否有意义——揭露统计数据赖以建立的未经证实的假设。

请分析这句话:"我们的化妆品销售市场份额增加了40%,而我们的对手只增加了15%。"这句话使用了正确的百分比,但是有可能遗漏了一个要的信息,即百分比所基于的绝对数字。需要找出隐含结论:我们的业绩更好。就需要考量"我们"和"对手"原本的市场销售所占比。在遇到百分比陷阱的时候,要考虑百分比凭借的数字是什么。

百分比谬误的另一种常见形式是选取对自己有利的基础数据。例如,"拳击并不比其他体育项目危险。这是因为一项与体育有关的死亡统计显示,该市棒球的死亡人数为43人,在死亡率方面领先于足球(22人)和拳击(21人)。"这段话被质疑之处在于,参与这几项运动的人数并没有做。在此类错误中,犯错者都会选择对自己有利的数字表达方式。

相关谬误还有一种诉诸传统谬误,这是诉诸传统论证的一种滥用形式。这种论证模式通常是:A是旧的或传统的,因此,A是正确的、好的或真的。具体示例不再赘述。

第三节 预设谬误

论证的结构除了论点和论据外,还在于如何搭建论点和论据的关系。一个好的论证必须前提清晰准确、论据有力、论证方式准确。如果在论证的过程中总是基于某些假设,这些假设我们有时并不作为推理的理由,而往往当作隐形的前提。当这些前提中最基础的部分出现问题时,往往不易被察觉,这种时候就犯了某种预设谬误。

一、转移论题或偷换论题

转移论题、偷换论题是指论证者本来应该论证命题A成立,但因为思维不清或者易于论证却故意去论证命题B成立。"转移论题"与"偷换论题"的本质区别就在于:前者是不知不觉地转移到另一个结论上去,而后者是故意转移到另一个结论上去。换句话说,在这两种情形下,论证者所论证的命题并不真正是他原来所要论证的结论。

2014年7月《新闻晨报》刊登新闻《上海一男子地铁拒安检 扬言炸火车站被拘》:

12日,上海警方在地铁抓获奇葩男一枚,以下是警犯对话:

第十章 谬　　误

男：我要炸火车站！

民警：为什么？给我个理由！

男：今天不炸，以后也会炸！

民警：炸哪个火车站？

男：北京火车站。

民警：这里是上海！

男：那你把我抓进来干吗？

这就属于偷换论题的错误。

我们来看孟子和他的学生万章之间的师生问答：

万章曰："尧以天下与舜，有诸？"（传说尧把天下禅让给舜，有没有这回事啊？）

孟子曰："否。天子不能以天下与人。"（没有。天子不能把天下让给别人。）

万章问的是"是不是"，而孟子回答的是"应不应"。梁启超在讲作文逻辑的时候，就对这个案例作出了这样的评价："这好像问张三杀李四没有，答道人不应该杀人，真个驴头不对马嘴。"

在某场论辩赛中，正方的辩题是"大学教育应当是大众教育"，结果在辩论时，正方去论证"大学教育是大众教育"，或者，正方所要论证的结论是"大学教育应当是精英教育"，结果在辩论中正方却论证"大学教育是精英教育"。虽然表面上看起来只有"应当"两字之差，但前一个命题是一个价值判断，本身没有真假之分，而后一个命题是一个事实判断，其真假是可以通过观察来检验的。

二、稻草人谬误

稻草人谬误与偷换论题谬误极其相似，甚至有人认为稻草人谬误是偷换论题的一种表现形式。但实际上，偷换论题谬误与稻草人谬误的主要区别在于：前者通常是偷换自己的论题，而后者则是偷换对方的论题，即曲解对方的立场。歪曲对方论点的主要手法有夸张、概括、引申、简化、省略、虚构等。

其基本形式是：某甲有立场A，而某乙却把B作为立场强加给某甲，或把A曲解为B，然后攻击B，进而证明对方论题不可接受。

稻草人谬误是在论证的过程中，自欺欺人地竖起一个稻草人做靶子，掩耳盗铃地认为达到稻草人就达到了反驳的目的。

例如，创作的基础是生活经验，生活经验除了所做之外，也包括所遇、所见、所闻的事情。鲁迅说过："作者写出作品来，对于其中的事情，虽然不必亲历过，最好是经历过。"有人指责,难道写恶人就要去做恶人吗?这是一个稻草人谬误,将生活经验限制为"亲历"的生活。

再举一个例子:

> 清末跟随马戛尔尼来华访问的约翰·巴罗就指出了他观察到的普遍冷漠的原因:"因为根据一条我们看来十分古怪的该国的法律,如果有受伤者被交给任何人调护,碰巧死在其手中,最后经手者要处以死刑,除非他能够提供确实证据,说明伤口是怎样形成的或者受伤者受伤后活过40天。这种归责逻辑显然是有罪推定,并倒置了举证责任(如果不是你,你为什么要接手),通过接近原则找一个人为悲惨之事负责!不仅如此,甚至做了好事还需要为随之发生的事情负责。'没有人能预见自己善举的远期后果,知道会有承担责任的危险之后,还是小心谨慎为好!'一位生活在内陆省份的传教士,帮助一个完全失明的贫穷乞丐重见光明。可是在眼睛治好之后,那几位乡绅两次拜访这位传教士,对他说,他使那个盲人丧失了失明这一赖以乞讨的唯一手段,因此,传教士就有责任雇用那位乞丐做看门人。从这一事例中,我们可以看到一个更加诡异的归责逻辑:'如果不是因为你治好了他,他怎么会失去乞讨收入呢?因此你必须为此负责。'"

三、人身攻击

在论证的进程中,为了豁免批判,或在批判与反批判的对决中居高临下,批判者可能攻击论证者本人,而不是他的证据和论证。其用意是想在精神气质上打垮批判者。这就是"人身攻击"谬误。

人身攻击谬误是针对人的论证的一种滥用形式。这种论证模型是反驳对方论证的一种论证策略,其基本策略是:①攻击做出主张的这个人的品格、境况或行为;②以这个攻击为证据来证明被攻击者的主张不成立。但并非所有针对人的论证都是谬误,只有那些被滥用的针对人的论证才是谬误。换句话说,只有当被攻击者的品格、境况或行为与所要反驳的结论不相关时,该论证模式才犯了谬误。本论证模式是:

(1) 某甲做了主张 X;
(2) 某乙攻击了某甲的品格、境况或行为;
(3) 因此,某甲的主张 X 是假的。

例如,某甲对某乙说:"你要抓紧对你儿子的教育,他最近总是逃学,和一些不三不四的人在街上转悠。"某乙生气地说:"你儿子怎么样呢?前几天派出所的人不也来调查你儿子打群架的事了吗?"某乙反驳某甲的指责不是指出某甲的指责根据是错误的,而是通过对某甲的相似指责来否认对自己指责的合理性。

人身攻击谬误十分常见,"法官的儿子永远是法官,贼的儿子永远是贼"是印度电影《流浪者》中的一段经典台词——他曾经做过贼,你怎么能够相信他?

再如网络上的一种论证言论:"目前经济政策导致国内房价大涨,主要是因为一些开发商和所谓的学者、官员互相勾结,不去思考老百姓真正的社会需求。"这个论述只是攻击了一批人,但是没有论证什么样的经济政策,以及经济政策和房价大涨的关系。

现实生活中的人身攻击谬误,通常是因为两个不同的理由:一是因为有关这个人的负面信息与此人主张不相干,将批判转移到个人的职业、相貌、学历等其他境况上;二是因为对结论的支持程度不足。人身攻击论证仅仅以对方的地位、身份或外在信息作为证据,试图说明外在信息妨碍了其在当前情形下作出公正的判断。人身攻击的目的是阻碍论证,压制阻碍意见分歧的解决。

四、滑坡谬误

滑坡谬误即不合理地使用连串的因果关系,将"可能性"转化为"必然性",夸大每个环节的因果强度,以达到某种意欲之结论。

滑坡谬误的典型形式为"如果发生 A,接着就会发生 B,接着就会发生 C,接着就会发生 D……接着就会发生 Z",而后通常会明示或暗示地推论"Z 不应该发生,因此我们不应允许 A 发生"。A 至 B、B 至 C、C 至 D 等因果关系好似一个个"坡",从 A 推论至 Z 的过程就像一个滑坡。

滑坡谬误的问题在于,每个"坡"的因果强度不一,有些因果关系只是可能,而非必然,有些因果关系相当微弱,有些因果关系甚至是未知或缺乏证据的,因而即使 A 发生,也无法一路滑到 Z,Z 并非必然(或极可能)发生。相对地,若有充足证据显示每个"坡"都有合理、强烈的因果联结,即不构成滑坡谬误。

最典型的滑坡谬误莫过于英国民谣《钉子与王国》所讲的:

> 丢失一个钉子,坏了一只蹄铁;
> 坏了一只蹄铁,折了一匹战马;
> 折了一匹战马,伤了一位骑士;
> 伤了一位骑士,丢了一个口信;
> 丢了一个口信,输了一场战斗;
> 输了一场战斗,输了整场战役;
> 输了整场战役,亡了一个帝国。
> 这都是因为丢了一个钉子。

滑坡谬误的另一种形式是"必须继续某一行动,因为已经开始了这一进程"。有时候,我们启动了系列行动的第一步,就发现它是个错误。如果我们在本来可以承认错误并且可以停止的情况下，仍然继续完成后面的步骤，就犯了滑坡谬误。

五、推不出

根据主流逻辑观点，前提与结论之间的支持关系要么是演绎支持关系，要么是归纳支持关系。其中，演绎支持要求所有前提都为真且结论必然为真；归纳支持要求所有前提都为真且结论正如论证所认为的那样真。如果前提与结论之间的支持关系既不是前述的演绎有效的支持关系，也不是归纳上强的支持关系，那么，这个论证就犯了"推不出谬误"。换句话说，演绎无效的论证和归纳上不强的论证都犯了推不出谬误。

"推不出"的表现形式，一是论证者企图用前提完全担保结论，但并未采用有效的推理形式。比较常见的错误有充分条件的肯定后件式、必要条件的肯定前件式、相容选言推理的肯定否定式、二元思维等。二是论证者试图用前提对结论进行一定程度的担保，即前提给结论以较大的支持，但忽略了相关制约条件，或者未圆满回答相应的批判性问题。归纳推理的或然性谬误就是这种情况。

有人养宠物，极其喜爱，就会有其他人说，这个养宠物的人不孝顺，因为这个人每天都在固定的时间遛狗，但是却没有每天陪伴自己的父母散步。

姚雪垠在与郭沫若辩论明史的问题时，指出《甲申三百年祭》引用《明季北略》时，所引的卷数有问题，因此得出结论："连卷数和题目都看不清，当然谈不上辨别史料的真伪了。"事实上，卷数和辨别史料的能力没必然关系。

康有为在《游塞尔维亚京悲罗吉辣》中写这样一段话：

> 王宫三层，黄色颇丽，然临街，仅如一富家屋耳。往闻塞尔维亚内乱弑君后，惊其易。今观之，乱民一拥入室，即可行弑，如吾国乡曲行劫富豪，亦何难事。如以中国禁城之森严广大比之，则岂能顷刻成弑乎？

针对此，鲁迅在《谚语》一文中反驳："南海圣人康有为，佼佼者也，他周游十一国，一直到得巴尔丁，这才悟出外国之所以常有弑君之故来了，曰：因为城墙太矮的缘故。"想要以宫墙太矮为理由推出"内乱弑君"的结论，显然是推不出来的。

2013年8月21日《海峡都市报》刊载新闻《福州一白领　无证还敢醉驾》：

> 本报讯　昨日中午，在福州大学城一公司上班的男子陈某，和同事喝了3斤多白酒，还主动要求开车送大家回单位，并自称白天警察不查酒驾，且自己"无证"不怕罚，结果被警方拘留10天，罚款1500元，还将面临刑事处罚。
>
> 昨日中午，陈某和五位同事都醉得东倒西歪，几名同事都说喝酒了不要开车，陈某拍着胸脯说"没事"，并称白天警察不查酒驾，就是被查了也不怕，因为他没有驾驶证。

在陈某的一再要求下，大家勉强上车。车子开到江滨大道解放桥头，正遇后洲派出所民警进行交通整治，经检测，陈某体内酒精含量达醉驾标准。

不料陈某主动说："我是喝酒了，可我没有驾驶证，不能算醉驾。"民警见车上 5 人均已处在"不清醒"状态，只好把他们带至派出所休息醒酒，并及时联系他们单位派人过来照看。

下午 3 时许，陈某基本醒酒，他仍然坚持认为，没有驾驶证酒后开车不算醉驾。民警告知陈某，无证驾驶机动车的行为，要依法行政拘留 10 天，而且他还涉嫌危险驾驶行为，将面临刑事处罚。

该男子在论证过程中，根据前提"我没有驾驶证"推出结论"不能算醉驾"。这显然是错误的。

练 习 题

分析并评价下列段落中出现的谬误。

1. 我国的民营企业，大都起步于家族企业，家族企业的优势在于，领导层团结，有凝聚力，决策上少扯皮。所以发展速度快，而且经济效益好。

但是，近年来民营企业的规模逐渐扩大，经营管理难度随之上升，面临如何将家族式管理向职业经理人方式转变的问题。与此同时，管理层的忠诚度成为又一个急迫的问题。今年，江苏一家家族企业发展到一定规模，准备上市，于是从外面聘用了一个经理，半年时间，资产就被慢慢转移了。

可见，民营企业所流传的"忠诚比能干重要"这个标准很重要，家族式管理体制优势明显，自己人管理自己的企业最放心。

2. 在全球 9 家航空公司的 140 份订单得到确认后，世界最大的民用飞机制造商之一——空中客车公司 2005 年 10 月 6 日宣布，将在全球正式启动其全新的 A350 远程客机项目。中国、俄罗斯等国作为合作伙伴，也被邀请参与 A350 飞机的研发与生产过程，其中，中国将承担 A350 飞机 5％的设计和制造工作。

这意味着未来空中客车公司每销售 100 架 A350 飞机，就将有 5 架由中国制造；这表明中国经过多年艰苦的努力，民用飞机研发与制造能力得到了系统的提升，获得了国际同行的认可；这也标志着中国已经可以在航空器设计与制造领域参与全球竞争，并占有一席之地。

由此可以看出，在经济全球化的时代，参与国际合作将带来双赢的结果，这也是提高我国技术水平和产业国际竞争力的必由之路。

3. 每年的诺贝尔奖，特别是诺贝尔经济学奖公布后，都会在中国引起很大反响。诺贝尔经济学奖的得主是当之无愧的真正的经济学家。他们的研究成果都经过了实践的检验，为人类社会发展，特别是经济发展做出了杰出的贡献。每当看到诺贝尔经济学奖被西方人包揽，很多国人在羡慕之余，更期盼中国人有朝一日能够得到这一奖项。然而，我们不得不面对的现状却是，中国的经济学还远远没有走到经济科学的门口，中国真正意义上的经济学家，最多不超过5个。

真正的经济学家需要坚持理性的精神。马克斯·韦伯说，现代化的核心精神就是理性化，没有理性主义就不可能有现代化。中国的经济学要向现代科学方向发展，须把理性主义作为根本的框架。而中国经济学界太热了，什么人都可以说自己是个经济学家，什么问题他们都敢谈。有的经济学家今天评股市，明天讲汇率，争论不休，莫衷一是。有的经济学家热衷于担任一些大型公司的董事，或在电视上频频上镜，怎么可能做严肃的经济学研究？

经济学和物理学、数学一样，所论的都是非常专业化的问题。只有远离现实的诱惑，潜心于书斋，认真钻研学问，才可能成为真正意义上的经济学家，中国经济学家离这个境界太远了。在中国的经济学家中，你能找到为不同产业代言的人。西方从事经济学研究最优秀的人不是这样的，这样的人在西方只能受投资银行的雇佣，从事产业经济学的研究。一个真正的经济学家，首先要把经济学当作一门科学来对待，必须保证学术研究的独立性和严肃性，必须保持与"官场"和"商场"的距离，否则，不可能在经济学领域做出独立的研究成果。说"中国真正意义上的经济学家，最多不超过5个"，听起来刻薄，但只要去看一看国际上经济学界那些最重要的学术刊物有多少文章是来自中国国内的经济学家，就会知道这还是比较客观和宽容的一种评价。

4. 地球的气候变化已经成为当代世界关注的热点。这一问题看似复杂，其实简单。只要我们运用科学原理如爱因斯坦的相对论去对待，也许就会找到解决这一问题的方法。

众所周知，爱因斯坦提出的相对论颠覆了人类关于宇宙和自然的常识性观念，不管是狭义相对论还是广义相对论，都揭示了宇宙间事物运动中普遍存在的相对性。

既然宇宙间万物的运动都是相对的，那么我们观察问题时也应该采用相对的方法，如变换视角等。

假如我们变换视角去看一些问题，也许会得出和一般常识完全不同的观点。例如，我们称之为灾害的那些自然现象，包括海啸、地震、台风、暴雨等，其实也是大自然本身的一般现象而已，从大自然的视角来看，无所谓灾害不灾害。只是当它损害了人类利益，危及人类生存的时候，从人类的视角来看，我们才称之为灾害。

假如再变换一下视角，从一个更广泛的范围来看，连我们人类自己也是大自然的一部分。既然我们的祖先是类人猿，而类人猿正像大熊猫、华南虎、藏羚羊、扬子鳄乃至银杏、水杉、五针松等一样，是整个自然生态中的有机组成部分，那为什么我们自己就不是了呢？

由此可见，人类的问题就是大自然的问题，即使人类在某一时期部分地改变了气候，也还是整个大自然系统中的一个自然问题。自然问题自然会解决，人类不必过多干预。

5.现在人们经常谈论大学毕业生就业难的问题，其实大学生的就业并不难，据国家统计局数据，2012年我国劳动年龄人口比2011年减少了345万，这说明我国劳动力的供应从过剩变成了短缺。据报道，近年长三角等地区频频出现"用工荒"现象，2015年第二季度我国岗位空缺与求职人数的比例均为1.06∶1，表明劳动力市场需求大于供给。因此，我国的大学生其实是供不应求的。

还有，一个人受教育程度越高，他的整体素质也就越高，适应能力就越强，当然也就越容易就业。大学生显然比其他社会群体更容易就业，再说大学生就业难就没有道理了。

实际上，一部分大学生就业难，是因为其所学专业与市场需求不相适应或对就业岗位的要求过高。因此，只要根据市场需求调整高校专业设置，对大学生进行就业教育以改变他们的就业观念，鼓励大学生自主创业，那么大学生就业难问题将不复存在。

总之，大学生的就业并不是问题，我们大可不必为此顾虑重重。

第十一章 写　作

人类的一切活动都离不开思维。恩格斯将"思维着的精神"称为"地球上最美的花朵"。文章的素材虽然都是来源于生活，但必须通过思维才可能促使问题深入。写作离不开深思熟虑的逻辑思维。

写作

写作通常分两种，一种是用于公务、事务等工作的应用写作，一种是用来创作诗歌、散文、小说等的文学写作。在本章中，我们学习逻辑思维在应用写作中的作用。

由于生活、工作、沟通、写作都需要逻辑，于是，很多人在学习、工作、生活中已经形成了自己的思维方式。但是每个人的思维水平、条理程度却大不相同。不仅不同学科背景的人的思维水平有差异，即便是同一个人，在不同年龄、行业所体现出的思维水平和条理程度都有很大的差异。而写作是一个能够体现我们专业学习或者日常工作的过程。写作过程，是人的思维过程；写作能力的培养，是思维能力的培养；写作能力的提升，是对人思维能力的提升。写作过程中，对材料内容的分析、文章意图的概括、思想主旨的提炼都离不开逻辑思维。概念明确、命题恰当、推理有效，这是写作过程中必须遵循的逻辑要求，也是准确表述思想、正确思维的前提条件。毛泽东在《工作方法六十条》中说："现在许多文件的缺点是：第一，概念不明确；第二，判断不恰当；第三，使用概念和判断进行推理的时候又缺乏逻辑性；第四，不讲究辞章。看这种文件是一场灾难，耗费精力又少有所得。"逻辑对于写作极其重要，掌握一定的逻辑知识，对写作的遣词造句和谋篇布局，都有极其重要的作用。逻辑有问题，不仅会导致阅读者的认知产生混乱，更有甚者会影响以文章进行信息沟通、政策下达、表情抒意的效力问题。

写作有助于批判性思维能力的发展，但如果只是通过语言技能的学习，从外部间接地干预批判性思维能力的发展，就很难保证学习者能顺利有效地提高批判性思维能力。文章写作需要解决价值观、思维与表达三个方面的问题，这样，文章写作才有可能达到一个新高度。而思维乃是其核心内容——如何运用素材更好地说理并使读者信服，在某种程度上体现着写作的终极追求。

除了文学审美的意义，文章在信息传递、思想表达等方面作用极大，"上马击狂胡，下马草军书"也成为古人追求的能力之一。颜之推在《颜氏家训·文章》一文中谈到这一点时说："朝廷宪章，军旅誓诰，敷显仁义，发明功德，牧民建国，施用多途。"其中的宪章、誓诰都是古代常见文体，誓诰始于夏商，誓是国王临战前对部下下达的军事动员令，语气严厉，有很强的命令性。代表性的有《尚书·甘誓》《尚书·汤誓》等。诰的本义是告知。下行诰用于帝王宣布重大事情和重大决策。上行诰是大臣劝谏、勉励君王，为其出谋划策的文告。

写作，尤其是公务文书的写作，引用儒家思想是"文以载道"的文章学精神要求。就古代"文以载道""道器合一"的文章学要求来说，"道"是文章的精神要求，"形而下"的器必须以"形而上"的道来支撑。刘勰认为，"辞之所以能鼓动天下者，乃道之文也"。文章作为"形而下"的器，也须有"形而上"的道来支撑才能具备孟子所言的"浩然之气"。

"文以载道"是中国儒家思想强调文学艺术具备社会教化功能的集中体现。由于儒家思想在汉朝就已经取得了中国主流意识形态的"话语霸权"，从而使此后漫长的中国封建社会的主导思想以儒家为尊，由此造成文学艺术创作上"文以载道"的盛行。但是，在对"文以载道"的认识上我们一直存在着一个严重的误区：把作为"道"的载体的"文"狭隘地理解为纯粹的文学作品，造成传道载体形式的单一化。

写作是否具有"文以载道"的社会功能，应该依据特定历史时期的社会生活以及文章体式自身的属性规律而定，简言之，写作的他律性和自律性决定了"文以载道"的存在。先就作品自身属性来说，文章写作与文学创作有着不可分割的共性。虽然写作必须遵循自身的发展规律，具有越来越多的独特属性，但是，我们不能彻底割裂文章与文学写作之间千丝万缕的联系，二者在发展过程中相互影响、相互渗透。文章作者不一定能写出优秀的文学作品，但在中国古代，却有相当多的优秀文学家同时也是文章作者，如李斯、贾谊、诸葛亮、韩愈等，他们的文章作品不受文学思维的影响是不可能的，其中就包括对"文以载道"的社会教化功能的渗透。

随着写作实践的发展，人们总结了一整套的写作规律，贯穿在整个写作过程中。例如，立意选材、谋篇布局、语言锤炼等各个环节，都有一些常用的手段和方法，即技法。技法可传授、可模仿，是相对稳定的。写作技巧则是根据实际情况，独特地运用基本方法，以取得良好的表达效果，它具有独创性和灵活性，是可悟而不可传的。梁启超对二者的关系这样阐释："如何才能做成一篇文章，这是规矩范围内的事，规矩是可以教可以学的。我不敢说，懂了规矩之后便会巧，然而敢说懂了规矩之后，便有巧的可能性；又敢说不懂规矩的人，绝对不会巧；无规矩的，绝对不算巧。"一切从人们写作实践总结出来的经验，即文章写作的种种法则、规矩，都只能为了更好地达到技巧的基本手段。要写出好的文章，重要的是内化这些技巧，"入乎其内，方能出乎其外"。

必须指出的是，如果没有合适的方法，掌握再多的知识和理论，也无法写出规范的文章。而我们可以借助逻辑学的基本原理分析写作的过程，了解如何写作，写些什么。

第一节 文章的要求

人们常说"文无第一，武无第二"，似乎对文章的评价一直没有固定的标准，但是作为信息传递的工具，一些最基本的规范、要求是要遵守的。

一、准确真实

准确是文章语言的生命，它直接关系到文章质量的高低。俗语"一字入公文，九牛拔不出"，极其形象地说明了文章语言的准确性特点。在这里，准确所指的范围除内容要素外，在很大程度上还包括语言要素，即语言表达要符合客观实际，对问题的分析有理有据，符合逻辑，在遣词造句方面也要恰当贴切，符合语法规范。对于一些意义相近的词语，要反复考虑，仔细辨析它们之间的细微差别，选择最为准确的加以使用。

首先，用词要准确。准确是文章语言的生命，它直接关系到文章质量的高低。文章的语言表达需要做到准确无误，就是要在文章中用词贴切，推理严密，每个词、每个句子都要认真斟酌，用词不能含糊不清，还要在选字用词上有"分寸"，这是文章语言的一个重要标志。要认真推敲，精选最恰当的词语，贴切地表达文章意思；要精心辨析词义，特别要仔细区别近义词在含义和用法上的细微差别，否则会出现用词不当的毛病；褒贬要有别，把握要有度。在汉语中，有大量的意义相同或相近的词汇，称为同义词或近义词。其实，即使是同义词，细细分辨起来还是有些微妙的差异。譬如，"优异""优秀""优良"，这三个词粗看相近，细看则有程度的区别。"美好"与"美妙"，"宽阔"与"宽敞"，这两组词粗看相近，细看则有程度的区别。再如"鼓舞""鼓动""煽动"，从动作的方向和力度上看并无差异，但感情色彩却很不相同。写作文章，必须在词语的细微差别和感情色彩上仔细斟酌。

使用称谓语要准确。正确使用常用语，如人名、地名、机关名、事物名等；正确使用弹性语，如基本上、一些、一般、个别等；正确使用时间语，如今年、明年、本月、最近、近些年等；对事物名称的表述要规范，如"市团委"还是"团市委"、"人大"还是"人大常委会"等；同时还要正确使用数字和标点等。当然，我们追求文章的语言美，绝不是刻意将文章写成美文，把语言技巧置于思想内容之上，那就有损于文章的真正价值。因此，文章的语言美必须服从服务于文章价值的体现。

其次，句子成分要完整。汉语构句有主、谓、宾、定、状、补六种句子成分，其中主语、谓语、宾语是主干成分，定语、状语、补语是辅助句子成分。对于每一个句子来说，主干成分也不是必不可少的，但是省略有省略的规则，不能任意省略和无故残缺。例如："校领导的做法，受到了全校师生的热烈欢迎。对他们联系基层教学、实事求是的作风给以很高评价。"后一个句子就残缺句子成分：看不出谁给的评价，缺少主语，违反了语法规则，意义也就不明白了。

再次，句子中词语之间的搭配要恰当。词语相互搭配在一起，必须符合事理和习惯，否则就是不通。例如："这种精神充满了各个城市，开遍了古城的各个角落。"精神无形，说它充满了某一空间，已经十分勉强，又说它开遍了各个角落，更是无稽之谈。改成"精神文明之花开遍了全城",才算通顺。

还有一种情况就是句式杂糅,即将两个或两个以上句式不同、结构各异的概念或命题句子混杂、纠缠在一起,导致关系套叠、表意不清。如:

这次主题学习研讨班的学员,除本课题有关人员外,还有来自其他政府部门和科研机构的专家、学者和工作人员也参加了研讨。

此句话中,"这次主题学习研讨班的学员,除本课题有关人员外,还有来自其他政府部门和科研机构的专家、学者和工作人员"与"其他政府部门和科研机构的专家、学者和工作人员也参加了研讨"两句话混杂在一起,需要将"也参加了研讨"去掉。

最后,文风要端正。真实准确无假话,这是优良文风的一个最基本要求,也是最重要的要求。真实指的是确有其事。写进文章中的材料必须来自公务活动和社会主义市场经济建设的实际,来自人民群众的生活实践,不允许虚构和编造。准确指的是在表述时不夸大,不缩小,既不添油加醋,褒贬失当,更不文过饰非。只有内容真实、准确,才能具有说服力。因此,无论撰写何种文章,结合论证的要求,我们都应该做到"三不写",即内容不确定的不写,材料没有落实的不写,和文章无关的不写。如东汉荀悦所说:"不受虚言,不听浮术,不采华名,不兴伪事。言必有用,术必有典,名必有实,事必有功。"

谈到材料的真实,我们看这样一个案例:

"温水煮青蛙"在我们的生活中被反复提及,寓意大环境的改变能决定人的成功与失败、太舒适的环境往往蕴含着危险、觉察到趋势的小改变。

实验1:

为了印证这个俗语,一个北京女教师,当着很多学生的面,做了温水煮青蛙的实验,结果发现青蛙在60多度就会跳走。

同样的实验,动物学家霍奇森在"煮青蛙"实验中选定的加热速率,是每分钟2华氏度,也就是差不多1.1摄氏度。霍奇森发现,到了一定温度以后,青蛙会开始躁动不安,试图逃离这个环境,如果装载的容器允许,青蛙还是会跳出来的。

分析原因:青蛙属于两栖类动物。两栖类是冷血动物,也是变温动物,体温会随着环境的温度进行调整。

实验2:

德国科学家格尔兹切除了青蛙的大脑,它们没有在逐渐加热的水中跳出来,被煮死了;而对照组是没被切除大脑的青蛙,它们都会从逐渐加热的水中跳出来。

实验3:

1872,科学家亨滋曼用90分钟把水从21摄氏度加热到了37.5摄氏度,平均每分钟升温速率不到 0.2 摄氏度，他没观察到青蛙的异常行为。青蛙可耐受的临界高温大约是 36~37 摄氏度。如果加热到 37.5 摄氏度，青蛙即使没有立即死亡，也已经丧失一跃而起的能力，死亡已离它不远了。

同样一句俗语，三个实验的结果不尽相同。这就要求我们在写作中使用一些俗语时注意分析真实的语境，和被使用的论据、俗语的具体情况。

要达到准确这个要求，在写作中必须做到三个避免：

（1）避免歧义。某个说法或某一段话，可以这样理解，也可以那样理解，这就叫作歧义。例如，某企业发放奖金的规定，其中有一条是："病假、事假三天以上者，扣发当月奖金。"这句话既可以理解为病事假三天不扣发奖金，也可以理解为病事假三天就要扣发奖金。因为文章内容没有对"三天以上"这一基数概念进行限定，"三天以上"究竟包含不包含"三天"，令人费解。因此，理解与执行就会出现差异。

（2）避免褒贬失当。赞扬或贬损某一行为，所用词语超出或者没达到应有的程度，叫作褒贬失当。例如，某人在困难的条件下完成了一项具体任务，如果通报表扬时说成取得了很大成就，就属于评价过高；反之，如果把我国研发的世界首台光量子计算机，仅仅写成社会主义现代化建设中的一个不小的成绩，则属于对它的意义估计不足。又如把"错误"说成"罪行"，就是混淆了问题性质；而"错误极其严重，应当进行批评"之类的表达，则属于错误程度与采取措施不相称，处置不当。这样类似的语言表述都属于分寸不适，褒贬失当。

（3）避免疏忽错漏。文章中的错漏现象多种多样，概括说来，可以分为两类：一类是粗心所致。例如，起草文章过程中，前面说"下面分五点来说"，可实际上只说了四点，或者出现了第六点；前面说"一方面"，后文缺少"另一方面"。属于粗心造成的错漏，经过认真检查，不难发现并且加以纠正。还有一类错漏是由思考不严密、分析不细所致，比如有结论而缺少必要的情况和应有的分析，或者列举了情况、数据而没有接着加以论证等。

二、简练严谨

由于文章是用来反映事物活动情况、解决活动中实际问题的，是很多社会组织行使职权、实施管理的重要工具，因而要尽量写得言之有物，简而不空。简明扼要是指文章使用的语言要精当不繁，忌冗长空泛，即服从行文目的和表现主旨的需要，当详则详，当略则略，力求以最少的文字表达最为丰富的内容。

文章重在实用，故在语言表达方面，在准确的基础上还应力求简洁。为此，就需养成一种"精雕细琢"的写作作风，在语言表达上要认真推敲，反复修改，竭力删掉那些可有可无的字词句段，毫不怜惜。最后，要追求"句中无余字，篇内无赘语"的境界。要注重使用那些论断性语言、综合性语言和群众性语言，以确保其简洁性。此外,适当运用一些简称(缩略语)等,也可使文章语言表达趋向简洁。

简练的表达手法,也是文章写作的主要表现形式。简练的文章在信息传递的过程中,可以达到提高办事效率、加快执行速度的目的。因此,对文章的文字语言要进行精雕细刻的工作,使其精练生动、文达旨、句达意。毛泽东在《反对党八股》中写道:"我看重要的文章不妨看它十多遍,认真地加以删改。然后发表。文章是客观事物的反映,而事物是曲折复杂的,必须反复研究,才能反映恰当;在这里粗心大意,就是不懂得做文章的起码知识。"这些足以说明删改之要。只有反复修改,精研细磨,才能使文章在精练中充满文采。

唐代诗人杜甫说过:"为人性僻耽佳句,语不惊人死不休。"鲁迅先生讲:"写完后至少看两遍,竭力将可有可无的字、句、段删去,毫不可惜,宁可将写小说的材料缩成速写,决不将速写的材料拉成小说。"

严谨,是指文章中涉及说理要严密周全,交代清楚,合乎逻辑,前后不能自相矛盾,语言含义要确切。这是由文章的实用性和权威性所决定的。任何一篇文章,如果写得语言虚浮,说话前后矛盾,不能自圆其说,不仅不能体现作者严谨周密的思维,更重要的是会给工作带来损失。例如,用以传达贯彻党和国家的方针、政策,发布行政法规的文章,在语言表达方面若稍有疏漏,就可能被那些以"上有政策、下有对策"为能事的人钻空子。因此文章语言要力求达到天衣无缝,无懈可击。同样地,处理其他论说类文章,也应力求行文严谨,以避免造成差错。

与严谨直接有关的是文章的语言必须庄重。所谓庄重,就是端庄持重,格调郑重严肃。只有用语庄重,无虚词浮句,所写的文章才更显得严谨。

语言严谨,首先是个思想认识问题,认识深邃,思维严谨,才能保证语言表达的严谨;其次还有一个语言修养问题。专业功底深厚,用词准确恰切,也能够保证语言的严谨。因此,在写作过程中,对所选用的词语该限制时必须限制,不该限制时一定不要随便限制,避免节外生枝,出现纰漏。例如,"要勤俭节约,避免不必要的浪费"一语,这里的"不必要"就是多余的,因为"浪费"皆为"不必要",刻意限制,节外生枝,反而出现漏洞。对一些关键性词语的界定也要注意做到严谨周密,防止出现歧义。如"健康就是没有疾病",即属定义过宽。"律师是指通过国家司法考试并依法取得律师执业证书,接受委托或者指定,为当事人提供法律服务的执业人员。"这样的定义,内涵既准确,表达又严谨。

三、修辞合理

结构对于写作来说是一项立骨架的环节,文章的结构因为精心设计而具有了美感。霍克斯说:"事物的真正本质不在于事物本身,而在于我们在各种事物之间构造,然后又在它们之间感觉到的那种关系。"文章写作也同样遵循这样的规律,不同的要素按照一定的关系结合起来,就产生了一定的结构形式,在这种结构形式的生成过程中，美感孕育其中。

文章结构如同一座建筑，段落、句子是构成这座建筑的部件，要想把这座建筑做得精美玲珑，就要精心设计段落、句子之间的关系，精密细致地构建每一个部件。当这些部件之间在轻重、因果、互补关系上完美结合时，文章就成了一座具有审美性的建筑。

古代及近现代的文章辞格运用频率要大大高于当代文章辞格。以《景帝令二千石修职诏》一文为例，该文短短二百多个字，就出现了 8 种辞格。"今岁或不登，民食颇寡，其咎安在？或诈伪为吏，吏以货赂为市，渔夺百姓，侵牟万民。"这一句中就出现了设问、顶真、对偶 3 种辞格。而在以情意取胜的《陈情表》中运用的积极辞格达到了 12 种之多，使得该文言辞恳切，颇具说服力。密集使用修辞格的文章语体风格一直延续至现代。

孙中山的《上李鸿章书》全文一共用了 96 次对偶，行文整饬自不待言，更重要的是将一位年轻人拳拳的爱国忧民之心表现得淋漓尽致。梁启超的《上袁大总统书》中的"我大总统何苦以千金之躯，为众矢之鹄，舍磐石之安，就虎尾之危，灰葵藿之心，长崔苻之志"一句，连用六组结构相同的短语来责问袁世凯不可理喻的行径，在气势上一组比一组强，到最后一组作者的气势达到顶点，将对方逼到无处可躲的境地，作者的好恶、立场、爱憎已经相当分明，排比的运用在此起到了很好的增强语势、加深感情的作用。

毛泽东于 1941 年为皖南事变发表的命令和谈话中就用到了排比、夸张、设问、比拟、引用等 10 种辞格。但时至当代，文章语体中的辞格运用鲜有出现，即使偶尔运用也只局限在排比、节缩等几种。其中，节缩是出现得比较频繁的辞格，如在文章中为了简洁而在不影响意义理解的基础上使用"八荣八耻""三个代表""两学一做"等约定俗成的短语。在当代文章中，命令、批复、函和通知等文种中几乎没有出现积极修辞的运用案例。

究其原因，首先，当代社会的快节奏生活要求文章简洁易懂，提高处理公务的效率，相对地也就忽视了对文采的要求。其次，文章写作者的文化修养和写作水平不同。在我国古代，文官制度盛行，在多数朝代，政府机关等方面的人员作为文章的主要使用者都是通过文化考试选拔出来的，其中又以文学典籍的熟知和运用为主要选拔标准。这种制度保证了古代文章的写作者和阅读者的文化修养。最后，每个时代都有其独特的社会语境。古代的文人士大夫是受到全社会尊敬的群体，社会大众都会自觉或不自觉地以他们的言行举止或拥有的学识、修养为学习的榜样，因此，其典雅优美的文辞也会受到欣赏。

四、文风平实

文章用语要求平实易懂，指的是语言平直自然、明白晓畅、恰如其分，不矫揉造作，忌堆砌华丽辞藻，忌滥用辞格，讲求于平淡之中见神奇，多用叙述、说明、议论，少用或者不用描写、夸张、渲染等手法，这是文章的重要特征。不论哪种文章，都具有一定的广泛性和群众性，这一特点就决定了文章语言不仅应当注意约定俗成，而且尤其需要做到雅俗共赏，平实易懂。文章重在实用，重在传递思想、指导工作。因而在语言运用上还应力求朴实无华，要直陈其事，不要故弄玄虚、刻意藻饰。

语言质朴自然，给人以一种美的享受。愈是真理的愈是朴素的。遣词造句注重通俗浅显，字斟句酌体现朴实无华。文章融论理和说明为一体，富有直接操作性和指导性，它不容许华丽玄虚的词句，看重的是以准确、鲜明、精练的词句达到信息传递的目的。正如巴尔扎克所说："文采是来自思想而不是来自词藻。"朴素的语言表达真实的内容、反映丰富的内涵，也体现深刻的思想，朴素的语言说理清晰明畅，读来朗朗上口，在情真意切中自然而然达到浅中见深、表中见里、平中见奇的效果。所以，华丽的语言词藻固然可以使文章增添文采，朴实的语言也能使文章熠熠生辉。

做到文风平实，要注意以下三点：

第一，避免堆砌辞藻，乱用修饰词语。文章用语要精练确切，修饰语不宜过多。鲁迅先生在《且介亭杂文二集·人生识字胡涂始》中说："倘要明白，我以为第一是在作者先把似识非识的字放弃，从活人的嘴上，采取有生命的词汇，搬到纸上来，也就是学学孩子，只说些自己的确能懂的话。至于旧语的复活，方言的普通话，那自然也是必要的，但一须选择，二须有字典以确定所含的意义。"

第二，避免文白夹杂，故弄玄虚。唐代诗人白居易说："感人心者，莫先乎情。"文章中的遣词造句，应力求大众化，避免使用生僻晦涩的语句。有些文章中常常喜欢使用一些半文半白的词语，例如，放着现成的"他"不用，非用"其"；放着现代词"如果"不用，要用"若"等。这种做法，偶然为之，会增加文章意味，但是过度地使用，却与时代性相悖。

第三，避免过多地引经据典。一些人在文章写作过程中，喜欢引经据典地说明自己的观点，这在一定条件下是允许的，有时可以增强语言的表达效果。但是引用过多，则会适得其反，使人感觉有卖弄学问、华而不实之嫌。一般而言，引经据典仅限于一些事务性文章和论说文中，如领导讲话、调查报告等文种；但在通用性文章中一般不允许引经据典，特别是有些庄重严肃的文章，如公务文书中的请示、通告等是绝对不能引经据典的。

第二节 文章的主旨思路

思路是思维活动的运行轨迹，文章的思路就是构思文章时，作者有规律、有条理、有方向、连贯的思维过程的"路线"。叶圣陶先生说："作者思有路，遵路识斯真。"（叶圣陶《语文教学二十韵》）

文章要依靠逻辑思维完成其写作的全过程，这种逻辑性，不同于议论文在论理层面的严密的逻辑推理，而是表现在文章的写作思路和内容板块的结构上。厘清写作思路一个非常重要的方式就是列提纲，提纲可以帮助写作者组织材料，让其思路清晰，不至于一面写一面想。关于提纲的梳理，除了传统的树状结构，近年来常用的思维导图也是一个很好的方式。具体而言，文章写作的逻辑性主要体现在以下几个方面：

一、写作思路确立的逻辑方法

在文章写作中，一篇文章的主旨确立，其实是对收集的材料进行分析、分类，深入研究后再进行分析综合，归纳概括之后才能提炼出来。文章要形成正确的、新颖的、有价值的观点，不能靠主观杜撰，而是要建立在材料的基础上。这种从材料中获得主旨的抽象、概括过程，就是一种严密的逻辑思维过程。只有运用这种抽象、概括能力，作者才能够将杂乱的材料理出头绪，梳成辫子，找到鲜明的主旨，写出规范的文章来。

使用逻辑关系是构建文章的思路之一，如涉及具体问题时的一些概念关系：

经济问题：长期和短期、汇率和货币、实体经济和虚拟经济、顺差和逆差……

社会问题：城镇和乡村、保守和激进、社会政策与社会管理、社会福利与社会保障……

政治问题：国家和地方、族群和个人、国际视野和中国话语、理论建构与实践逻辑……

文化问题：概念和范式、文化寻根与文化自信、文化自觉与文化关系、历史意识与知识谱系……

而运用归纳法、演绎法的逻辑方法揭示事物本质特征的这种逻辑思维能力，有助于形成精辟鲜明的观点，是文章写作成功的关键。它们也是主旨确立的常见方法。

（一）归纳法

所谓归纳法是由特殊到一般的推理方式，即根据事物的相同点抽象出事物本质特征的方式。例如，许多工作通知、意见等行政文章的制作，就是领导和写作者根据现实中出现的共同性的问题，及时予以归纳作出的指导性意见。例如，某省政府办公厅从某县的情况报告中了解到了某县暴发严重伤寒疫情，又从其他几个县的情况报告中发现，当年春季也出现了痢疾、腹泻、高烧等病情。在撰写调研报告时，写作者通过比较分析，综合概括，发现这几个县有一个共同的地域特点——都是同一条河流沿线的县市，省政府马上调动卫生防疫部门对河水水质进行检验，发现导致诸多疾病流行的共同原因是水污染。零散的问题被归纳集中了，复杂的问题一下子变得简单了，于是从中提炼出"紧急动员全社会力量,突击治理水污染"的紧急通知主旨。这份通知主旨的确立,充分说明了归纳法的作用。归纳法确立主旨的特点是:起笔多平铺,结笔多圆满。

(二)演绎法

所谓演绎法,是一般到特殊的推理方式,它依靠抽象思维的方式,舍弃具体表象,抽取出事物的本质特征。演绎法的运作方式是三段式,即大前提、小前提、结论的推导方式。通常需要开篇定性,分析事物、问题的本质特征,写出切中要害、态度鲜明的文章。比如一篇《关于刘＊＊滥用麻醉药品造成医疗事故的通报》,针对社区医院医生滥用杜冷丁造成医疗事故的现象,作者在分析评议中写道:

> 急性阑尾炎是一种常见的外科急腹症,诊断并不困难。社区医院刘＊＊工作马虎、处理草率、在没有明确确诊诊断之前,滥用麻醉剂杜冷丁,掩盖了临床症状,延误了治疗时间,造成了较为严重的医疗事故。这种对人民生命财产极不负责的做法是十分错误的。

这段文字,就是运用演绎法的逻辑推理得出的结论。我们可以看到作者对事件性质的界定是"工作马虎、处理草率";对其危害性的定论是"滥用麻醉剂杜冷丁,掩盖了临床症状,延误了治疗时间,造成了较为严重的医疗事故";而表态是"这种对人民生命财产极不负责的做法是十分错误的"。三个行为动词"掩盖了""延误了""造成了",斩钉截铁,显现了一针见血的逻辑力量。演绎法确立主旨的特点是:起笔多突兀,结笔多洒脱。

二、文章的立意

宋仁宗景祐四年,翰林学士丁度等奉诏修订《礼部韵略》并详定《附韵条制》,立"不考式"("不考"即"但一事不考,余皆不考",就是一旦举子违犯了"不考式"中的任何一项规定,其余皆被这"一票"否决,不能再进入考试程序。)"不考式"中有"不识题"一项,即做文章如果不能准确识题,"立意"则不可能佳。若"不识题","立意"则达不到。做文章的第一要务就是审题、立意。弄清要写什么,"立意"的"意"是全文的纲领和统帅,陆机《文赋》所谓"意司契而为匠",杜牧也有"凡为文以意为主,以气为辅,以词采章句为兵卫"的论述。

中国古代文论历来有重视立意的传统,庄子有言:"语之所贵者,意也。"立意是一篇作品所确立的文意。它包括全文的思想内容、作者的构思设想和写作意图及动机等,其概念的内涵要比主题宽泛得多。立意产生在写作之前。文章的立意是文章的灵魂。文章的好坏、意境的高低、深度的有无往往由文章的立意所决定。虽然说文章的立意并非决定因素，但是立意不高的文章品质通常值得质疑。清代文学家沈谦说："以立意为宗，不能以文为本。"他认为写文章应该坚持立意作为根本，而不是对华丽辞藻的追求。没有严谨的逻辑、恰当的立意，即便洋洋洒洒上千言，堆砌辞藻，也是空洞无味的。

好的立意，一方面，要求从固定思维向发散性思维转化，明代李东阳说："头一件立意清新，自然措辞就不俗。"可见文章的立意要求新、求变、有新意，不能千篇一律，毫无变化。要有意识地从多角度、多层面去思考问题，能够由此及彼、举一反三，弄明白事物之间的内在联系。从而在具体写作过程中，能够针对一个问题或事物，从不同的角度和层面得到不同的、能够让人信服的结论来。另一方面，要求从肤浅性思维向深邃性思维转化。好的文章，其立意往往是深邃的，是能够反映事物本质和生活真实的，是能够引起共情、发人深省的。因此要经常多提几个为什么，思考一事物之所以为该事物而非其他事物的原因，思考的依据是什么，得到的结论的论据是否可靠，论据和论点之间的联系是必然的还是偶然的等。

文章的立意要体现下面几个原则：

（一）立意鲜明

立意鲜明，是指作者认识客观事物的准确性、针对性。具体写作中，主题要单一，一篇文章只能确立一个主题，不可并列多个主题。写作要扣紧主题来选择和安排材料。纠缠枝节问题，罗列过多的信息，都会削弱主题本身。文章立意的唯一性还意味着全文所有内容都必须紧紧围绕立意来展开，要服从于立意、服务于立意。立意是一篇文章的中心思想，是文章的主导，应该成为文章谋篇布局的重要指导思想。

因此，通常只针对一个问题，换言之，一段论述、一篇文章只能有一个主题、一个中心论点。总论点下可以有分论点，绝不可以有两个并列的主题和中心论点。立意必须集中，体现单一性。如刘熙载在《艺概》中所言："主意要纯，一以贯摄。"就是说，要以单一论点统率全篇，从头至尾都要围绕一个问题进行分析和阐述。很明显，这样立意，主题集中，绝不存在跑题、离题的忧虑。正如刘熙载在《艺概》中所说："句句字字受命于主脑。"如果一篇文章真正能够做到处处扣紧中心，"句句字字受命于主脑"，文意自然鲜明集中。

（二）立意正确

立意正确，是论说文的根本要求。要使文章的观点正确，就必须站在正确的政治立场上，从社会发展的全局来思考和判断问题。"宜正义以绳理"，以正确的理论为准绳，使立意合乎规范。如刘勰在《文心雕龙》中所言："是以立意选言，宜依经以树则，劝诫与夺，必附圣以居宗；然后诠评昭整，苟滥不作矣。"这句话对今日的写作仍有借鉴意义，文章立意主旨，必须以正确的价值观为先导。

（三）立意新颖

立意新颖，是指观点新，有自己独到的观察角度和创造性见解。毋庸置疑，一篇有独到创意的文章，能够给人们带来意想不到的收获和深刻的思想启迪。意必须从己出，不能抄袭前人或人云亦云。从这个角度来说，写作立意离不开对日常生活、周遭事物的观察与反思，好的文章立意不是对生活世界、日常体验的"复制、粘贴"，不是一成不变地再现写作者的内心感受，而是在对它们的反思中寻求生活世界的新的意义，完成对日常生活的超越。意从己出，才能新颖。韩愈主张"唯陈言之务去"，力求从所写的事物中挖掘出别人没发现或尚未发表过的新思想、新观点、新见解。这就要求写作者锻炼对信息的敏感度，善于发掘事物相互区别的个性特征并加以论证。

（四）立意深刻

立意深刻，是写作者对事物的深刻认识的总结，是从事物表象到本质的体现。立意的深刻性很大程度上决定了文章水平的高低，深刻的立意能引发读者的思考。因此，立意的深刻性对于写作来说是非常重要的。

鲁迅所著《故乡》的结尾——"希望是本无所谓有，无所谓无的。这正如地上的路，其实地上本没有路。走的人多了，也便成了路"是对文章主题的总结、升华。

第三节　文章的谋篇布局

所谓谋篇布局，是指根据主体、材料和问题的要求，安排相应的文章结构，合乎逻辑地使用材料，合理规划内容，使文章成为一个严谨的整体。谋篇布局不能狭义地理解为安排段落、语句的顺序，而是按照一定的逻辑顺序，在主题的统率下，把表现主题的有关材料进行安排，先写什么，后写什么，怎么展开，怎么过渡，怎么结尾，有条不紊地组成完整的篇章。

关于谋篇布局，中国古代文论有"文有定法"和"文无定法"之说。

（1）"文有定法"。古人不仅承认写文章必然有法，而且还认为法有"死法"和"活法"的区别，"定法"和"不定法"的区别。所谓"死法""定法"就是不能违背的基本的认知规律、情感规律。而所谓"活法""不定法"就是在不违背基本规律的前提下，追求文章变化，促进文章写作的不断创新。"文有定法"要求文章写作应遵从一定的法度规范，不守"法"则无以成文。刘勰在《文心雕龙》中认为，文章写作是有技巧有门路的："文场笔苑，有术有门。"

（2）"文无定法"的实质是在承认"文有定法"的前提下，辩证地看待"定法"的问题。从文章的发展来看，文变法必变。从具体文章的内容来看，文章事理不同，"法"也不同。谋篇布局需要根据写作意图、材料和问题要求而定。如章学诚认为，文章具有一定的法度，但法度不是一成不变的，"法度资乎讲习，疏于文者，则谓不过方圆规矩，人皆可与知能，不知法度犹律令耳。文境变化，非显然之法度所能该，亦犹狱情变化，非一定之律令所能尽。故深于文法者，必有无形与声，而又复至当不易之法，所谓文心是也"。①规范是发展变化的，不同的文章有不同的写作方法。

谋篇布局涉及文章的各个部分，如开头与结尾，段落与层次，过渡与照应，以及贯串全文各个部分的线索等。文章的整篇要谋划，文章的各个部分要巧妙安排。把握每个方面的要求，写出来的文章才能结构完整、层次清晰、条理分明、繁简得当。

一、谋篇布局的基本原则

法国大雕塑家罗丹曾这样说："一件真正完美的艺术品，没有任何部分是比整体更重要的。"同样道理，文章要完美，整体布局十分重要。

第一，谋篇布局要突出文章的主题。所谓"意犹帅也"，写作的主旨是文章的将领、统帅。所谓"兵随将转"，即文章中使用的语言、信息犹如兵卒，需要听统帅调遣。复杂的文章更应突出主题，犹如大树，枝叶繁茂，如果没有一定的脉理组合，恐怕主干也看不清楚。

第二，谋篇布局要符合客观事物的内在规律和人类思维的逻辑规律。谋篇布局体现在对主段落之间的"排兵布阵"上，既要使每个段落各尽其能，又要使段落之间有机统一，要充分考虑主体段落之间是否存在并列、递进、因果等关系。

第三，谋篇布局须条理清楚，层次分明。作家张抗抗曾这样说："单线条的结构，使人一目了然，像一片小树林，优美、恬静，然而双线条、多线条的结构可以组成气势宏大的森林。"初学写作的人要学会用各种单线结构材料。使用双线结构篇章时，要注意两条线索之间的内在联系，既不能是毫不相干的，也不能是矛盾的。多线条写作难度最大，多运用于长篇作品。毛泽东说过："一篇文章或一篇演说，如果是重要的带指导性质的，总得要提出一个什么问题，接着加以分析，然后综合起来，指明问题的性质，给以解决的办法，这样，就不是形式主义的方法所能济事。"

二、段落顺序的安排

文章由三部分组成，即开头和结尾、段落和层次、过渡和照应。文章的开头是读者最先看到的部分，往往产生阅读兴趣，对文章定基调也是在这个阶段完成。中国文章自古有开门见山之说，即文章开头直击主题，直接将要研究的问题或者作者的观点抛出来，继而说明缘由、解题铺陈。常见的开头方式有：

（1）情况概述：多用于报告、总结等文体。
（2）阐释依据：多见于通报、通告、公告等文体，用"根据""按照"等词语引

---

① 章学诚：《与邵二云》，载《章学诚遗书》卷九，文物出版社1985年版，第81页。

出文章段落，也增强了文章的权威性。

（3）说明目的：多见于合同、通知、指示等文体，用"为了"等词语开篇，直接说明行文的目的。

（4）交代原因：多用于通知、函等文体，用"鉴于""由于""因为"等词语开篇，直接交代写作的原因。

（5）阐明观点：多用于学术论文或者评论性文章的写作，开篇就摆明观点、提出个人的主张，继而阐释。

结尾部分是文章的最终表述，通常有以下几种形式：

（1）总结全文：多见于学术论文、调查报告等文体。

（2）号召展望：多见于报告等文体。

段落的基本特点是意义的单一性、完整性。层次又称大段、意义段，划分文章层次要注意，层次要围绕一个中心组织，每个层次可以有一个中心句。另一方面，每个层次应该还是一个独立完整的部分。中间段落顺序的逻辑体现，则是在段落的排列上，按照"顺序"，即行文的先后次序来安排文章的逻辑单元，使之体现出一种严密的、合乎逻辑的历史选择。就这种段落顺序的安排而言，常见的方法有两种：

（一）时间顺序安排的段落

时间顺序结构的逻辑表现，旨在表现的文章内容是一种按照时间的先后次序，体现工作进展的过程。让我们看一则通告。

中华人民共和国公安部通告

为确保国际民航班机的运输安全，决定从 1981 年 11 月 1 日起，在中华人民共和国境内各民用机场，对乘坐国际班机中的中、外籍旅客及其携带的行车物品，实行安全技术检查。

一、严禁将武器、凶器、弹药和易爆、易燃、剧毒、放射性物品以及其他危害飞行安全的危险品带上飞机或夹在行李、货物中托运。

二、除经特别准许者外，所有旅客及其行李物品，一律进行安全检查，必要时可进行人身检查。拒绝检查者，不准登机，损失自负。

三、检查中发现旅客携带上述危险物品者，由机场安全检查部门进行处理；对有劫持飞机和其他危害飞行安全嫌疑者，交公安机关审查处理。

特此通告。

从这篇通告的主体内容看，它的逻辑顺序是非常清晰的，三段内容的三个关键词分别是"严禁""检查""处理"：首先提出对于危险品要"严禁"，其次阐明对于携带者要"检查"，然后指出对于携带者要作"处理"。这一个"严禁—检查—处理"的顺序清晰，其逻辑单元的连接紧密。如果将其段落顺序稍微变动一下，就不符合逻辑了。

（二）意义顺序安排的段落

在管理学领域，有一个时间管理的四象限法则，如图 11.1 所示。

图 11.1　时间管理四象限法则

四象限法则是时间管理理论的一个重要观念，指有重点地把主要的精力和时间集中地放在处理那些重要但不紧急的工作上，这样可以做到未雨绸缪，防患于未然。在人们的日常工作中，很多时候往往有机会去很好地计划和完成一件事，但常常却又没有及时地去做，随着时间的推移，造成工作质量的下降。因此，把主要的精力有重点地放在重要但不紧急这个"象限"的事务上是必要的。要把精力主要放在重要但不紧急的事务上，需要很好地安排时间。

永远先做重要的事情，我们的拖延正是由于我们把很多重要但不紧急的事情拖延成为重要而紧急的事情。事实上，这一点也可以应用在段落安排的顺序上，即意义顺序的逻辑表现。在内容的排列顺序上，应当关注内容的轻重缓急，即把最重要的内容放在第一段，把次重要的内容放在第二段、第三段等。

文章的段落次序不仅反映作者的思路，还表达文章中信息间的逻辑关系。在一般叙述类文章中，按照时间、空间等逻辑顺序联系，文章则显得顺畅连贯。而插叙、倒叙、双线交错、数线交错的次序，把握得好，也会使文章跌宕起伏，扣人心弦。

必要时，还需要在文章信息之间使用过渡的方法。过渡是上下文之间的衔接、承转，过渡不仅存在于段落之间，还存在于语句之间、词语之间。过渡是两个层次之间的勾连，而照应则是不在一个层次之间的关联。过渡包括提问呼应，读者读题便知文章内涵；首尾呼应，好处是文章主旨突出，结构完整；前后呼应，前面的伏笔和后面的段落文字呼应。

从以上的分析可以看出，文章逻辑思维体现的逻辑性，虽然不纯粹依靠严密的逻辑推理，但其板块构成之间也需要一定的逻辑关系，也必然形成一种条理清晰、次序得当的逻辑结构，体现一种逻辑力量。所以，作为一个文章的写作者，要提高自己的抽象、概括能力，在文章的写作中，贯彻清晰的逻辑思维，使文章呈现一种明晰的逻辑链条，把文章写得更加准确、规范。

第十一章　写　　作

第四节　文章的逻辑结构

在确定文章的立意后，接下来就要设计文章的总体结构。如果说立意是文章的灵魂，论据是文章的血肉，那么结构就是文章的骨架。

言论的逻辑力量，来自严密的逻辑推理。毛泽东在中共七届六中全会的讲话中指出："写文章要讲逻辑。就是要注意整篇文章、整篇说话的结构，开头、中间、尾巴要有一种关系，要有一种内部的联系、不要互相冲突。"其中的结构一词，源于建筑学术语，是建筑的骨架或内部构造。放在文章写作中，即文本的组织形式和内部构架，是组成文章的要素和这些要素之间的组合关系。刘勰在《文心雕龙》中说："何谓附会？谓总文理，统首尾，定与夺，合涯际，弥纶一篇，使杂而不越者也。"他说的"附会"，指的就是谋篇布局、安排结构，具体说就是要使主旨清晰地、有条理地贯穿全文，连缀成篇，做到首尾呼应，取舍得当，考虑好各部分的分合接榫，使全篇文章完整严密，使文章内容充实丰满而不零乱。

在现代汉语中，"文章的逻辑结构"这个概念的内涵是不同的，根据目前写作学科的定义，一般有这样几种不同含义：

一是指篇章的逻辑结构。任何文体都有各种各样的结构，都有作者根据表达主题的需要，对材料所作的不同组织和排列；而这样的结构中包含着不少的逻辑问题，所以叫作文章的逻辑结构。

二是指客观历史过程反映在人的思想中，然后又具体表现为文献中对科学体系进行排列的顺序。

三是指议论文体或其他文体中的议论部分的逻辑论证结构。它包括提出什么论题，摆出哪些论据，运用何种论证方式和方法进行论证，以及有几个论证层次，等等。

事实上，不同的文体有不同的结构。例如公务文书，《党政机关公文处理工作条例》对公文的结构有着严格的规定，公文的结构必须遵循条理的要求。再如，论说文的写作，其结构则要求严谨、规范。而这几年盛行的非虚构文本写作则倡导结构的解构、自有，有意识地进行陌生化、反程式化的写作。

文章写作构思中确立了主旨和观点、选取了材料，是解决了言之有理、言之有物的问题。要解决言之有序的问题则必须考虑结构的安排。有人说学习文章写作主要是解决格式问题，掌握了不同文种的格式，就可以依样画葫芦了。诚然，文章在长期的发展过程中，已逐步形成了一套约定俗成的甚至统一规定的格式和结构方法，掌握结构的这些低层次方法是比较容易的。但这些决不是文章结构的全部内容，文章的结构还有其高层次的规律有待我们去研究、学习。文章结构的实质是客观事物的内部规律和作者思维轨迹的高度统一。复杂的客观事物千差万别，不同作者的思维也会大相径庭，因此，文章的结构决不可能只是千篇一律、一成不变的。另一方面，既然结构是对论点、论证、论据的有效整合和合理安排，那么条理和逻辑就显得尤为重要，总分、并列、转折、递进、因果，以及段落之间、观点之间、论据之间的衔接过渡要自然顺畅。段落之间不得出现内容上明显的重复或交叉，否则会出现逻辑混乱、条理不清的错误。

写作时，有时会出现文章中每句话语言都是清晰的，但是通篇读起来却不知所云，其原因或者是作者没有考虑语句的逻辑关系，想到哪里写到哪里，或者是作者不考虑问题的语境，直接分析结果。还有一种情况是，作者自己思维清晰但跳跃，省略的部分没有阐释出来，读者跟不上。因此，在阅读文章时，有一些帮助厘清结构的方式可以使用：

一是注意小标题，小标题会将文章内容、层次分门别类，让人一目了然；

二是对段落标序号，做到心中有数，不论是对一件事情分步骤，还是对综合性工作划分层次，都容易执行。

三是注意段落主题句。培养思维能力的一个方法就是将一个自然段的内容进行抽象提炼，概括成一句话放在自然段的首位置，迅速就能知道这一自然段主要讲的是什么。

四是懂得将段落中的信息命题化。写文章的必备条件是获取的信息，也是我们在写作中需要传递出的内容，论说类文章的信息就是观点或者主张。例如：

（1）如果要高效地工作，请不要忽视人际沟通。

（2）安排工作顺序的依据是工作内容的重要性，而非紧迫性。请不要花大量时间在那些无意义的事务上。

第(1)句话是一个假言命题，第(2)句话是一个直言命题。对于文章写作而言，它们可以是信息。

五是注意逻辑连接词，如首先、因此、所以、总而言之、我们认为等，用在文章中，等于是给内容、层次贴标签，一读而知下面的内容含义以及其与段落之间的关系。下面列举一些逻辑联结词。

> 表示理由的联结词：
> 因为、如果、由于、根据、原因是、理由是、鉴于。
> 表示结论的联结词：
> 因此、由此、结论是、从而、结论是、由此可得、由此可见、这就证明了、那么。

词语与句子之间关系的逻辑联结词：
表示推进时：因此、所以、归根到底。

表示原因时：这是由于、因为、理由是。
表示转折时：但是、可是、尽管如此、然而、另一方面。
表示强化时：事实上、进一步而言、确实是。
表示并列时：换言之、就是说、即。

文章结构有宏观结构与微观结构之分。宏观结构是自上而下切分出来的结构，由文章的组成成分及其关系构成。微观结构是自下而上组织起来的结构，由句子、句群等各级单位及其关系构成。这一节，介绍几种常见的宏观结构形式。

一、总分结构

总分结构是运用综合和分析两种思维方法所形成的文章结构。分析和综合是两种最重要的辩证思维方法，因此，总分思路在公文写作中也是最为常见的思路。

分析就是把事物分成若干部分，分别加以研究，也就是由总到分，化整为零，对具体事物的单独概念分解，对抽象事物的分类剖析。综合就是把事物的各个部分联合起来，从整体上加以考察，也就是由分到总，集零为整，对具体事物就是组装，对抽象事物就是概括。例如，我们要就某社会组织机构改革后的情况写一份调查报告，刚去调查时，我们对这个组织的认识是一般的、笼统的，甚至可能是模糊的。当我们逐一了解，考察了这个组织的人事、财务、管理、生产状况甚至组织内外的各种联系，并且有秩序有步骤地对组织的各个方面进行分析研究，对各方面的分析加以综合之后，我们对这个组织就有了比较全面、深入、科学的认识和了解了。

"唐宋八大家"中，欧阳修、王安石和苏轼的公文写作论证层次鲜明、逻辑清晰。这种文风影响到辛弃疾、陆游等文人。例如，辛弃疾的文章论证层次清晰，通常会在总论点和每一个分论点后博引史实为论据。其文章架构犹如用兵布阵，主次分明、富于变化。如辛弃疾在《美芹十论》开篇所写：

故罄竭精恳，不自忖量，撰成御戎十论，名曰美芹。其三言虏人之弊，其七言朝廷之所当行。先审其势，次察其情，复观其衅，则敌人之虚实吾既详之矣；然后以其七说次第而用之，虏故在吾目中。

这已经说明"十论"是一个紧密联系的整体。"审势"是不要惑于金国表面的强大。"察情"是要勘察金人的真正目的。"观衅"是陈述金国统治下的汉人痛恨金人，宋军可以联合北地人民。此三点是说明"虏人"之弊端。后面七论次第进行，先自治国家、绝岁币、都金陵，使人有战心；再守淮，加强边备；继而屯田，保证后勤；接下来致勇以砥砺将帅士卒的勇气，使之敢战；然后防微，即防止民心之变；又久任宰相，使之通览国政；最后的详战是中原北伐的具体策略。

在分析和综合的过程中，遇到外延大的概念时，需要注意"分类"，就是把较为复杂的集合性事物中特征相同的类型分在一起。或者从一定的写作意图出发，把散乱的材料归拢成若干并列的类别。分类、归类是综合——分析思维方法中的重要步骤。分类、归类是全面、深入分析事物的基础。善于分类、归类，有助于分析事物时实现条理化、系统化。例如，对某高校教师现状的调查，就可根据其年龄、职称、海外背景等标准分组分类，但每组的分类标准仍是一致的。这样就能更全面地反映出教师队伍的现状。

此外，遇到大的选题，还可以大题小做，以小见大。所谓"小"，既指日常工作实践中的小事，也指大事中的小侧面，要做到窥一斑见全豹，一粒沙里见世界，半瓣花上说人情，即用非常典型的小信息点，深刻、生动地表现重大而复杂的主题。

二、递进结构

递进结构是认识事物或事理由浅入深、由表及里、由低到高、由小到大、由轻到重，层层递进、循序渐进、逐步深入的一种逻辑方法。用这种方法写作的文章，其内在关系表现为后者比前者在意义上有更进一步的推进，这是一条认识事物由浅入深、由低到高的线索。如毛泽东的《反对自由主义》，首先说明反对自由主义的必要性；其次分析自由主义的十一种表现；随后深入论述自由主义的危害、根源和实质；最后号召全党用马克思主义的积极精神克服消极的自由主义，这几大层的意思是递进的。同时，运用这种方法，可以深入、清晰地阐释某些比较复杂的事理，说明某些比较复杂的关系，有助于深刻认识事物的本质属性，使文章有一定深度。因而一些说理性较强的文章常循此法。

例如《＊＊本科院校本科毕业论文质量差的现状亟待改变》的调查报告，按以下思路写成：

本科院校本科毕业论文质量差
↓
本科院校本科毕业论文质量差限制基础教育发展水平
↓
本科院校本科毕业论文质量差的主要原因（时间、能力）
↓
采取有力措施提高本科院校本科毕业论文质量（制度、教学改革）

很明显，全文是典型的递进思路。

递进结构运用的形式是提出问题—分析问题—解决问题，其重点常在解决问题部分或者结论部分（如由叙事到说理到结论），前面部分围绕主旨摆事实，讲道理，就事论理，层层扣紧，自然而然、片言居要、令人信服地点明主旨，引出解决问题这一重点内容。

需要注意的是，运用递进结构时，文章不得少于 3 个层次，否则就无所谓层递了。各层次常用一些表示递进关系的关联语句引出下文。各层次之间必须有直接的必然联系。要从前一个层次合乎逻辑地递进过渡到后一个层次，不能在逻辑上没有递进（层递）关系而只在关联词语上做文章。各层次间要环环扣紧，先写哪一层次，后写哪一层次，顺序不能随意调换、中断。

三、并列结构

并列结构是把事物或事理的几个不同方面连成一个整体的线索。如毛泽东的《关于纠正党内的错误思想》，在提出问题之后，列出错误思想的八个方面，逐一分析，分别指出错误思想的表现、危害、产生根源和纠正方法，八个方面显示出并列的逻辑关系。

并列结构还可以用来搭建对比结构的文章，即用对比的事实论据或理论论据来论证论点。如鲁迅的《拿来主义》，全文总的可以分为两部分：第一部分夹叙夹议，揭露、讽刺国民党政府在学术与文艺方面媚外卖国的可耻行为，评论所谓"送去主义"，指出如果只是一味"送出去"，结果将不堪设想；第二部分批评了一些人对待中外文化遗产的不正确态度，着重阐明了批判地继承的方针，说明必须实行"拿来主义"，建设我们的新文艺。一个"送去"，一个"拿来"，前者破坏民族文化，后者发展新文艺，两相对照，极其有力地论证了"拿来主义"是正确的方针，这就是对比结构的运用。

第五节　论文写作要点

文章的内容决定形式，形式为内容服务，二者是有机统一的，这也是衡量文章质量的标准。鲁迅在答复青年木刻家的信里说："技巧修养是最大的问题，这是不错的，现在许多青年艺术家往往忽略这一点。所以他们的作品，表现不出所要表现的内容。正如作文的人，因为不能修辞，于是也就不能达意。"文章内容和形式始终互相依存，相辅相成。

论文（包括其他文体的议论部分）的主要任务是通过论证阐明自己的观点、主张，或驳斥别人的观点、主张。因而论文的主要形式就是论证。

论文的写作似乎并不过分需要写作者有非常扎实或者华丽的语言功底，这会让写作者认为，有了思想和想法就可以付诸文字，如若再有些套路或方法技巧，例如用排比句来开头，结尾扣题发出号召等等，看上去写出来并不难。但事实上，一篇好的论文写作，对写作者的分析判断和思维纵深处等方面的要求是很高的。例如，在论文写作过程中，是否可以更多地进行理性分析，而不是简单地一个观点列举一个事例，或者即便观点和事例之间有必然联系，但是否经得起推敲？论据堆砌，观点苍白，分析过程简单随意，是目前很多议论文写作中的主要问题。究其原因，不仅与写作者生活经历的单薄和思维的单一有关，也与写作者缺乏相应的逻辑思维能力的训练有关。

一、论文的结构

学术类论文一般的结构由以下这些部分组成：题目、摘要、关键词、引言、正文、结束语、参考文献等。其中，引言、本论和结论是重点。它们虽然固化，但是学术论文的写作目的不在于结构巧妙，而在于观点和论证。

第一部分是引言，在这一部分叙述"要写什么"，为什么要研究这个问题，选题的价值在哪里以及已有研究成果的现状。同时，相关概念界定、问题范围的界定、相关理论的阐释也是在这一部分出现。

第二部分是本论，用来分析和推导，有时是提出一个假说，然后用数据和逻辑方法进行验证。

第三部分是结论，可以是总结，如果有必要还可以加上未来的展望或者纵深研究的可能性。

下面，列举几种论文本论常见的写作结构：

（一）纵向结构

所谓纵向逻辑联系，是指总论点、分论点和小论点之间的逻辑顺序，以及分论点之间、小论点之间的逻辑顺序。论文内容之间的纵向逻辑联系，具体表现为论文的纵式结构，其特点在于论文的思想体系是纵向展开的。毛泽东同志指出："写文章要讲逻辑。就是注意整篇文章，整篇讲话的结构，开头、中间、尾巴要有一种关系，要有一种内部的联系，不要互相冲突。"[①]

只有恰当处理论文内容的纵向逻辑联系，才能使论文有严谨的结构。一篇论文为了阐述总论点，要列出几个分论点，每个分论点扩展为一个部分，各个分论点之间，各个部分之间，应有内在联系。每个分论点又分为几个小论点，每个小论点又扩展为一段，各个小论点之间，各个段之间，也应有内在联系。这样，全篇论文的纵向逻辑联系便体现出来了，并且相应地形成了论文的完整体系和严谨结构。

例如，对策型论文结构，主要出现在以提出对策为主的论文中。它的结构通常为：

开头＋过渡段＋对策1＋对策2＋对策3＋……＋对策n＋结尾

[①] 毛泽东：《农业合作化的一场辩论和当前的阶级斗争》，《毛泽东选集》第5卷，人民出版社1977年版，第217页。

这种结构，主体部分的几个对策之间可以是并列关系。

再如原因型论文结构，主要出现在以分析原因为主的论文写作中。它的结构通常是一种纵向结构，对原因分析逐渐深入，层层挖掘，直到揭示其本质原因：

开头＋过渡段＋直接原因＋主要原因＋根本原因＋结尾

（二）横向结构

所谓横向逻辑联系，是指论点和论据、观点和材料之间的逻辑联系。论文内容之间的横向逻辑联系具体表现为论文的横式结构。在一篇论文中只有总论点才单纯地作为论点或观点存在，而分论点和小论点却有双重"身份"，或者作为论点或观点存在，或者作为论据和材料存在。至于用来说明小论点的材料，则只能有材料或论据一重"身份"了。论文要做到有很强的说服力、富有逻辑力量，最重要的是论点明确、论据充分、论证严密，揭示论点和论据的必然联系。首先，只有把总论点和材料有机地结合起来，论文才有生命力，才能收到很好的效果。其次，还要处理好分论点和材料的关系，以至小论点和材料的关系，这不仅能直接证明分论点或小论点，而且能间接地为突出总论点服务。例如，意义型论文结构主要出现在以分析意义为主的论文写作中，通常采用递进式结构，三个分论点是由浅入深、由表及里的关系，它的结构通常为：

开头＋过渡段＋意义1＋意义2＋意义3＋……＋意义n＋结尾

（三）纵横结合式结构

所谓纵横结合式结构，是指论文内容之间的逻辑联系是纵向、横向穿插，交织在一起的。具体表现为论文的纵、横式结构，简称合式结构。这种结构的论文，有的以纵向展开为主，有的以横向展开为主。例如，定义型论文结构主要出现在以分析抽象主题为主的论文写作中，材料的主题相对抽象，譬如"西部文学""长安学派""解构主义"等主题，可以采用定义型结构。它的结构通常为：

开头＋过渡段＋定义1＋定义2＋定义3＋……＋定义n＋结尾

二、论文的问题意识

（一）问题的含义

论文写作，特别重要的是问题意识。梁启超指出，能够发现问题，是做学问的起点；若方式不成问题，那便无学问可言了。[1]有一种说法，哲学社会科学不像自然科学，没有成功与不成功之说，只要愿意去做，最后必然成功。此话谬矣。没有好的选

---

[1] 梁启超：《指导之方针及选择研究题目之商榷》，选自戴逸：《二十世纪中华学案（综合卷）》，北京图书馆出版社1999年版，第119页。

题，即便是洋洋洒洒数万言乃至数十万、数百万言，结果都是无用的废话。这就不能视为成功的研究。成功的研究一定是建立在成功的选题之上的。那么，什么是成功的选题呢？简而言之就是选题要有问题意识。那么，什么样的问题是好问题？

第一，问题必须是问题。换句话讲，问题成立是可供讨论的必要条件，即"先问是不是，再问为什么"。例如，人的行为是先天基因决定的还是在后天社会化过程中产生的？社会舆论是否应该决定法院的司法审判？这一类根本不成立的问题，即便看上去很激烈，人们会热火朝天地讨论起来，也没有实际的意义。

第二，问题是明确的。

第三，问题有讨论空间。

有一部分问题虽然满足前面两条，但是已经有确定并且不容争议的答案了，这样的问题抛出来也没有太大的意义。什么样的问题具有讨论的空间与价值呢？类似"非洲为什么这么穷"这种问题，我们可以从很多的已知信息中抽丝剥茧，找到我们以为正确的角度，来给出我们的思考。这一类问题拥有一个最主要的特点，即答案不唯一，具有极强的开放性。

（二）提出问题的方法

所有成功的学者一定具有的共同点，就是他们必须付出大量的时间和心血。这是一条真理。实际上，无论社会上哪一种职业，要想成为本行业中的佼佼者，都必须付出比常人多的时间。除了时间的付出，学术眼光也是一个决定因素。怎么发现问题？在阅读或者实验过程中可以横向比较发现问题。

在阅读学术专著时，在细致地阅读文本后，需要对一些不同的学术派别作横向比较，进而发现问题。例如，我国比较文学领域关于形象学的定义是有差异的。杨乃乔把形象学归为影响学派："比较文学形象学研究'他者'形象，即'对一部作品、一种文学中异国形象的研究'，所以，它的研究领域不再局限于国别文学范围之内，而是在事实研究的基础上进行的跨语言、跨文化甚至跨学科的研究。"

而在陈惇、孙景尧、谢天振主编的《比较文学》一书，又将形象学视为平行学派："形象学专门研究一个民族文学中的民族（异国）形象，研究在不同文化体系中，文学作品如何构造他种文化形象。"

曹顺庆主编的《比较文学教程》中的形象学又归属为变异学："比较文学形象学并不完全等同于一般意义上的形象研究，它是对一部作品、一种文学中异国形象的研究。'社会集体想象物'本身是不真实的。"

对比这几种具有代表性的观点，分析综合，就可以形成论文写作，参见《略论当下比较文学形象学的四组争议》。

在实验或者田野调查过程中，也可以借助横向比较的方式进行论文写作。请阅读下文，分析发现问题的路径：

《科学》杂志：水稻和小麦种植区的文化会有差异

纵轴（图略）代表各省份居民倾向集体主义的比例，各省份图标在纵轴上的对应落点越高，则说明该省份居民集体主义倾向越强，上海、江西和重庆为前三位。

西方文化更个人主义、更倾向分析性思考；东方文化则更集体主义，相互依赖性更强。那中国内部的文化差异呢？最新一期《科学》杂志的封面文章给出了一个解读：在种植水稻的南部，人们更为相互依赖，而北方小麦种植区人们则更加个人主义。研究认为，这也可以解释为何中国南方离婚率低于北方，而北方发明专利数多于南方。

该研究由美国弗吉尼亚大学、北京师范大学、华南师范大学和美国密歇根大学的心理学研究者共同完成。为了验证大米理论（rice theory）的适用性，研究者选取了来自6个不同省份（北京、福建、广东、云南、四川和辽宁）的1 162名汉族人作为被试，分别考察他们的思维方式、如何看待自己和朋友关系、忠诚度等方面，最后得出了以上结论。

该研究认为，水稻和小麦种植区的文化之所以会有这样的差异，是因为两者的灌溉和劳作方式要求不同。水稻需要持续水源，该地区人们要相互合作，建立完善灌溉系统，而且各片田要协调；相反，小麦的种植就简单多了，农民大多数只靠降水来灌溉即可，也较少需要和其他农民合作。

根据该研究，来自水稻种植区的人想法整体性更强，他们在思维方式上更倾向于关联性而非分析性。研究者还考察了位于水稻—小麦交界线上的5个省份（四川、重庆、湖北、安徽和江苏）内部水稻种植区与小麦种植区居民的思维差异，得到的结论一致。

在描述自己和周围人的关系图时，水稻种植地的人眼中的自己更小，情况和日本人相似；小麦种植区的人画出的自己则更为"膨胀"，接近欧洲人。此外，来自水稻种植省份的被试更可能对朋友表现出忠诚，家族关系更为紧密。

以前的研究显示，个人主义的国家离婚率更高。因此，研究者搜集了中国1996年、2000年和2010年的离婚率数据，结果显示种植水稻地区的离婚率比种植小麦地区的离婚率更低，"水稻文化注重避免冲突、保持关系，这可能让人们不太愿意离婚"。

此前还有研究表示，个人主义文化习惯用分析性思考，他们会更擅长创造性思维。该文章指出，大米理论也适用于这一点，"小麦种植地的发明专利比水稻种植地多了三成"。

日韩更为集体主义因为其是水稻文化

在文中，研究者还将大米理论和另外两种可能解释文化差异的理论进行对比：现代化假说和病原体流行理论。现代化假说认为社会越富裕、文明化程度越高、越资本化，那人就会越独立、越会分析性思考；病原体流行理论认为，传染病高发的地区，人与人之间打交道变得危险，当地文化会更孤岛化和偏集体主义。

这两种理论在解释文化差异上都有缺陷。该文章表示，按照现代化假说，经济越发达的地方离婚率应该越高，创新性越强，但这和调查的这几个省的离婚率、发明专利数均不符合。而病原体流行理论则根本无法预测离婚率与专利数。

此外，现代化假说也无法解释日、韩为何现代化程度高，却更倾向集体主义。"大米理论可以解释这一点。"研究者表示，因为日、韩都是水稻文化。

练 习 题

1. 结合下面材料中的"慢生活"，联系社会实际和个人感受，自拟题目，完成一篇1 000字以内的文章。

当今社会，竞争白热化，每日高速度、快节奏奔波劳碌成为城市工作、生活的主旋律。超时、超负荷工作严重地损害了人们的身心健康。

国内一项调查显示，84%的人认为自己生活在"加急时代"，生活节奏越来越快、压力越来越大是普遍现象。英国有位时间管理专家说："我们正处于一个把健康卖给时间和压力的时代。忙，特别是心理上的忙碌感所带来的伤害，可能超出我们的想象，那种不眠不休的工作，是一种自杀式的生活。"

20世纪80年代末期，意大利人首先倡导"慢生活"方式，他们希望放慢生活节奏，主张"慢餐饮""慢旅游""慢运动"等。这里的慢，并不是速度上的绝对慢，而是一种意境，一种回归自然、轻松和谐的意境。专家认为，从某种意义上说，"慢生活"是一种积极的生活方式，是一种健康的心理状态，是一种"富"的充实、"穷"的快乐的生活状态，"工作再忙心不乱，生活再苦心不累"。

在我国，也有心理健康专家适时提出了"慢生活"这一理念。专家指出，在生活节奏不断加快的今天，我们应该静下心来思考：什么是人生的真谛？物欲催促着生命的脚步，时光分分秒秒日复一日地流走，人生在金钱方面看似相对丰富了；而在另一方面，生活质量却有所下降，甚至会影响到身心健康。专家认为，生活要归于简单，工作要抓住重点，在职场忙得焦头烂额、筋疲力尽的人士，不妨梳理梳理心理，让生活节奏慢下来。

金庸先生说："我的性子很缓慢，不着急，做什么事儿都是徐徐缓缓，最后也都做好了，乐观豁达养天年。"飞人刘翔生活中也有慢的时候，他说："我吃饭比较慢，我也喜欢洗澡的时候慢一点，因为我喜欢慢节奏的生活。"

"慢生活"的提出，是对中国人生活质量和生存状态的一种反思，放慢生活节奏是一种技巧，同时也是健康、积极、自信的生活态度。"慢生活"没有固定模式，可以从身边的一点一滴做起，从慢一点吃饭开始，到漫步、慢运动等等。有专家因此提倡"节奏慢下来,效率提上去,心态平下来,健康升上去"。

我们或许应该如作家米兰·昆德拉所言,要"慢下来",因为自在有为的生活是急不得的。

2. 根据以下材料,写一篇700字左右的论说文,自拟题目。

中国现代著名哲学家熊十力先生在《十力语典》(卷一)中说:"吾国学人,总好追逐风气,一时之所尚,则群起而趋其途,如海上逐臭之夫,莫名所以。曾无一刹那,风气或变,而逐臭者复如故。此等逐臭之习,有两大病。一、各人无牢固与永久不改之业,遇事无从深入,徒养成浮动性。二、大家共趋于世所矜尚之一途,则其余千途万途,一切废弃,无人过问。此二大病,都是中国学人死症。"

3. 根据以下材料,写一篇700字左右的论说文,题目自拟。

生物学家发现,雌孔雀往往选择尾巴大而艳丽的雄孔雀作为配偶,因为雌孔雀尾巴越大越美丽,说明它越有生命活力,其后代的健康越能得到保证。但是,这种选择也产生了问题,孔雀的尾巴越大越美丽,就越容易被天敌发现和猎获,其生存反而越容易受到威胁。

4. 根据以下材料,写一篇700字左右的论说文,题目自拟。

孟子曾经引用阳虎的话:"为富,不仁矣;为仁,不富矣。"(《孟子·滕文公上》)。这段话表明了古人对当时社会上为富、为仁现象的一种态度,以及对两者之间关系的一种思考。

5. 根据以下材料,写一篇700字左右的论说文,题目自拟。

有人说,机器人应该帮助人类完成一些烦琐的工作,而不是取代人类。技术的发展会夺取一些人低端的工作岗位,同时也会创造出更高端、更舒适的工作岗位,例如历史上铁路的出现让挑夫消失,但同时创造了千百万铁路工人的岗位。人工智能技术的变革,同样会推动人类社会的发展与进步。有人却不以为然。

参 考 文 献

[1] 屠孝实. 名学纲要[M]. 北京：生活·读书·新知三联书店，1960.

[2] 章士钊. 逻辑指要[M]. 北京：生活·读书·新知三联书店，1961.

[3] 金岳霖. 形式逻辑[M]. 北京：人民出版社，1979.

[4] 《逻辑学》编写组. 逻辑学[M]. 北京：高等教育出版社，2017.

[5] 陈波. 逻辑学导论[M]. 北京：中国人民大学出版社，2014.

[6] 武宏志，张志敏，武晓蓓. 批判性思维初探[M]. 北京：中国社会科学出版社，2015.

[7] 周建武. 逻辑学导论：推理、论证与批判性思维[M]. 北京：清华大学出版社，2013.

[8] 董毓. 批判性思维原理和方法：走向新的认知和实践[M]. 北京：高等教育出版社，2017.

[9] 杨宁芳. 图尔敏论证逻辑思想研究[M]. 北京：人民出版社，2012.

[10] 彭漪涟. 事实论[M]. 上海：上海社会科学院出版社，1996.

[11] 苗力田. 古希腊哲学[M]. 北京：中国人民大学出版社，1989.

[12] 廖义铭. 佩雷尔曼之新修辞学[M]. 唐山：唐山出版社，1997.

[13] 胡曙中. 美国新修辞学研究[M]. 上海：上海外语教育出版社，1999.

[14] 维特根斯坦. 逻辑哲学论[M]. 郭英，译. 北京：商务印书馆，1985.

[15] 亚里士多德. 修辞学[M]. 罗念生，译. 北京：生活·读书·新知三联书店，1991.

[16] 柯匹，科恩. 逻辑学导论[M]. 11版. 张建军，潘天群，等，译. 北京：中国人民大学出版社，2007.

[17] 毛浩然，吴鹏. 论辩话语中的策略操控：语用论辩学拓展：中文导读注释版[M]. 北京：北京大学出版社，2016.

[18] 弗里曼. 论证结构：表达和理论[M]. 王建芳，译. 北京：中国政法大学出版社，2014.

[19] 图尔敏. 论证的使用：修订版[M]. 谢小庆，王丽，译. 北京：北京语言大学出版社，2016.

[20] 特文宁. 反思证据：开拓性论著[M]. 吴洪淇，等，译. 北京：中国人民大学出版社，2015.

[21] 阿丽色达. 溯因推理：从逻辑探究发现与解释[M]. 魏屹东，宋禄华，译.

北京：科学出版社，2016.

［22］刘易斯. 笛卡尔和理性主义［M］. 管震湖，译. 北京：商务印书馆，1997.

［23］笛卡尔. 谈谈方法［M］. 王太庆，译. 北京：商务印书馆，2000.

［24］哈贝马斯. 在事实与规范之间：关于法律和民主法治国的商谈理论［M］. 童世骏，译. 北京：生活·读书·新知三联书店，2003.

［25］爱默伦，汉克曼斯. 论辩巧智：有理说得清的技术［M］. 熊明辉，赵艺，译. 北京：新世界出版社，2006.

郑重声明

高等教育出版社依法对本书享有专有出版权。任何未经许可的复制、销售行为均违反《中华人民共和国著作权法》,其行为人将承担相应的民事责任和行政责任;构成犯罪的,将被依法追究刑事责任。为了维护市场秩序,保护读者的合法权益,避免读者误用盗版书造成不良后果,我社将配合行政执法部门和司法机关对违法犯罪的单位和个人进行严厉打击。社会各界人士如发现上述侵权行为,希望及时举报,我社将奖励举报有功人员。

反盗版举报电话　(010)58581999　58582371
反盗版举报邮箱　dd@hep.com.cn
通信地址　北京市西城区德外大街4号　高等教育出版社法律事务部
邮政编码　100120

高等教育出版社

教学资源索取单

尊敬的老师：

您好！

感谢您使用**赵颖**主编的**《逻辑思维与写作》**。为便于教学，本书另配有课程相关的教学资源，如贵校已选用了本书，您只要添加 QQ 服务号 800078148，或者把下表中的相关信息以电子邮件或邮寄方式发至我社即可免费获得。

我们的联系方式：

联系电话：(021) 56718921/56718739　　　　电子邮箱：800078148@b.qq.com
大学语文写作教师论坛 QQ 群：279433803　　人文通识教师论坛 QQ 群：278499548
地　址：上海市虹口区宝山路 848 号　　　　　邮编：200081

姓　　名		性别		出生年月		专　业	
学　　校				学院、系		教研室	
学校地址						邮　编	
职　　务				职　称		办公电话	
E-mail						手　机	
通信地址						邮　编	
本书使用情况	用于_____学时教学，每学年使用_____册						

您对本书有什么意见和建议？

您还希望从我社获得哪些服务？
☐ 教师培训　　　　　　　　　☐ 教学研讨活动
☐ 寄送样书　　　　　　　　　☐ 相关图书出版信息
☐ 其他_____